人工智能未来简史

基于脑机接口的超人制造愿景

杨义先　钮心忻 ◎ 著

電子工業出版社
Publishing House of Electronics Industry
北京 · BEIJING

内容简介

曾经，意念控制被认为是痴人说梦；如今，它早已变得轻轻松松，甚至连老鼠和猪都能用意念玩转游戏。曾经，“读心术”被认为是骗人的把戏；如今，它早已成为现实，只需通过你的脑电图，便可一眼看穿你的情绪和心思。曾经，人是人，机是机，人机彼此分离；如今，人即是机，机即是人，小小脑机接口就让你与机器密不可分。其实，这些都还不是最玄幻的事情，因为本书将以严谨的科学态度，基于神经生物学、脑科学、微电子学和虚拟现实等领域的成就，向你展示一幅更玄幻的内涵型人工智能愿景。换句话说，也许在将来的某天，你可轻松地成为全球第二的钢琴演奏家和画家等，更准确地说，你能在瞬间学会偶像的任何技能，最多只比他稍逊风骚。也许在将来的某天，任何人都能轻松掌握全球的既有知识，轻松地与他人进行不动声色的意念通信。如此愿景到底能否实现，到底能在多大程度上实现，以及何时能实现等，其实这些都主要取决于脑机接口的进展，即人类能否更精准而全面地检测、提取、产生、复制和输入相关神经元的电脉冲，激活或重组某些神经回路。

本书文笔流畅，内容浅显易懂，可作为大众科普读物，更可供人工智能的专家深究，还可供科幻迷任意发挥，写出更加引人入胜的作品。

图书在版编目（CIP）数据

人工智能未来简史：基于脑机接口的超人制造愿景 / 杨义先，钮心忻著 . —北京：电子工业出版社，2022.6（2024.5 重印）
（杨义先趣谈科学丛书）
ISBN 978-7-121-43476-1

Ⅰ . ①人…　Ⅱ . ①杨…　②钮…　Ⅲ . ①人工智能－普及读物　Ⅳ . ① TP18-49

中国版本图书馆 CIP 数据核字（2022）第 085121 号

责任编辑：李树林
印　　刷：固安县铭成印刷有限公司
装　　订：固安县铭成印刷有限公司
出版发行：电子工业出版社
　　　　　北京市海淀区万寿路 173 信箱　　邮编：100036
开　　本：720×1 000　1/16　印张：22.5　字数：364 千字
版　　次：2022 年 6 月第 1 版
印　　次：2024 年 5 月第 5 次印刷
定　　价：88.00 元

凡所购买电子工业出版社图书有缺损问题，请向购买书店调换。若书店售缺，请与本社发行部联系，联系及邮购电话：（010）88254888，88258888。

质量投诉请发邮件至 zlts@phei.com.cn，盗版侵权举报请发邮件至 dbqq@phei.com.cn。

本书咨询和投稿联系方式：（010）88254463，lisl@phei.com.cn。

前言
PREFACE

人工智能（AI）的未来发展有两大趋势，一是继续向外扩展人类的外延，二是努力向内丰富人类的内涵。前者称为外延型 AI，后者称为内涵型 AI。

所谓外延型 AI，就是将机器视为人体的外延，让这个外延（机器）的“智能”越来越高，让机器做起事来越来越像真人而且还是能人，不但能下棋，还能开车，更能聊天，总之能代替人类从事许多复杂的智能工作，使人类越来越严重地依赖于机器，以至于某天人类不得不突然离开机器时，人类文明将立即倒退千年。其实，神经生理学家早就发现，人类本身就具有外延的天性，或用神经生理学界的行话来说是“工具的同化性”，即大脑会自动地把工具和环境融合成自身的一部分（若对“工具的同化性”还不理解的话，待读到本书第 6 章的结尾处时，你将豁然开朗）。另外，在人类历史上，除医学等极少数学科外，人类几乎所有的科技创新活动都是在努力向外扩展自己的外延。比如，用石头代替拳头，以便砸碎坚果，即石头变成了拳头的一种外延；用木棍延长自己的手臂，以便搏击猛兽，即木棍变成了手臂的外延；用汽车代替双腿，以便跑得更快，即汽车变成了双腿的外延；用外延型AI将人类从繁重的智力劳动中解放出来，从而让机器拥有了掌控人类的机会，即机器变成了人类智能的外延。

智能机器作为人体的外延（或称外延型AI）虽非本书重点，但它确实是目前人工智能研究的主流，所取得的成就之巨大有目共睹。但它所面临的发展瓶颈也越来越明显，比如，图灵奖得主姚期智先生就指出了这种外延型AI所面临的三大技术瓶颈。

一是脆弱性瓶颈。人眼识别外物十分稳定：看山是山，哪怕山被云遮雾挡；看水是水，哪怕湖面如镜或翻天巨浪，至于图像中的任何微小改变，对人眼的判别几乎没影响。但反观作为人眼外延的人工智能图像识别，那就是另外一回事了。比如，若将一只小猪的照片加入少许特殊的图像“噪声”后，机器视觉系统就可能将它识别为飞机，而人的视觉效果却并未受到影响。这种具有脆弱性的安全隐患非常严重，甚至后果不堪设想，完全有可能诱发重大意外灾害。

二是解释性瓶颈。作为外延型AI的核心，所有机器学习算法都缺乏可解释性，甚至很多算法都处于“黑盒”状态，人类对机器的学习结果只能是知其然而不知其所以然。实际上，在进行所谓的智能判别时，为什么要采取某种学习算法呢？不知道！为什么这种算法更好呢？不知道！总而言之，最多只能用实际结果来做局部比较。比如，基于人工智能的某个房地产估价系统，它虽能通过某种算法学习各地房地产价格大数据并自动评估房地产价格，但它无法给出估价的完整依据。若遇某位“钻牛角尖”的用户非要“打破砂锅问到底”，那么算法就只好投降了，承认自己的决策是在“拍脑袋”。

三是对抗性瓶颈。在大海中，当由成千上万条小梭鱼组成的某个悠闲鱼群遭遇鲨鱼的多方突袭时，虽有不少梭鱼会葬身鲨腹，但即使是在逃命的慌乱中，也很少发生人类在体育馆中经常出现的踩踏惨案。反观今天的人工智能，就算一大群无人机能在夜间表演优美的灯光秀，就算它们能完成诸如农田播种等群体性作业，可一旦遭遇风暴之类的突然袭击，无人机群将乱成一锅粥，甚至自相残杀，全军覆灭。形象地说，在对抗性方面，如今的外延型AI还得向鱼群和蜂群学习；毕竟，两个或多个蜜蜂群之间，就算是在拼命打架，也不会自乱阵脚。

其实，外延型AI还有一个更大的发展瓶颈，即社会性瓶颈。具体来说，如今上至科学家、哲学家和高层决策者，下至普通老百姓等，许多人都开始对外延型AI的飞速发展感到恐惧，生怕某天人类会被机器统治，生怕人类最终会沦为机器的奴隶。确实，如果人类的总体智能基本不变或只依靠生物进化而缓慢提高，机器的智能却日新月异并在许多领域逐渐击败人类，那么，总有一天人类将不得不听命于更聪明的机器，不得不变成机器的外延而不是相反。虽然我们不知道人类的这种顾虑是否是杞人忧天，但若有办法在整体上迅速提升人类的智能，那么人类被机器奴役的可能性将大大降低，至少说，人类被奴役的起点时间将大大推后。

如何才能在整体上迅速提升人类的智能呢？这就是本书将要重点介绍的内容——内涵型AI。更准确地说，与外延型AI的发展方向相反，内涵型AI旨在借助现有的机器智能来提高人类自身的整体智能。更形象地说，外延型AI的“格物致知”更像是朱熹的做派，是在外求；而内涵型AI的“格物致知”则更像是王阳明的风格，是在内求，即圣人之道，吾性自足，不假外求。总之，内涵型AI的理想终极目标也许是：一旦人类出了一个牛顿，那么几乎所有人都能在一夜之间成为牛顿；于是，在这众多牛顿的共同努力下，没准只需数十年或更短的时间，而非过去的200多年，就又能出现一个爱因斯坦；接着，几乎所有人又能在一夜之间都成为爱因斯坦。总之，按此方式迅速滚雪球一样地演进，也许人类就再也不用担心成为机器的低智商奴隶了。

至于内涵型AI的内容到底是什么，欢迎大家阅读本书各个章节。

本书文笔流畅，内容新颖，浅显易懂，可供全年龄段的读者阅读，比如，普通读者可从中体会人工智能的超级玄妙，人工智能的从业者可从中挖掘出许多重要新课题，科幻作家和科幻爱好者可获得许多意外灵感。社会学家和哲学家也许会从书中找到若干忧患，因为内涵型AI肯定存在不少伦理等方面的风险。不过，为突出重点，本书将忽略内涵型AI的所有潜在伦理问题和医学风险，毕竟我们介绍的是未来简史而非当前事实。

为了增强易读性和趣味性，本书牢牢锁定宏观的脑电图、中观的大脑地图和微观的神经电脉冲等关键点，充分利用科研中的奥卡姆剃刀原则，尽量裁减与电学无关的内容，尽量忽略神经科学中的门派之争。比如，不在乎大脑神经系统到底是分布式的还是集中式的，到底是“功能区域特定论”还是“多功能兼容论”等，总之，只要有利于内涵型AI的结果，我们都尽量采纳。特别是，我们将无情裁减神经学中的众多与化学和生物学等相关的内容，毕竟这些内容所涉及的专业术语太多，而本书不是要科普脑科学或神经科学，内涵型AI的要点只是脑电图、大脑地图和神经元电脉冲的全面精准检测、提取、产生、复制和输入等。

过去，神经科学的主要服务对象是各类病人，本书则希望充分利用神经科学的成果来服务健康人，甚至希望让普通人成为超人，这也许暗合了那句古训：“上医治未病，中医治欲病，下医治已病。”只可惜，由于水平有限，书中难免有粗陋之处，欢迎读者朋友批评指正。

杨义先　钮心忻

2022年3月28日于温泉

目录
CONTENTS

上篇　基于宏观脑电图的机会

中篇　基于中观大脑地图的机会

下篇 基于微观神经脉冲的机会

|上　篇|

基于宏观脑电图的机会

本书的内容分为三篇，分别从宏观、中观和微观角度论证内涵型AI的未来机会。具体来说，宏观内涵型AI可能会被较早实现，一些基于宏观脑电波或脑电图已有所突破，比如，马斯克已投资实现的意念控制等；中观内涵型AI主要基于大脑的可塑性，借助各种植入式或非植入式的方法，通过长期或永久性地改变大脑地图来达到提升人类（目前主要是病人，今后将包含正常人）智能的目的；微观内涵型AI是本书的重点，可能较晚才会被实现（甚至可能很难实现），因为它们严重依赖于神经细胞微观电脉冲信号处理方面的未来重大突破。

宏观、中观和微观之分并无绝对标准，内涵型AI的思路却很清晰，即人类个体的知识和智能水平由其脑电模式或神经回路的发射情况所确定，若能改变脑电模式或神经元的连接网络，就能改变当事者的知识和技能。同时，脑电模式确实能被改变，甚至大脑具有很强的可塑性，无论是宏观、中观或微观的办法，都可以在一定程度上改变大脑的电活动模式，从而实现内涵型AI的某些目标。

虽然任何物体，只要该物体的温度高于绝对零度，都会向外辐射电磁波；但是，早在100多年前，德国一家精神病院的医生伯格就发现，人脑也会发射如今被称为“脑电波”的电磁波，而且脑电波还会随着当事人的思想和心理状态的改变而改变。虽然至今人们仍不知脑电波意味着什么，比如它到底是大脑活动时产生的噪声，还是大脑本身的思想和行为的来源，但是科学家已经可以利用脑电波来控制远端的计算机和假肢等，已经实现了曾经是梦想的意念控制，而且今后完全有可能用意念来控制人的一切。随着各种脑机接口技术的不断发展，人与机器的融合程度将达到无与伦比的水平，因此，有理由相信，在不远的将来，人机充分融合后，人类将在感知、分析和解决问题的能力方面，远远超过以往的、单独依靠电脑或人脑的智能水平，当然更会超过当前时髦的外延型AI。

另外，除了意念控制，如今人们还能基于宏观脑电波的分析，来判断当事者是否罹患某些神经性疾病；甚至针对某些脑电波异常的患者，还可以向其大脑发射适当的电脉冲，让患者的大脑在接收到这些电脉冲后，通过机体的自我反馈来自动纠正大脑中的病态电波，从而重塑大脑以达到治病救人的目的。

当然，如果需要不断推进上述目标，就必须在以下三方面继续下功夫：充分利用电磁手段，更加精准地获取和理解脑电波；充分利用植入和非植入等方法，更加精准地将相关电脉冲输入或输出大脑；充分利用各种微电子和虚拟现实等技术，更加精准地复制和处理各种微弱电波等。

基于宏观脑电波的内涵型 AI 的原理很简单，即人脑是一个特殊的电网络，既可以向该网络注入相关电脉冲，以影响其既有的运行状态，也可以从该网络中取出相关的控制信号，然后利用这些信号去控制其他机器，甚至控制其他人或动物。此外，实验表明，大脑还是一个可塑性很强的电网络，外界的输入电脉冲只要足够强和足够持久（当然不能过分），大脑的既有网络结构就可能被永久性地改变，用行话来说就是，“一起发射（激活或兴奋）的神经元会连接在一起”；因此，今后某天，也许人类能像电脑下载文件那样，将任何知识从电脑或他人的大脑中注入你的大脑，使得你就像获得了某种心灵感应一样，突然变成了万事通的超人。

当然，原理简单是一回事，具体的实现又完全是另一回事。本篇将客观地介绍百余年来人类在宏观脑电波（脑电图）研究中所取得的既有成就，并以此为基础对不远的将来进行比较现实的展望。

第 1 章 主角们闪亮登场了

1.1 电子就这样登场了

故事从何时开讲起呢？这是个问题！

若从 38 亿年前的生物起源开始或从更远的 45 亿年前地球诞生开始讲起，你也许认为扯得太远。但是，非常抱歉，即使是从更早的 136 亿年前的银河系诞生开始讲起，本书的一号主角“电子”的来龙去脉也没办法说清。因此，只好一咬牙，走马观花地从宇宙的起源开始讲起。

大约在 150 亿年前，有一粒体积无限小、密度无限大、温度无限高、时空曲率无限大的小点（能量奇点），突然发生大爆炸。于是，空间和时间诞生了，万物的多途径全面演化也开始了。比如，与本书密切相关的演化分支可概述为：大爆炸后 10^{-43} 秒之前，宇宙的密度超过质子密度的 10^{78} 倍，此时，宇宙中的四种基本力（万有引力、强相互作用力、弱相互作用力和电磁力）混为一体，无法彼此区分。大爆炸后 10^{-43} 至 10^{-35} 秒期间，万有引力开始独立出现，不过此时宇宙中的其他三种力（强相互作用力、弱相互作用力和电磁力）仍混为一体。

大爆炸后 10^{-35} 至 10^{-12} 秒期间，万有引力终于完全分离，夸克、玻色子、轻子等粒子已形成；强相互作用力已开始分离，但弱相互作用力和电磁力仍混为一体。如今人类能够在宇宙中探测到的那些东西，都已在各自的区域内稳定下来了。

大爆炸后 10^{-12} 至 0.01 秒期间，质子和中子及其反粒子等都已形成。电磁力和弱相互作用力均已分离，即宇宙中的四种力均已出现。此后，轻子家族（电子、中子及相应的反粒子）开始独立出现，直到大爆炸后 0.01 至 0.1 秒期间，宇宙中充满了光子、电子和中子，但中子与质子之比高达 10 亿比 1。至此，本书的一号主角“电子”登场了，并成为随后宇宙中各种“大戏”的活跃角色，以至于在接下来演化出的原子和分子等所有东西（当然也包括动物躯体、神经系统及大脑）中都少不了电子的身影。特别地，电子还在生物信息的传递过程中扮演了关键角色。实际上，早在 1791 年，伽伐尼就发现了生物电的秘密，他将青蛙与静电发电机连接成闭合电路，然后开启静电发电机，让青蛙的肌肉颤动，从而证明：神经细胞确实能借助电的媒介将信号传到肌肉。

非常有趣的是，9 年后的 1800 年，伽伐尼的生物电启发了一位名叫伏打的伯爵，他制成了人类首个电池——伏打电堆。其实，伏打只是用一盆食盐水代替了青蛙躯体，然后将铜片和锌片浸于盆中，并接上导线，就获得了源源不断的电流。因此，如今回头再看时，本书主角脑机接口的始祖，其实是 200 多年前的伽伐尼和伏打，因为与蛙体一样，人体也类似一个酸碱性电池。人的神经也是一种导电体，准确地说是单向传播信息的半导体。实际上，在自然情况下，在神经细胞内，电信号主要从神经元胞体所在的树突传向轴突。形象地说，本书所论述的内涵型 AI 的关键，其实就是面对人脑和神经系统这个半导体时，如何更加精准地检测、提取、产生、复制和注入各种宏观、中观或微观的神经（脑）电场或电流，而古人早在几百年前就已开始了相关探索，并取得了不少成就。这主要得益于电子的另一个显著特点，那就是它太喜欢张扬了。

实际上，电子不但到处抛头露面，还爱抢风头。比如，在导体中，自由电子能以光速传播而形成电流，并沿路形成电场；电子若附着在绝缘体上将形成电荷，并在静止或随绝缘载体一起运动时，在其周围产生电磁场，让路过的磁体、导体或其他电场产生明显感应，或改变所在地的电性能，后面的神经系统化学递质其实就是这种情况；即使待在遥远的云端，电荷也不老实，一有机会就制造出惊天动地的雷声和刺眼的闪电；电荷还可以根据其电极的正负差异，产生彼此间的排斥力和吸引力。难怪人类很早就发现了电的各种化身，比如，早在 5000 年前，古埃及人就似乎意识到了电与雷之间的关系，因为他们将一种带电的鱼类称为“尼罗河的雷使者”；古罗马时期的医生，就已开始用电击来治疗痛风或头痛，即让患者触摸水中的电鳐，就像至今仍用电击来起搏骤停的心脏一样，而这也是本书脑机接口的一个典型的现实应用；在地中海的古老文献中，很早就记载了琥珀摩擦毛皮后产生静电并吸引羽毛的现象。特别是早在 400 多年前的 1600 年，英国科学家吉尔伯特就发明了一种能探测静电荷的验电器。1785 年，库仑发现了著名的库仑定律，即两个电荷之间的作用力与距离的平方成反比，从此电学成了一门精密科学。1820 年左右，奥斯特和安培等发现了电磁感应现象，从此人类又学会了一种检测微弱电荷的方法，而该方法的改进版，至今（且在相当长时间的未来）仍是检测脑电波的法宝，自然也是脑机接口的法宝。

至于随后人们在电子的研究和应用等方面的成就，这里就不再介绍了，毕竟一方面内容太多，另一方面许多东西大家也都耳熟能详。所以，下面继续请出内涵型 AI 的其他几位主角和配角，当然这又得接续到前面的宇宙大爆炸故事。

1.2 原子就这样登场了

大约在电子出现 10 秒后，或大爆炸后 0.1 至 10 秒期间，开始出现“正负电子湮没反应”，但此时核力还不足以束缚中子和质子，即无法形成原子。但大爆炸后 10 秒至 35 分钟期间，宇宙开始形成氢、氦等稳定的原子核。特别是大爆炸后约 100 秒，就不可能再发生粒子转变了，比如，由一个质子和一个电子相结合而成的氢原子终于出现了。这对整个宇宙的演化故事（当然也包括本书的故事）都十分重要，其原因有三：

一是因为氢原子或失去电子的原子核（带正电）将在脑机接口的神经系统的离子通道中扮演重要角色，即带着必要的电荷在神经细胞的膜内外穿梭，以调整细胞内外的电压差或激发神经细胞膜上其他离子通道的开关行为，从而协助相关神经元进入兴奋或抑制状态。

二是因为在宇宙、人体和太阳系中，氢的含量都是最多的。实际上，人体中氢的总原子数占比约为 66%，太阳系中氢的占比约为 71%，宇宙中氢的占比更是高达 90% 以上。

三是因为自然界中的所有其他元素，其实都是由氢在一定条件下演化而成的，所以氢也称为“元素之母”。比如，就在宇宙中的氢诞生仅仅几分钟之后，氢就加班加点地生产出了仅由两个质子和电子组成的另一个元素——氦。至今，生产氦的“祖传秘方”还保留在温度高达 1500 万摄氏度的太阳核心处，即太阳在每秒内将多达 45 亿吨高速运动的氢原子核，通过核聚变融合为氦原子核。在该聚变过程中，大约有 1% 的质量会按爱因斯坦的质能方程转变成巨大能量，其他 99% 的质量将以氦原子的形式出现。所以，氦是宇宙中仅次于氢的第二多元素，其含量相当于除氢之外所有其他元素总和的 4 倍，或者说氦在宇宙中的占比约为 8%。不过，氦在地球上的储量并不多。

当然，并非所有元素的生产都像氦这么简单和快速，实际上，在元素周期表中，越靠后的元素的生产难度就越大，因为它们需要将更多的氢原子聚合在一起。即使它们被勉强生产出来，其稳定性也很差，而且质子数越多或在元素周期表中越靠后的元素，其稳定性也越低，以至于像镭这样的元素甚至会自行产生辐射衰变。具体来说，宇宙花费了大约 30 万年的时间，才最终完成了所有元素的生产工作，其中的过程又可分为两个阶段：

一是大爆炸后 35 分钟至 1 万年期间，宇宙温度降为约 3 亿摄氏度，原初核合成过程停止，但还不能形成中性原子。

二是大爆炸后 1 万年至 30 万年期间，宇宙温度降为约 1 万摄氏度，宇宙进入物质期，即现在所说的“物质”开始出现，或者说制造元素的过程最终结束。注意，现在通过化学反应从化合物中获得元素的过程，并不是此处所指的元素生产过程。准确地说，这些化学反应其实是将已经被宇宙生产出来的相关元素，从相关化合物中恢复出来而已。

本书当然不会罗列宇宙创造的地球自然界中存在的全部 94 种元素，但仍需简介钾、钠和钙等元素，因为它们与氢类似，都是大脑和神经系统中调整神经细胞电压的主要角色。准确地说，它们通过自身的运动，将各自携带的正负电荷从神经细胞中运进或运出，从而让相关神经细胞兴奋或抑制，或产生电场，或调节电压差，最终实现人类的所有体内和体外行动，即思想和肌肉收缩等。

先看钾。正常人的体内含钾约 175 克，其中 98% 的钾以离子形式贮存于神经元等细胞液中。钾是细胞内的主要阳离子之一，它带着正电荷，通过离子通道穿梭于神经细胞膜的内外，主要维持神经肌肉的兴奋性。适量的钾有助于维持神经健康，预防中风，协助肌肉正常收缩，让心跳规律处于正常状态。若因高钠而导致高血压时，钾还能扮演降压剂的作用。人体若缺钾，其神经系统的兴奋度将被降低，从而出现肌肉无力、精神错乱和心理冷淡等症状；对健康的人来说，身体会自动将多余的钾排出体外。当然，钾还有许多其他功能，但因与本书后面的内涵型 AI 无关，所以此处忽略（该取舍原则同样应用于本书中其他内容）。

再看钠。钠也是人体肌肉组织和神经组织中的重要成分之一，适量的钠能增强神经肌肉的兴奋性。一般情况下，在成年人的体内，钠的含量约占体重的 0.15%。人体内的钠主要在细胞外液中，占总体钠含量的 44% 至 50%，它是细胞外液中带正电的主要离子；在骨骼中，占总体钠含量的 40% 至 47%；在细胞内液中，钠含量的比例却相当低，仅为总体钠含量的 9% 至 10%。

最后看钙。对人体而言，无论是肌肉、神经，还是体液和骨骼等都含钙。钙约占人体质量的 1.4%，钙参与新陈代谢，所以每天都得补钙。更重要的是，虽然细胞外液中的钙仅占总量的 0.1%，但它却是神经传递的必需元素，是传递神经冲动的关键。钙在细胞外液中的存在方式主要有三种，分别是：占比约为 40% 的蛋白结合钙；占比约为 13% 的可扩散结合钙，它可通过细胞膜而扩散；占比约 47% 的离子钙，它与上述两种钙不断交换并保持动态平衡，其含量与血流中的酸碱度 pH 值有关，当 pH 值下降时离子钙降低，反之亦然。细胞内的离子钙的浓度远低于细胞外的离子钙浓度；不同细胞器内的钙并不相互自由扩散，其中 10% 至 20% 的钙分布在胞质中并与细胞膜表面结合，而游离钙仅占人体钙的 0.1%。人体中的钙必须与镁、钾、钠等离子保持一定比例，才能使神经和肌肉保持正常反应。

与内涵型 AI 相关的宇宙演化故事当然还没结束，接下来就该让分子登场了，它们是多种原子在化合作用下生成的东西。

1.3　分子就这样登场了

大爆炸 30 万年后，宇宙的温度降为约 3000 摄氏度，这时“化学结合作用”使中性原子形成，宇宙主要成分为气态物质，并逐步在引力作用下凝聚成密度较高的气体云块，直至形成恒星和包括地球等在内的恒星系统。于是，我们今天能见到的宇宙形态，特别是分子形态的物质就出现了，而且今天主要的物理和化学定律也开始发挥作用了。

我们当然不会关注那些难以计数的与本书无关的分子。实际上，前面之所以要对宇宙的演化过程进行走马观花，目的就是想提醒读者：万物均由演化而成，虽然至今还不知生命到底是如何由非生命的分子演化出来的，甚至都不知道生命到底是否起源于地球，更不知道是否存在外星生命等，但包括人体和大脑在内的所有东西，都不该被神化，至少从电信号的传递角度来看，大脑和神经系统几乎等价于一个由简单电路演化而成的超级复杂网络系统。因此，本书后面的内涵型 AI 才可能成为现实。

关于地球和天外原始生命出现之前的“前生命”分子演化，人们已提出了多种猜测，比如，1936 年，苏联生物化学家奥帕林提出了原始汤理论，猜测了生命起源的原始环境；1952 年，英国生物物理学家贝尔纳又提出了黏土表面理论；1959 年，美国学者福克斯等提出了类蛋白微球假说；1969 年，日本学者江上石二夫还提出了海生颗粒理论等。1975 年，美国物理化学家和生物化学家卡尔文，在总结了上述各家学说后，提出了一个“分子生命演化模型”，认为最初覆盖地球的那些孕育了生命的元素，首先是形成了各种原始的孕育生命的分子，比如甲烷、硫化氢等。其次，这些孕育生命的分子，在太阳紫外线、电离辐射能和陨石冲击波等多种能量的作用下，进一步形成低分子有机化合物；最后，从低分子有机化合物过渡到高分子有机化合物，并最终在大约 40 亿年前，由大分子有机化合物形成了最初的具有生命形态的有机体。

为了探索无机分子向有机生命演化的奥秘，1952 年，两位美国人尤里和米勒，首次用实验检验了奥帕林的原始汤理论。他们首先模仿了生命出现前的环境条件，在甲烷、氨、氢和水的混合物中通过放电反应形成了多种产物，包括各种氨基酸、嘌呤、嘧啶和一些简单糖类分子等。后来，他们又在另一些条件下发现了核苷的磷酸化现象。1958 年，福克斯证实了无水氨基酸混合物在高于 100 摄氏度时将合成出类蛋白，并在水和高浓度盐溶液中形成直径约 0.5 至 3 微米的微小球体。这些微球甚至能以出芽的方式“繁殖”，表现出了某种程度上的生命迹象。1968 年以来，人们又发现了分子演化的各种证据，比如，在星际空间中发现了许多类似的有机化合物分子，在太空陨石及月球尘埃中发现了可能存在氨基酸的某些间接证据等。

当然，以上这些成果，都还没搞清从非生命到生命阶段的分子演化过程。有人提出了这样一种比较有趣而形象的演化猜测：大约在 38 亿或 35 亿年前，在原始地球上已经演化出了许多有机分子，其中包括某些能自我复制和聚合的有机分子，称为复制子，它们其实就是遗传物质的前身。但是，复制子的结构形态很不稳定，在恶劣的外部环境下，很容易被分解为不再具备复制能力的普通有机分子，这就相当于复制子的“死亡”。比如，根据热力学的熵增原理，在孤立系统中，包括复制子在内的任何复杂物质都将最终分解并恢复成独立的分子；更何况，复制子还要通过不断的自我复制来延续“生命”，这就使得它更难抵抗熵增原理了。

最初的复制子完全裸露在原始地球的恶劣环境中，无论是远处的太阳紫外线，还是身边的高浓度酸碱液体和其他化学反应，都可能让复制子瞬间分解，灰飞烟灭。幸好，某些复制子偶然混进了水面的浮油中，并被浮油所包裹。当然，一方面，浮油并不只包裹复制子，它可以说见啥就包裹啥，浮油的这种爱好一直保持到今天，以至于你若碰碰油水，手上就会立即沾满油污。这主要是因为以浮油为代表的油脂分子很容易形成双分子层，很容易在无意中把其他分子包裹在其中。另一方面，并不是所有被浮油包裹的复制子都能逃脱被分解的命运，也不是所有被包裹的复制子都会被分解。于是，由于各种偶然因素，某些复制子就在看似累赘黏人的油污的保护下，不但继续生存，还继续复制，并最终进入了一种相对稳定的形态，从此以后，此类复制子（以下称为“寄居复制子”）便踏上了生命的演化之路。

关于生物分子的演化过程，即从最早的生命形式蓝藻到最复杂的生命形式智人的演化过程，人们已搞得比较清楚了。实际上，人们已创立了严谨的学科（分子生物学）来深刻揭示生物进化过程中生物大分子的演变现象，包括蛋白质分子演变、核酸分子演变和遗传密码演变等。比如，人们已经知道，地球生命先是从最原始的无细胞结构状态，演化为有细胞结构的原核生物；再从原核生物演化为真核单细胞生物；然后按照不同方向发展，出现了真菌界、植物界和动物界等。其中，植物界从藻类到裸蕨植物，再到蕨类植物、裸子植物，最后出现了被子植物。动物界则从原始鞭毛虫到多细胞动物，从原始多细胞动物到脊索动物，进而演化出高等脊椎动物，于是，本书内涵型 AI 所关注的神经系统和大脑系统便开始发挥作用。脊椎动物从鱼类又演化到两栖类，再到爬行类，并从中分化出哺乳类和鸟类。哺乳类中的一支，进一步演化为高等智慧生物，这就是人。不过，由于这些内容已基本成熟且与本书并不直接相关，所以此处忽略不述。

到目前为止，与内涵型 AI 相关的一条宇宙演化分支已较清晰了，即能量奇点→基本粒子→亚原子粒子及核子（包括从夸克、电子、光子，再到质子和中子等，其中还包含了粒子演化的子过程）→原子（从氢原子开始，逐渐演化出氦等全部94种元素，其中还包含了原子演化的子过程）→分子（从无机分子到有机分子，从低分子到高分子，其中还包含了分子演化的子过程）→生物（从单细胞生物到多细胞生物，再一直演化到人类，其中还包含了生物或生物分子演化的子过程）。

至此，我们已请出了本书的非生物界主角——电子、原子和分子。下面再以演化方式，接着请出生物界的其他主角——神经系统和大脑等。

1.4 神经就这样登场了

如果说电子是本书的一号主角，那么大脑（准确地说是由大脑直接指挥的神经系统，包括中枢神经系统和周边神经系统等）便是本书的二号主角。但与电子相比，普通人对大脑和神经的了解就比较粗浅了，所以，若想请出二号主角就更难一些。幸好，可以借用谢伯让教授在文献[5]中的思路，来快速演绎一段神经和大脑的演化过程。注意，以下的演绎其实已铺垫了内涵型AI的电信号传输原理和其他相关机制，大家可以在看热闹的同时，也关注一下相关门道。

故事还得继续从本书1.3节中的那些寄居复制子说起。由于它们幸运地被包裹在油脂双分子层中，所以其生命形态渐趋稳定了。但是为了维持自身的继续复制，确保自己不被外界分解，它们还必须面对更加残酷的生存竞争，为此就必须掌握好以下四大竞争策略。

策略一，高筑墙

高筑墙，就是要做好自我保护，继续发挥包裹自己的油脂双分子层的盾牌作用。由于油脂双分子层是由两层油脂分子构成的薄膜，其中的一层薄膜具有亲水性，即吸引水分子；另一层薄膜则具有厌水性，即排斥水分子。当众多寄居复制子在水中相聚时，它们外围油脂双分子层的厌水端，自然会两两相接以躲避自己所讨厌的水分子；相反，它们的亲水端则乐意面朝外边，以尽量与水分子接触，从而形成优势互补和各取所需的稳定结构。所以，寄居复制子在水中会自然围成一个球形，一个非常类似于细胞空壳的含水小囊泡。该囊泡具有高度的稳定性和流动性，因此，即使囊泡受到外力而被迫变形时，它也不会轻易破裂，甚至囊泡上的膜状结构发生局部破损或断裂，囊泡也能自动修复并形成和保持一个新的连续的双分子层。形象地说，这种囊泡无异于穿在寄居复制子身上刀枪不入的防弹衣。从此以后，寄居复制子便拥有了相对恒定的生理环境和生存环境，可放心地大量复制和繁衍子孙后代了。

虽然失去了部分自由，但是在寄居壳（油脂双分子层）的保护下，已经具备原始细胞初型的寄居复制子的竞争能力空前增强，很快就战胜了其他没有寄居壳的复制子，从而获得足够的演化优势，甚至可以说获得了某种程度上的永生机会。但竞争并未结束，因为拥有寄居壳的同类复制子之间又开始了新一轮竞争，而且是更严厉的竞争，它们得努力奋斗，以便为自己争夺更多的资源和空间，以便繁衍更多的后代。实际上，原始细胞面临一个更严重的问题，即扮演保护神角色的细胞膜虽然提供了绝佳的隔离效果，但同时也导致细胞膜内的复制子无法及时有效地取得膜外的信息与资源。比如，膜外的养分和有用化学物质，可能会被阻挡而无法被膜内的复制子享用，甚至会造成膜内的某些复制子因此而灭亡。当然，膜内的复制子也不会全都死亡，这主要得益于前述油脂双分子层囊泡的稳定性和流动性。具体来说，某些囊泡会因各种原因被刺破甚至被分裂成多个囊泡，于是，在囊泡被自动修复前，膜外的养分资源等便趁机钻进膜内，或膜内的某些拥挤复制子也趁机逃出膜外，甚至又与其他空闲的囊泡相结合，从而获得了新的生存机会。久而久之，某些膜内就偶然出现了一些特殊的东西，它们竟能刺破细胞膜形成暂时的城门，让相应的原始细胞在必要时能与外界交换资源和信息。这样的原始细胞显然就更具竞争力，于是，接下来在原始细胞之间的竞争力，就主要体现在谁有更强的本领来恰到好处地刺破和修复细胞膜了。这便是随之而来的第二项竞争策略。

策略二，建城门

建城门，就是说，既要适时做好细胞膜内外物质和信息的沟通，也不能因大开城门而引发城池失守，毕竟细胞膜外还是很危险的。于是，细胞膜上的所谓“闸门”和“受器”就应运而生了。其中，闸门就是细胞膜上的一个类似于城门的通道，它允许细胞内外的各种分子得以按指令出入；受器则是发出指令的卫兵，它决定城门通道的开关行为。受器其实是细胞膜上的特殊化学分子，它们与细胞膜内外的不同化学物质结合后，将在膜上打开一个新通道，或关闭一个已经被打开的通道。此外，受器还能直接或间接地影响细胞活动，因为放入或排出细胞膜的相关物质可能会在细胞膜内引起某些化学反应，就像城门卫兵通过放进或放出不同人员也能影响城内治安一样。

换句话说，此时细胞之间的竞争，已变为细胞膜上的闸门和受器的先进性之间的竞争，即谁能更精准地打开或关闭城门谁就能获胜，谁能放入正确的分子谁就能胜，谁能排出正确的分子谁就能胜等。为此，细胞的信息功能就变得越来越重要，即如何及时获取和传递细胞内外的信息，如何精准地分析细胞内外情况等就成了制胜的关键。总之，早在单细胞生物演化的初期，激烈的信息战就已打响，细胞之间的资源竞争就已成为争夺信息的竞争，谁掌握了信息的获取、传递和分析的优先权，谁就是赢家，谁就有可能最终演化成占据支配地位的神经细胞，而竞争的失败者则只能沦为普通的受支配细胞。

总之，要想成为具有贵族身份的细胞（神经细胞），快速的信息手段就是关键，于是就引发了潜在神经细胞之间的电信能力竞争，毕竟，信息的化学传递速度太慢了，在关键时刻还会掉链子。这时，下面的第三项策略就必不可少了。

策略三，电通道

若想掌握全面快速的信息传递能力，就必须既要拥有基于化学的离子通道能力，也要拥有基于电信的电压传递能力。

实际上，经过上亿年的漫长竞争，拥有细胞膜、受器和闸门的复制子已取得首场胜利，彻底淘汰了其他处于游离状态的裸露复制子。于是，在距今约 34 亿年前，在原始地球环境中，单细胞生物就已随处可见了，相应的生存竞争也变成了单细胞生物之间的竞争，准确地说就是，快速传递信息的能力的竞争。

起初，细胞传递信息的主要方式是直接的物理接触和扩散，这显然很难实现信息的快速传递。因为普通细胞的体量约为普通小分子的数千倍，若仅依靠分子的物理扩散来将信息从细胞头传递到细胞尾，其速度无异于老牛拉破车。比如，在 25 摄氏度的水中，低浓度的氧分子若想扩散 10 厘米的距离，就得需要大约 27 天，这在争分夺秒的信息战中显然必败无疑。于是，某些细胞就演化出了更快的信息传递能力，因为它们掌握了一种特殊的、名叫“离子通道”的闸门开关本领。换句话说，它们会在平时努力积蓄能量，但在关键时刻则会快速释放这些储能。从此，掌握离子通道能力的细胞就开始与普通细胞分道扬镳，并努力演化为后来的神经细胞。

所谓离子通道，就是可以让带电离子穿过细胞膜的通道。若再细分，离子通道又有多种。比如，若根据通过的离子来区分，离子通道主要有钠离子通道、钾离子通道、钙离子通道和钙钠交换离子通道等。

离子通道的初始用途是调整细胞内外的离子浓度，但奇妙的是，细胞可以通过消耗适当的能量把带电离子主动运送到离子通道的另一端，然后让绝缘细胞膜内外的带电离子浓度出现差异，以形成电压差。该过程称为“极化”，它让细胞内外的电压差越来越大。当细胞内外的电压差达到一定程度后，细胞又会通过瞬间的能量释放，让电压差大规模缩小，该过程称为“去极化”。

形象地说，“极化”过程恰似水库蓄水，缓慢地接收来自各条小溪的涓涓细流；而“去极化”过程则恰似水库泄洪，迅速排放大量洪水，大幅度降低水库的水位。实际上，一旦通过离子通道主动在细胞膜内外形成带电离子的浓度差异（电压差）后，只要适时打开离子通道，电压变化就能在瞬间传遍整个细胞膜，毕竟自由电子在导体中的速度可达每秒 30 万千米。这种可以引发电压快速变化的电压差，称为“动作电压”；或者说，当电压差达到动作电压后，神经细胞的离子通道就开始以光速泄洪了。但因神经细胞之间并未直接相连，而是由细胞膜等绝缘体彼此相隔，所以依靠动作电压来传递信息的最终速度只能达到每秒 5 米左右。即使如此，信息传递 10 厘米也只需 0.02 秒，比普通细胞依靠物理接触所需的 27 天要快 1 亿多倍。特别地，后来某些神经细胞又演化出了一种名叫“髓鞘”的东西，它使得动作电压的信息传递速度在髓鞘中又快了好几倍，以至于达到每秒 100 米的信息传递速度，比普通细胞的物理扩散快约 20 亿倍！

动作电压还有一个优点，在它的信息传递过程中，信息的强度不会因途中的耗损而递减。实际上，此时的电信号传递过程类似于数字通信中的信息传递，因为在去极化过程中，每个神经细胞的放电状态都只有两种：要么彻底放电，对应于电信号 1；要么干脆不放电，对应于电信号 0。当一个神经细胞的放电引发另一个细胞也跟着放电时，就相当于前者将电信号“1”传递给了后者，否则所传递的信号就是“0”。形象地说，在生物体内的神经电信系统中，早就实现了数字化，早就远远超过了现代化的互联网。另外，在人类和许多生物体内，神经细胞的放电行为常常会受到“外力”影响。武侠小说中的所谓“点穴”，其实就是在借用外力引发神经系统的局部放电，刺激人体产生某些奇怪的感觉和行为。比如，只需轻轻敲击手臂上的“尺神经”穴位，便可诱发相关神经的动作电压，让大脑觉得无名指和小指在发麻。

若根据通道调控方式来区分，离子通道又包括“配体门控性离子通道”和“电压门控性离子通道”。其工作模式可概述为：当神经细胞体内储蓄的化学信号（或带电的各种化学离子）达到足够的浓度后，细胞的“配体门控性离子通道”就会自动打开，并在神经细胞的一端（行话叫作“轴突端”）产生动作电压。接着，该动作电压传递到下一个神经细胞的某处，并在这里形成一定的电压差，以在适当时机启动该神经细胞的“电压门控性离子通道”，让电信号无失真地持续传递下去。

据推测，细胞在掌握了离子通道的本领后，大概又经过了 10 亿年的努力，才终于掌握了电压差的信息传递本领。不过，如此辛劳还是值得的，因为某些细胞在取得了离子通道和电压传递能力后，其地位早已大大提高，它们即将演化为神经细胞，甚至已经可以轻松指挥其他细胞了。

后来到了大约 20 亿年前，真核生物终于完全掌握了电压差的信息传递本领，并用它完成了一些过去根本不敢想象的高难度动作。比如，当单细胞生物草履虫的细胞体前端撞到东西时，电压变化就会迅速传向后端，并让尾部的鞭毛改变运动方向，从而完成以往所有细胞从未有过的转身动作。

快速的信息传递能力，使得单细胞生物的动作越来越灵活，竞争优势越来越明显，体型也变得越来越大。于是，单细胞生物就开始向多细胞生物演化，面临竞争再上台阶，若想获胜就必须采取另一项更重要的策略。

策略四，重协调

所谓的“重协调”，就是要创建多个细胞之间的信息协同中转站，它的专业术语叫作“突触”。

俗话说“双拳难敌四手，好汉架不住人多”，因此，众多单一细胞或单细胞生物之间若能互相沟通、彼此合作，就一定会获得更强的生存竞争能力。于是，就演化出了突触这种专门负责协调细胞之间行动的东西。突触其实就是神经细胞向外接触其他细胞的接触点。通过突触，神经细胞能与其他细胞实现信息沟通，从而形成协调一致的合作关系。

突触主要有两种：一种电突触，它将一个神经细胞的电压差的变化传递给另一个神经细胞；另一种是化学突触，它因电压差的变化而释放出某些化学物质，然后将这些化学物质扩散开来，并经过受器去影响其他细胞。

突触的形成也经历了漫长的演化过程。最早的突触，可能只是两个相邻细胞之间的细胞膜上的来往通道，以便让离子和其他物质能够通过扩散的方式自由穿梭。比如，电突触就是采用这种形式让带电离子从一个细胞扩散至另一个细胞的。实际上，在如今的几乎所有生物大脑中，都还能看得到这种原始突触的痕迹。

化学突触的演化和运作方式更加复杂，它先由动作电压诱发突触的一端，使其释放一种叫作“神经传导素”的物质；接着，这些神经传导素被扩散到突触的另一端，并在被受器接收后，开始影响或操控下一个细胞，或激起新一波的动作电压，以便不断地把信息传递下去。在化学突触演化的初期，先是出现了受器。受器的原始功能本来只是侦测环境中的某些营养物质，后来才扩展到侦测神经传导素。比如，早期单细胞生物可能是采用蛋白质作为受器来侦测谷氨酸的；后来，在演化出多细胞生物后，神经细胞才顺水推舟，将谷氨酸当成神经传导素，从而使得既有的受器具备了新功能；再后来，经过无数次的基因复制、突变和优胜劣汰，神经传导素和受器的种类就越来越多了。

关于突触的实验检验过程，坊间还有个好玩的传说，大意是，突触的存在其实在很久以前就被科学家猜到了，却一直处于既无法证实，也无法证伪的尴尬中。直到 1921 年，生理学家勒维才终于在睡梦中想到了一个妙法来证实化学突触的存在性。由于他在半梦半醒中，只能迷迷糊糊地记下实验灵感，接着又继续呼呼大睡。次日清晨，当他兴高采烈地准备照猫画虎般地做实验时，才惊讶地发现，自己早已完全看不懂夜间所记的内容了。后悔莫及的他，冥思苦想了一整天，希望回忆起梦中的些许细节，却毫无收获。

可哪知，当天晚上勒维竟然又做了一个一模一样的梦。这次他吸取教训，干脆直接冲入实验室，用非常简明的方法给出了证明结果。实际上，他将两颗仍在跳动的青蛙心脏浸入生理盐水中。其中，一颗心脏是全裸的，另一颗心脏却依然保留着心脏的迷走神经。当勒维用电流刺激那颗带有迷走神经的心脏时，它的心跳开始变慢；然后，他用浸泡该心脏的液体，再去浸泡那颗裸心脏，结果发现，那颗裸心脏的心跳速度也变慢了。由此推测，在第一颗心脏受到刺激后，心脏产生并释放了某种能让心脏跳动减速的化学物质，这些化学物质还流入了其浸泡液中。因此，当这些浸泡液再次被用于浸泡那颗裸心脏时，液体中能使心脏减速的化学物质就进入了裸心脏，从而使它的跳动也减速了。这项实验不但证实了突触的存在，也让勒维获得了 1936 年的诺贝尔生理学或医学奖。不过，直到1954年，突触的庐山真面目才首次被科学家用显微镜观察到。

演化出突触后，跨细胞的信息传递就成为可能，多细胞之间的合作关系也得以建立；但同时，突触也成了神经细胞用来“操控”其他细胞的利器。这里的被操控细胞，既可能是另一个神经细胞，也可能是非神经细胞。比如，大脑初始运动皮层中的“上运动神经元”的轴突就会连接到脊髓中的“下运动神经元”，这就是一个神经细胞操控另外一个神经细胞的典型例子。另外，“下运动神经元”又会连接到末梢肌肉并支配四肢运动，这便是神经细胞操控非神经细胞的例子。

神经细胞之间的这种具有主从性质的操控关系，使得细胞之间的资源争夺战更加激烈，以至于发展成多细胞与多细胞之间的斗智斗勇。或者说，多细胞生物的个体之间不但要进行你死我活的竞争，甚至在多细胞生物体内，神经细胞之间（或神经细胞集团之间）也要展开无情的竞争。于是，后来在生物体内的众多神经细胞便彼此相连形成中枢神经系统。中枢神经系统便开始掌控和使用大多数的生存资源，而其他肌肉细胞、骨骼细胞等非神经系统，就逐渐沦为被中枢神经系统操控的对象；或形象地说，非神经细胞只是神经细胞的共生俘虏。

演化至此，在掌握了上述高筑墙、建城门、电通道和重协调等四大策略后，神经细胞终于成形了，且已成为细胞帝国中的大王，其撒手锏就是电信号的快速传递，并借此操控其他细胞。但是，神经细胞的演化过程还未结束。比如，为了生存，神经细胞必须获取更多资源；为了获取更多资源，它们又必须拥有更大的掌控权；为了拥有更大的掌控权，它们又卷进了更残酷的竞争行列，不但要与其他细胞竞争，还要彼此竞争。总之，刚刚诞生的神经细胞，又走上了一条持续自我膨胀的、祸福难定的不归路。

1.5　智能就这样登场了

神经细胞的竞争场所，当然是在多细胞生物的体内；竞争的目的当然不仅仅是战胜彼此或战胜其他细胞，还包括最终让它们所支撑的多细胞生物在更高一层的生物竞争中获胜，即在生物的生存和繁衍中获得优势。为此，同一生物体内的细胞最好是既分工又合作，既竞争又协调，不同细胞演化出独特的形态与功能。比如，位于身体表面的细胞可以强化细胞膜，位于运动枢纽区域的细胞可以强化纤维和收缩能力等。其实，数十亿年前的细胞就已比现代人聪明，因为它们早已熟练掌握并运用了亚当·斯密在《国富论》发现的“主观为自己，客观为他人”的共赢秘籍。

分工的好处很多，但同时也带来了潜在危机，因为大家都因此而失去了独立能力，只好越来越严重地彼此依赖，这就为集权和垄断的产生奠定了客观基础。特别是那些神经细胞，它们就趁机抢夺了控制权，甚至最终演化出了最高的权力机构——中枢神经系统。这主要是因为，只有神经细胞才能利用电压变化来快速传递信息，也只有神经细胞才能利用突触来协调其他细胞共同行动。由于缺少必要的化石证据，目前人们还不清楚神经细胞到底是如何演化成中枢神经系统的，但相关专家提出了多种不同的猜测。比如，有人认为，从神经细胞到中枢神经系统的演化过程可分为四个阶段。

第一阶段：在刺细胞动物身上开始出现了一些特殊的原始表皮细胞，它们会对外来刺激做出收缩反应，且彼此间也能像海绵体细胞之间那样，通过电突触来传递信息。

第二阶段：上述具有电突触传递能力且会收缩的表皮细胞，退隐到第二线，躲到了普通的第一线表皮细胞（细胞膜较厚者）之下。不过，这些退隐者仍继续通过电突触连接那些不会收缩的第一线表皮细胞的受器，这就是最早的神经系统原型。

第三阶段：在第一线的表皮细胞和第二线的收缩细胞之间，出现了一种原型神经细胞（中间神经细胞），它们是一种能够感觉到运动的神经细胞，负责从第一线表皮细胞处获取信息，并将这些信息传达给第二线的专司收缩的肌肉细胞。

第四阶段：原型神经系统又开始分化，进一步产生“感觉神经细胞”和“运动神经细胞”。化学突触也在该阶段开始出现，并最终在水母等软体动物身上再分化出“中间神经细胞”。

于是，原型神经系统通过不断分化、分工、连接与扩张后，终于形成了神经网络，它们一边从表皮和各种器官细胞处接收信息（或者说从感官细胞处获得信息），一边又控制着肌肉细胞以达到控制整个身体运动的目的。

接下来，神经系统必须考虑自身安全，它们的随后策略就是要深入体内，让其他细胞（特别是那些容易修补和重生的体细胞）成为挡箭牌，为神经系统保驾护航。最终，某些神经细胞就开始逐渐躲到各种体细胞的身后，并进入了体内最保险的部位，从而成为中枢神经系统中的细胞。而遗留在危险前线战场上的那些神经细胞，就无奈地演化成了主要的感觉神经细胞。比如，留在视网膜上的神经细胞就变成了感光细胞，留在耳蜗里的毛细胞就变成了听觉细胞等。

至今遗留在不同生物体内的神经细胞位置状态，形象地展示了神经细胞向生物体内逐渐深入的演化过程。比如，在环节动物蚯蚓身上，感觉神经细胞仍处于表皮中。演化到软体动物蜗牛时，感觉神经细胞就已转移到表皮下面，以避免来自体外刺激的直接损害。再演化到脊椎动物原始鱼类时，感觉神经细胞就已非常靠近脊椎了。直至演化到两栖类、爬行类、鸟类和哺乳类动物时，感觉神经细胞就聚焦到脊椎旁的背神经节中。总之，神经细胞一边操控各种体细胞，一边安稳地躲入后方，隐藏到了体内深处，并逐渐演化成中枢神经细胞。

躲入体内安全地带的中枢神经细胞仍不能高枕无忧，一方面它们必须为生物生存和繁衍做贡献，否则就会在演化过程中被淘汰；另一方面，还必须继续分工合作，甚至再次通过分化和连接开始彼此操控，以形成权力更为集中的中枢神经系统。为此，它们必须克服以下三大困难。

困难之一，细胞之间缺乏整合，因而运动的灵活性很差。

这是早期多细胞生物所面临的共同难题，比如，没有神经系统的多细胞动物海绵在受到刺激时虽然也会产生收缩运动，但这种反应只是局部性的而非整体性的。若想在多个细胞之间完成整合协调运动，就必须依靠神经系统来统一指挥。比如，演化到水螅时，就已出现了简单的分散式神经网络，即当水螅身体的局部受到刺激时，信息就会沿神经网络传遍全身，从而引发相应的全身性动作。特别地，神经细胞还可将信息传递给负责收缩肌肉的细胞，从而具备运动功能。比如，早期的反射式动作就是神经细胞将信息传递给众多肌肉细胞后引起的。当演化到海葵时，神经细胞发出的信息不但能让纤维细胞收缩，还能让身体远离可能造成伤害的刺激，更能让海葵的触手在受到刺激时，反射性地喷出毒液，以达到趋吉避凶之目的。若想演化出更好的运动能力，当然不能依靠简单的分散式神经网络，还必须演化出集中式的神经网络和更好的“中间神经细胞”。

困难之二，如何应对重复出现的刺激。

若多细胞生物只会通过躯体动作来趋吉避凶，这当然不够。比如，生物至少还必须有本领记住教训（拥有记忆能力），从而可以更加轻松和快捷地应对反复出现的同类刺激。其实，记忆能力的产生非常简单，甚至只需两个神经细胞和一个突触就能产生简单的短期记忆。这可能出乎许多人的意料吧！比如，只需利用一个感觉运动神经细胞、一个肌肉细胞和一个能自我刺激的“中间神经细胞”，就可以按以下逻辑轻松实现短期记忆：首先，感觉细胞将信息传给中间细胞；其次，中间细胞在刺激肌肉细胞的同时，一直不断地进行自我刺激；最后，肌肉细胞就会在中间细胞持续不断的作用下反复收缩，从而实现了“外界刺激消失之后，仍能持续做出反应”的能力，这便是一种短期记忆能力，也算一种智能吧。

困难之三，如何应对多重选择。

为应对多重选择，神经网络就得演化出相关决策能力，它也是另一种智能。

再一次出乎所有人意料的是，其实只需6个神经细胞就能产生简单的决策能力！实际上，假设有两组上述的短期记忆神经回路（注意，这种记忆只需2个细胞，包括1个神经细胞和1个中间细胞），其中，一组回路位于左侧，负责让左侧的肌肉细胞收缩；另一组回路位于右侧，负责让右侧的肌肉细胞收缩。然后，左右两侧各有一个彼此相连的“抑制性神经细胞”。于是，这样的仅由6个神经细胞组成的系统就能完成如下的简单决策任务：

当只有一侧受到刺激时，该侧的中间神经在刺激本侧肌肉神经的同时，也会刺激本侧的抑制性神经，然后把抑制信息传递给另一侧的抑制性神经细胞，于是，就只有受刺激侧的肌肉收缩。

当两侧受到一大一小的刺激时，刺激较强的一侧就会完全抑制另一侧，导致只有刺激较强一侧的肌肉才会收缩。

当两侧同时受到相同的刺激时，两个中间神经细胞都会被抑制，结果就是没有任何肌肉细胞收缩。

你看，简单的 6 个神经细胞确实组成了一个简单而有效的智能决策系统。

总之，通过记忆和决策能力等智能的不断演化，神经系统能解决的问题越来越多，于是各种复杂的认知能力就逐渐完善了。

1.6　大脑就这样登场了

综上可知，可简单地将早期神经系统的演化策略归纳为 9 个字：高筑墙、广积粮、缓称王。所谓高筑墙，就是将其他体细胞推往前线，而自己则躲到体内；所谓广积粮，就是将足够多的功能型神经细胞聚焦起来，以便演化出不同的智能；所谓缓称王，就是赋予体细胞一定的资源和权力，以便维持大家的共生和互利。

但到后来，生物之间的竞争更加白热化，生物体的各种技能和认知能力变得越来越重要，神经网络的集权化趋势不可避免，过去的分散式神经网络逐渐演化成集中式神经网络，并开始向体内更安全的地方（固若金汤的头颅）聚焦。比如，文昌鱼就已将它的中枢神经隐藏在脊索背面，已演化出了包含运动神经的腹结和感觉神经的背结，其“脑部”已可区分出前脑、中脑、后脑、脑干和脊柱了。甚至，文昌鱼的前脑已能接收视觉刺激了，这就是一般脊椎动物双眼的前身。

待到演化至原始脊椎动物时，“脑”的遗迹还很模糊，整条神经索的粗细从头到尾都差不多，头部的神经索也并不大，因此无法将主要资源用于信息最丰富处，不能将资源的效益最大化。再到后来，神经开始向头部转移，这主要是因为动物在运动时，通常会以身体的某一端为前进端，而前进端的信息对于运动、猎食、躲避、寻找配偶等行为格外重要，以至在头部形成了较强的感官能力。比如，置于身体前端的感光系统和嗅觉系统等，都会利用特殊的神经网络将前端的信息及时传遍全身。

脊索动物出现后，中枢神经系统继续向更安全的大后方转移，继续加强其集权力度，同时也继续使相关生物具有更强的适应能力，以至于各种感觉和高级认知能力纷纷现身。特别是当感觉器官和前端特定的神经区域都出现后，身体前端的“头部”才终于名副其实了。此时，生物也开始演化出内部存在的定位系统，因此才能随时知道自己的头和身体等部位的相对位置（自我认知能力的初型，这也是另一种智能），以利于运动和转向。于是，神经索前端的“脑”终于有了雏形。当时的“脑”只有三个相对发达的区域：前脑，负责处理嗅觉和视觉；后脑，负责处理来自头部的感觉（触觉和味觉）、来自内脏的感觉、平衡感觉和听觉等；中脑，负责整合各种感觉信息，以进行转向和逃跑等运动控制。待到人脑出现后，前脑演化成了大脑皮层、边缘系统、视丘和下视丘，后脑演化成小脑、脑桥和延髓，中脑演化成分别与视觉和听觉信息处理有关的上丘和下丘。

从简单生物演化成复杂的人类后，神经系统演化成了中枢神经系统，体细胞已完全听命于神经系统的指挥，大脑的中央集权模式已经成型。大脑的超强中央集权能力，可通过以下两个案例的比较来得到更形象的理解。

案例 1，在神经系统出现前，生物体对环境刺激的运动反应主要体现在局部的神经和肌肉上，当局部被刺激时，只有该部位的肌肉才能产生反应；但在神经系统接管了权力后，局部的刺激将首先被传递给中枢神经系统，并在经过分析后迅速向全身发布相关命令，让生物体做出更全面而灵活的反应。例如，当你的肩膀被碰后，你的大脑将视当时的具体情况给出不同的反应，或无视刺激，或热情回应，或做出防卫性反击等。

案例 2，在神经系统出现前，内分泌机制也很混乱。例如，在海绵等没有中枢神经系统的生物身上，有许多能够分泌激素的表皮细胞，但这些部位的激素分泌彼此不协调，一个部位的分泌物必须经过缓慢的扩散，才能影响到另一个部位。但当中枢神经系统诞生后，前脑中的下视丘和脑下垂体就成了整个内分泌系统的首脑，能够统一指挥身体的内分泌。至于各种消化、循环和呼吸等系统，情况也类似，它们均由交感神经和副交感神经统一支配。

借助神经系统，生物之间的竞争和演化就更迅速了。大约在 4 亿年前，原始鱼类开始进军陆地，水陆交界处出现了两栖动物，它们进一步演化成可以完全脱离水域的爬行动物。再到约 2 亿年前，原始哺乳动物终于现身，它们的大脑演化出了具有六层神经细胞结构的新皮层，专司各种感官信息的细节分析，以帮助生物做出灵活的行为和反应。

至此，本书的所有主角都登场了。下面将由电子、神经系统和大脑等主角来联袂上演相关大戏，让它们以全新方式演绎内涵型 AI 的未来玄幻故事。

当然，由于脑机接口的条件所限，人类对大脑和神经系统的细节理解还有待深入，我们的许多实验都只能是思想实验；不过，有关生物学方面的实验，都是由神经生理学家等完成的真实且严肃的实验。至于书中以宏观、中观和微观等方式展开的各种猜想中哪些能成真，何时能成真，在多大程度上能成真等，请大家拭目以待，没准儿你也将是一位让梦成真的骨干呢。

第 2 章

奇妙的脑电波

2.1 毛骨悚然的开端

早在 18 世纪时人们就知道，信号可通过生物电的方式在神经系统中传输。比如，1783 年伽伐尼发现，用不同金属触碰死青蛙大腿肌肉的两端，将导致肌肉收缩，据此，他相信动物肌体中储存着电。虽然当时伽伐尼的这一设想曾被嘲笑，但今天回头再看时，他其实设计出了第一个基础的神经义肢，模拟了肌肉中的神经。实际上，在伽伐尼的这一发现后不久，人们就确认了：动物活体及神经组织确实能产生电流，虽然只是非常微弱的电流。

再后来，人们又知道了与之相反的事实，即适当的电刺激能让肌肉收缩或运动。而公开以实验方式向广大市民证明该事实的、最毛骨悚然的和最具轰动性的事件，发生在 1818 年 11 月的英国格拉斯大学操场上。

原来，按当时英国法律的规定，对那些罪大恶极的死刑犯，不但要送上绞刑架，其尸体还要被送往相关科研机构进行公开解剖。一来可以解决医用尸体严重不足的难题，二来可以威慑更多的潜在犯罪嫌疑人，起到杀鸡儆猴的作用。

于是，一具犯罪嫌疑人的尸体引来了潮水般的各色看客，他们浩浩荡荡地涌到了格拉斯大学的操场上。当天主刀的解剖医生名叫尤尔，他先在尸体的脖颈后方切开一个大口，露出颈椎和脊髓；接着，在尸体的左髋部切出一个贯穿臀部的大切口，以暴露出坐骨神经；随后，在左边脚后跟处也切开一个口子；然后，在脖子上打开一个切口，露出控制呼吸的膈神经；最后，在眉弓处切一个口子，露出眶上神经。

做完这些准备工作后，尤尔的恐怖表演就开始了。根据当时的实验报告，尤尔刚将电极的两端分别接入尸体的脊髓和坐骨神经时，尸体全身的每一块肌肉都立即开始抽搐，就像因寒冷而剧烈颤抖一样。每次重复电击时，都是左侧的抽搐最强。若将臀部坐骨神经的电极移到脚后跟，本来弯曲的膝盖竟突然伸直，腿也猛地弹跳起来，甚至差点将尤尔踢翻。即使尤尔使劲按住这条腿，不想让它伸展，也无济于事，因为尸体大腿的弹力超过了普通壮汉的力量。

当尤尔将电极加载到膈神经上时，尸体竟然开始“呼吸”，虽然“呼吸”得很吃力，但胸部和腹部都开始随着膈肌的张弛而起伏。只要通电不停，尸体的“呼吸”动作就一直保持着。

当尤尔将电极加载到眶上神经时，尸体的面部开始扭曲变形，显现出一系列活灵活现的古怪表情，如愤怒、恐惧、绝望、痛苦、惊悚和微笑等表情，而且这些表情还可通过电流强度来加以改变。

当尤尔将一个电极搭在尸体的尺神经上，另一个电极去触碰脊髓时，尸体的手指就立即像小提琴家那样开始演奏，手臂也快速而疯狂地舞动起来。电极一旦断开，尸体的手指也马上停止抽搐，并重新紧握成拳头。

最后，尤尔用电极触碰尸体的食指尖，尸体的手臂立即又弹起来，直指围观的层层看客。

我们之所以要重述200年前的那次将死人“变活”的恐怖实验，

绝不是想用它来吸引眼球。实际上，这样的场景当时就令众多看客或呕吐或晕死或吓得连滚带爬、狼狈不堪。我们的真正用意是想让大家明白：电脉冲可以轻松操控包括人类等生物的肢体运动，无论你是否愿意，只要适量的电脉冲已经接通，你都得身不由己且力大无穷地动起来，而这一点正是本书内涵型 AI 能够成为现实的关键之一。比如，从理论上讲，只要对当事者加载合适的电刺激，就可以让他完成复杂的舞蹈动作等。当然，电脉冲的强度和持续时间的正确把握，又是另一个关键问题，如果把握不好就很可能将活人致死，我们将在随后章节给出相应的技巧和思路，这也是本书的创新点之一。

对了，还想补充一点。尤尔的这次解剖实验绝非恶作剧，他既不想虐待尸体，也不指望把死人变活，而是想把今后的将死之人救活。实际上，多年以后，也正是这位尤尔发明了一种救命方法，即针对那些因窒息、卒中或心脏病突发而断气的人，用高压电去刺激他们的心脏，使他们死而复生。尤尔的这项发明，显然就是如今仍在广泛使用的心脏起搏电击法。尤尔之后，又有许多人做了类似的实验，或让尸体睁眼，或让尸体挥手，或让尸体蹬腿等。后来，经过媒体的大肆炒作，曾几何时，普通百姓甚至误以为“电真能让死人变活”呢。

电脉冲操控肢体的事实，既看得见，又摸得着。但是，电脉冲也能操控大脑吗？毕竟大脑内部的活动既看不见，也摸不着，甚至大脑中是否真的也存在电脉冲等，人们都不得而知。于是，另一个仍然很恐怖的故事开始了。这次得从 1902 年讲起，当时人类还只能靠马车运输，靠油灯照明。

1902 年 11 月，即尤尔做给尸体通电的恐怖实验 84 年之后的某天，在德国耶拿的一家精神病院里，一位特别胆大的医生伯格，收治了一位特别命硬的罕见病人。此人被一枪击中头部，在颅骨上留下了一个很大的弹孔。幸运的是，伤者不但没有当场毙命，还又活了若干年，而弹孔处的伤口竟然痊愈，只留下薄薄的头皮在裸露处恐怖地不断跳动。

面对如此恐怖的场景，大胆的伯格如获至宝。只见他搬出一台粗陋的自制滚筒描图设备，用一个听诊器样的东西当感应器，竟然画出了颅骨洞口头皮的跳动波形。结果证实了他多年前的一个猜想，即人类大脑的体积，会像呼吸着的肚子那样，时大时小地不断搏动。而且，在记录下大脑搏动的波形后，他进一步发现：大脑的搏动波形还会随着当事者的情绪、思维、动作、听觉、味觉和触觉等发生变化。后来，伯格又在多名患者身上，证实了大脑的这种搏动现象。

大约在 1924 年的一个晚上，伯格利用改进后的脑电检测仪，在自己 12 岁的儿子身上，“成功”地进行了一次脑电检测实验。他当然没有撬开儿子的头盖骨，而是将两片金属箔片分别紧贴在儿子的额头和后脑勺的头皮上，终于在人类历史上首次记录了脑电的波形，一种振荡频率大约为 10 赫兹的电波。经过在多人身上的实验，伯格发现，当事人的各种心理和生理活动，甚至哪怕像眨眼这样的小动作，都会让脑电的波形发生变化。正常人的脑电波比较平缓，癫痫病人的脑电波很乱。如今回头再看时，当时伯格的“成功”其实是一个幸运的误会，因为现在已经证实：头皮肌肉收缩所产生的电流，要远远强于颅内大脑的脑电波；按当时的设备水平，凭借其 DIY 设备，伯格其实很难检测到脑电波，除非撬开头盖骨。不过，伯格的猜测确实是正确的，而且他的“成功”在当时也起到了推动脑电波研究的正面作用，甚至掀起了一个脑电波研究高潮。特别是后来随着检测设备精确度的不断提高，比如“功能性磁共振成像（fMRI）”的发明，人类才终于真正检测到了脑电波，而且还越来越精准。为了纪念伯格的开创性贡献，后人将额头与后脑勺之间所获得的那个脑电流称为“伯格波”。

据说，伯格之所以会产生脑电波的想法，是因为他自己的一次亲身经历。他在一部专著中严肃地说，大约在 1893 年春季，他突然从马背上摔了下来。但几乎与此同时，他的早已外嫁远方的姐姐，竟突然感觉到了弟弟的危险，于是马上发来电报问安。此事让当年还很年轻的伯格非常震惊，甚至改变了他的职业生涯，放弃了原来感兴趣的文学，转而投身医学。

其实，伯格从事脑电波研究的更重要的学术原因，是他受到了一位名叫贝克的波兰科学家的启发。贝克才是探索脑电波的第一人，早在 1891 年（比伯格发现的时间早 30 余年），他就在自己的博士论文中，记录了通过插入电极，从动物大脑和脊髓中获得电波的事实。他还通过移动电极刺激动物的不同感觉神经，大致找到了大脑中处理不同感觉的位置；更重要的是，他发现，即使不施加任何电刺激，动物大脑内也会涌动微弱的电流，当时他称之为“神经中枢的自发兴奋”，现在看来，那其实就是脑电波。贝克在脑电波方面的贡献至少还包括：

其一，前瞻性地提出了“通过控制脑电波来止痛”的想法，这在今天也是高精尖的课题；因为不同的痛，需要刺激不同的脑神经，电极强度也各不相同。

其二，指出了“感觉和认知活动会使脑电波突然去同步化”，该发现至今也在脑机接口中扮演着重要角色，比如，实现了用意念控制假肢等。

最近，科学史学家又发现，原来“脑电波发现者”这个头衔还真不太好授予。比如，正当 1891 年贝克刚刚发表了他的脑电波成果后，一位俄国生理学家达尼列夫斯基就声称，自己早在 1877 年（比贝克发现的时间早 14 年）就发现了动物的脑电波，其证据就是，他当年已将该成果论文密封在了维也纳帝国科学院的一个地下室里，他记录了颅骨完好的狗脑的电活动。而当时这种封存论文的做法还很普遍，因此，一旦他的声言被证实，他就该是脑电波的真正发现者了。可是，到目前为止，真正笑到最后的“脑电波发现者”其实是一位英国大夫卡顿，因为他在更早的1857年（比达尼列夫斯基发现的时间早了20年），就在英国医学学会的一次学术会议上公布了自己在脑电波方面的成果，即在兔子和猴子的裸露大脑皮层上，存在着自发的电流，而且当兔子的视网膜受到刺激时，其与眼睑运动相关的那部分脑区的电流将会发生变化。可惜，那时谁也没在意卡顿所做的这个科研课题。

当然，贝克的成果确实是独立取得的，他确实不知道此前俄国和英国的那两位科学家的成果，毕竟那时交通不便，文字和语言也不通。

2.2 脑电波采集方法

借助极端粗陋的设备，在极端恐怖的实验中，人类虽然证实了脑电波的存在，但那只是万里长征的第一步。接下来需要克服的难题还有很多，比如，怎样在没有麻醉且不造成伤害的情况下，在动物大脑内长期植入电极，以此记录清醒大脑的电波情况，或向大脑内注入电脉冲刺激。为此，从1949年起，美国神经科学家里利，在神经生理学家和实验心理学家的协助下，设计了一个多电极阵列，它能够对猫和猴子的大脑皮层表面25个点的电波进行同时取样，以获得当时相对理想的脑电波组，里利称之为“脑电图”，即由若干脑电波并列而成的脑电波曲线图。

里利的做法是，在动物头上按照5×5的阵列，钻出直径小于1毫米的25个微孔，微孔之间的距离约为2毫米；然后，将带有更小孔芯的不锈钢塞子，像塞红酒瓶塞那样，牢牢地卡入颅骨上的微孔；最后，将25根作为电极的特细钢针恰到好处地塞入孔芯中，使得电极顶端刚刚接触到颅骨内的皮层表面，但并不刺破皮层。这25根电极的另一端就好处理了，只需在密封环境下，对电极探测到的微弱电波，进行尽可能无失真的放大和过滤就行了。里利的这种阵列电极思路至今仍被广泛应用，因为它既能获得单点电波，又能获得群体电波（脑电图）；还能对相关电波进行综合处理，以减少各种因素的干扰，得到更准确的结果。

在没有计算机的年代里，里利让人类首次直观地从多个侧面看到了脑电波，包括大脑活动的时间电波和空间电波，甚至看到了脑电图的"全貌"；因为他将无失真放大后的 25 个电极电流接入 25 只辉光灯，同时将辉光灯仍按颅骨上微孔的位置排成一个 5×5 的阵列。于是，随着各个电极中电流的波动变化，辉光灯的亮度也会变化，人们便可像欣赏霓虹灯墙那样，实时观看受试动物的脑电图，并观察动物脑电图如何随着动物的行为和情绪等的变化而变化，比如动物在睡觉、醒来、进食、行走或受到各种惊吓时的脑电图。当然，还可以对电极阵列的输出进行量化处理，比如，可以分析所有辉光灯平均亮度的变化情况，可以记录某个特殊电极的亮度与平均亮度的正负差值等。

总之，里利奠定了脑电图研究的第一块基石，从此以后，脑电图的研究就进入了快车道。比如，至少已有了诱发电压和事件相关电压等两类扩展型应用。这里的诱发电压是将脑电信号按照某种刺激（包括但不限于视觉、听觉、躯体感觉等）的呈现时间进行定时叠加平均所得到的一种电信号，它反映了大脑对该刺激所做简单加工的相关信息，它已在感觉和运动基本功能的研究方面发挥了重要作用。而事件相关电压则是指大脑对刺激进行更复杂加工（如认知等）时，对脑电波进行定时叠加平均所得的电信号，它反映了大脑高级活动的相关信息，已在认知神经科学、认知心理学和心理生理学等研究中发挥了重要作用。

后来，里利再接再厉，他又引入了当时非常先进的高速电影摄像机，将前述的霓虹灯表演连续地记录下来，于是，人们便可以反复比较和研究相关脑电波和脑电图了，而且在慢镜头之下，研究人员更容易发现相关奥秘，揭示相关规律。再后来，里利又将他的电极数从25个增加到了惊人的610个；只可惜，他没有公开这方面的实验结果。

里利在脑电领域树立了一个重要里程碑，因为，若无他发明的多电极阵列，后人就无法弄清大脑回路中的群体神经的真实运作情况，也不会有如今备受追捧的“脑机接口”，更不会有本书的基于宏观脑电图的内涵型AI。后人为了纪念里利的杰出贡献，将采用里利方法获得的脑电波称为“里利波”。

除“里利波”外，里利在脑电图领域内还有其他成就，比如，他在1954年发明了一种至今仍然有用的名叫“感觉隔离舱”的设备，它隔光又隔音，舱内有缓慢流动的温热盐水，且盐水的密度刚好能让受试者悬浮在水中而不下沉，头顶也刚好能露出水面；为了进一步减少外界的感觉刺激，受试者还可头戴面具等。总之，感觉隔离舱的目的就是要尽可能地剥夺受试者的感官，让他处于完全放松的静息环境中，以记录受试者的大脑在冥想状态下的活动情况。毕竟，普通人很难进入冥想状态，因此，其脑电波和脑电图就很容易受到外界干扰。另外，没准儿感觉隔离舱也能帮助你尽快进入冥想或入定状态呢，有特殊兴趣的禅修者不妨试试这个可能的冥想神器，其实，冥想训练就是通过控制呼吸节奏来改变认知状态的，此时脑电波频率也会随之变化。

继里利之后，随着各方面科技水平的整体提高，脑电波（脑电图）的采集技术也在飞速发展。但是，从整体上看，对脑电波的全面而精准的采集仍是当前的瓶颈和关键，若不能突破这个瓶颈，脑机接口就很难得到进一步发展，脑电波和神经系统的许多秘密就不能被揭示，内涵型AI就很难再有突破。

到目前为止，脑电图的采集思路大约可分为以下四大类。

一是非植入式的电极帽。采集时，众多的电极传感器（包括微电传感或微磁传感等）被镶嵌在一个特殊的帽子上，受试者只需戴上该帽子，其上的传感器就能将采集到的相关电信号传入后台的电脑处理系统中。此类采集器在市场上已经多如牛毛，型号和灵敏度等指标也千差万别，但总体上说，其优点是装卸简单、携带方便、成本低廉、易于使用等。其缺点也非常明显。比如，由于头盖骨的隔离，脑电波会严重衰减，因此其灵敏度较低，特别是在对电信号精准度要求较高的情况下（比如，中观的大脑地图绘制、微观的神经元电脉冲检测或意念的精确控制时）就派不上用场了；另一个缺点是容易受到外部环境的干扰，使得所获信号只能是杂波，后期滤波任务非常艰巨。

二是植入式大脑皮层脑电图。采集时必须通过大型的危险外科手术，取出一小块头盖骨，然后将多点阵列的电极芯片植入大脑表面，以代替那块头盖骨。虽然人类的外科手术水平越来越高，多点电极脑电波采集芯片也可以做得越来越小，但在可见的将来，也许没几个正常人胆敢或愿意在自己的头盖骨上镶嵌这样的高科技产品。不过，对某些垂危病人来说，若能保命，或若能摆脱植物人状态而与外界实现意念通信，那么，在头盖骨上打一个小孔甚至取掉一块头盖骨就不在话下了。换句话说，在可预见的将来，所有植入式脑电波采集法可能都主要用于病人。当然，此种脑电波采集法的优点也很明显。比如，外界干扰很小，脑电波的精准度很高，特别是能检测到某些穿透力很弱的高频脑电波；再者，电极一旦植入就可以长期使用，而且还可以多用途使用。另外，植入式电极的双向性，也为今后向大脑中注入合适的微弱电刺激预留了接口，为内涵型 AI 搭建了脑机接口平台。实际上，如今已有包括某些抑郁症在内的多种大脑疾病患者，已在采取这种植入式电击疗法了。

三是植入式深度电极。这也是一种严重依赖于外科手术的方法，它的优缺点与第二种方法类似，不过，它的主要目的是记录大脑中特定的神经元（或一小群神经元）的电信号。换句话说，此法更偏向于微观和局部的脑电波。

四是功能性磁共振成像，简称 fMRI。此法其实并不能直接测量大脑的电活动，而是用来测量与不同精神活动相关的大脑血流变化，然后用它来推测大脑相关区域的兴奋情况；这是因为，脑电波越活跃的区域，脑神经就越兴奋，耗能耗氧就越多，因此血流量就越大，反之亦然。此法的优点非常明显，实际上，fMRI 已是当前脑科学研究的主要工具，因为它能比较全面而准确地检测到受试者在被刺激后（包括视觉、听觉和触觉等方面的刺激），其大脑皮层信号的变化情况，从而有助于大脑皮层中枢功能区域的定位和对其他脑功能的深入研究。当然，fMRI 的缺点也是有目共睹的：单单是它那极其昂贵的价格，就极大地限制了它的普及和推广；它对脑电波的间接检测既缺乏实时性又不便携带，还具有极高的操作难度，除非是经过严格训练的医生，普通人压根儿就不知该如何操作。

与 fMRI 类似的，还有脑磁图和近红外光谱仪等间接式非植入脑电图采集设备。其中，脑磁图与脑电图类似，主要区别在于脑磁图通过头皮电极来检测波动电场的磁性成分。由于所有电磁场都具有电和磁两种成分，所以，脑电波也具有磁矢量，而且可以通过磁矢量去反推电矢量，从而最终确定脑电图。至于近红外光谱仪，它可以通过帽子上镶嵌的传感器阵列，检测到大脑神经活动变化引起的血氧含量的改变情况，从而推演出脑电图的变化情况。

另外，如果从电极的设置角度看，脑电图的采集法又可以分为以下三种：

第一种是单极记录法，即在某些非活动区（比如耳垂等处）安放参考电极，然后与放置在大脑皮层各区域上方的记录电极联合记录。此法所记录的是电极所在区域相对于非活动区域的电压波动值，它更接近于脑电的绝对值，可更好地反映脑电图的特征；但是，由于此法的双侧电极结果不对称，无益于比较不同部位的电压变化特点。

第二种是双极记录法，即将同样安置在活动区域的两个电极分别作为记录电极和参考电极，然后比较并记录两者间的相对电压值。该法记录的是电极之间的相对电压差，它可以精确地反映局部的电压变化，不容易受到远处脑电活动的干扰，也不容易受到来自肌肉、心电等其他生理电活动的干扰；但其缺点是，它无法比较不同部位之间的电压差值与关系。

第三种是平均参考法，即采用计算手段，将各个记录电极所得的平均电压作为参考，这近似于在大脑内部的中央附近安置了参考电极。该法的优点是，消除了单极记录的不对称问题，且有利于比较各种实验结果；其缺点是，由于所采用的并不是真实的参考电极，数据将受到各种记录电极数据质量的影响，从而进一步降低了定位的精确性。

总之，快速精准的脑电检测是内涵型 AI 的基础；没有快速精准的脑电检测，就无法实现意念控制，更无法实现知识的脑际“拷贝”。相关细节将在随后各章中逐一介绍。

2.3 脑电图子波结构

利用本书 2.2 节介绍的各种脑电波检测和采集方法，人们已经获得了大量的脑电波（脑电图），它们当然包含大脑中的各种复杂电生理活动产生的电波，比如，每个神经元放电后的电波，大脑中的众多离子和其他脑细胞的综合作用所产生的电波等。但非常意外的是，经过对脑电波的傅里叶变换分析后，人们惊讶地发现了下列事实。

（1）虽然单点采集的脑电波极不稳定，随机性很强，非线性程度很高，实际上人们已归纳出了“神经生理学不确定原则”，断定神经元放电的时间和空间是密切相关的，但是，若从宏观上考虑多电极阵列采集的脑电波（脑电图），那么每个人的脑电图都相当稳定，而且采集的电极数越多，脑电图就越稳定。该特性正是脑电图可用于意念控制的理论根据，因为只需将控制指令事先设定为某些固定的思考内容，当事者也只需重新思考这些内容，机器便可检测出预定的控制指令并执行相关操作。比如，2020 年 3 月 30 日，美国加州大学旧金山分校的科学家在《自然》杂志上发表论文称，若将每个人的脑电图转译成英文句子，其最低平均错误率只有 3%，好过专业速记员平均 5% 的错误率。更具体地说，若某人在默念单音节字符时记录下他的脑电图，那么，当他随后重新默念这些单词时，甚至可以只通过分析其脑电图就能基本正确地知道他在读哪个单词，这难道不是过去人们向往已久的“读心术”吗！如果让机器进一步将检测到的字符显示在屏幕上，难道这不是另一种“意念写字”吗！如果在两个人的这种字符与电波的固定表格之间，再建立一个对应表（毕竟每个人对同一个字符的脑电波可能不同），那么，这难道不是两人之间的另一种低水平的“意念通信”吗！当然，对多音节词语或连续句子，研究人员发现，这种生硬的机械式对应法就不够理想了，其正确率不足 40%；不过，在当前的情况下，若将阅读句子的数目限定在 30 至 50 个，那么上述生硬的机械式对应法还是可行的。

（2）正常人的脑电波频率不超过 30 赫兹，且其脑电图的子波结构也很清晰，主要包含四种子波，分别命名为 δ 波、θ 波、α 波和 β 波，而且这几种子波的频率和波幅都很有规律，分工也好像比较固定，甚至可以在某种程度上将这些电波当成诊断当事者是否患有某些神经性疾病的依据之一。

δ 波的频率为 1 至 3 赫兹，波幅为 20 至 200 微伏，呈散发状，常见于额颞区。这种电波常现于如下人员的大脑中：婴儿、特别疲劳的成人、处于昏睡或麻醉状态者、处于无意识状态的人、智力发育不全者和深度睡眠者等。睡眠品质与 δ 波直接相关，或者说，若能在辗转难眠时自己召唤出 δ 波（经过特殊训练后，这种 δ 波是可以被召唤出来的，比如常说的数羊等催眠术），或以声、光、电等方式适度注入此波（比如聆听此类频率的音响等），当事者便能很快进入梦乡，这显然不失为一种失眠疗法。健康成人在觉醒安静时，其脑电图中很难见到 δ 波，即使 δ 波偶尔出现，其波幅也会低于 20 微伏。

θ 波的频率为 4 至 7 赫兹，波幅为 5 至 20 微伏，主要分布于额区和颞区。从小儿到成人期，θ 波的数量会逐渐减少，频率逐渐增加，波幅也逐渐降低。这种波会明显出现于意愿受挫的成年人、抑郁者、精神病患者等的大脑中。换句话说，若某位成人脑电图中长期出现了过多过强的这种波，那么他或许情绪低落，甚至有可能已患上不同程度的抑郁症。当然，必须指出，此波也是 10 至 17 岁的青少年脑电图中的主要成分，所以不必对拥有这种波的青少年大惊小怪。此外，当大脑深度放松，处于无压力的潜意识状态（比如入定状态），或对外界的信息呈高度受暗示状态（比如被催眠状态）时，大脑中也容易出现这种波。当睁眼视物、听到突然声响或思考问题时，也会出现这种波。θ 波还会激发深沉记忆，强化长期记忆。反过来，若在想要睡眠时大脑不出现 δ 波和 θ 波，你也许就会失眠。若较高强度的 θ 波长期出现在成人脑中，此人可能就有病了。

α 波（又称“伯格波”）的频率为 8 至 13 赫兹（平均为 10 赫兹），波幅为 20 至 100 微伏，主要分布于枕顶区，一般呈正弦波形。这是正常人脑电图的基本成分，若无外加刺激，或未处于潜意识状态，则每个人的大脑中，该波频率都相当恒定。当意识清醒，身体放松，安静并闭眼时，脑电波也经常处于该波段，此时身心能耗最少，脑部获得的相对能量更高，人也会更敏锐。因此，α 波是学习与思考的最佳脑电波，它有利于激发人的潜力，改善记忆效果，甚至激发灵感及创造力。若再细分的话，α 波又有三种：慢速 α 波，其频率为 8 至 9 赫兹，这时人处于临睡前的茫然状态，意识逐渐走向模糊；中间 α 波，其频率为 9 至 12 赫兹，这时人处于灵感、直觉或创造力的最佳状态，身心轻松而注意力集中；快速 α 波，其频率为 12 至 13 赫兹，这时人处于高度警觉状态，无暇他顾。当人闭目进入安静状态时，将会出现 α 波，但当受到光刺激突然睁眼或受到其他刺激时，α 波可能即刻消失并出现下面的 β 波。

β 波的频率为 14 至 30 赫兹，波幅为 100 至 150 微伏，主要分布于前半球及颞区。约有 6% 的健康成人的脑电图以 β 波为主。β 波也可能与性别、心理个性及年龄有关，比如，女性的 β 波比男性更多，老年人的 β 波比青壮年更多。当精神紧张、思想压力较大、大脑疲劳、情绪激动或亢奋时，大脑中会显著出现此波；当处于清醒状态时，大部分时间也会处于 β 波状态；当从噩梦中惊醒时，原来的低频波可能会立即被该波所替代。形象地说，当你处于 β 波状态时，你将思维清醒、逻辑性强、计算能力强，但注意力不集中，或感到压力很大、紧张、忧虑。反过来，随着 β 波的增加，身体逐渐紧张，免疫力也会下降，能量消耗加剧，容易疲倦；若此时仍不充分休息，就会堆积压力，甚至伤及身体。适当的 β 波对注意力提升很有帮助，也有利于认知行为。

朋友，你若嫌上面对 δ 波、θ 波、α 波和 β 波的分别介绍太细的话，那么下面的一段生活场景可让你更直观地了解自己的脑电波变化情况。你在清晨的深睡中（δ 波状态），突然被闹钟叫醒；时间来不及了，马上冲出家门（β 波状态），开始了紧张、焦虑和匆忙的一天。午饭后，在办公室喝杯咖啡，使自己保持清醒（β 波状态），咖啡因可以抑制 θ 波和 α 波，并提高 β 波。你整天都在紧张、高压或焦虑下工作

（大脑中除了 β 波还是 β 波，反正只有 β 波），甚至连放松和感到困倦的时间都没有（即没有时间进入 α 波和 θ 波状态）。直到晚上回家后，精疲力竭的你一头扎到床上开始大睡（直接进入 δ 波状态）。概括地说，当心情愉悦或静思冥想时，本来兴奋的 β 波、δ 波或 θ 波将会很快减弱，而 α 波则会相对加强。由于此时的波形最接近右脑的生物节律，所以愉悦或冥想时容易产生灵感。当睡意蒙眬时，脑电波就变成 θ 波；进入深睡时，脑电波就变成 δ 波。

其实，你也可将脑电图的这四种子波，想象成手动换挡汽车的四个挡，比如，δ 波是一挡，θ 波是二挡，α 波是三挡，β 波是四挡。在脑电图中，没有哪个子波状态适应所有的生活挑战，正如没有哪个挡位适合手动换挡汽车的所有行驶状态一样，比如，起步时用一挡，泥泞路上用二挡，乡间小道用三挡，高速路上用四挡等。如果某个常见子波突然不见了，或长期出现了异常状态，那么当事者可能就有病了；正如手动换挡汽车的每个挡都不能缺少一样。另外，合理用脑也很重要，正如你开手动换挡车时若在一挡起步后直接强行挂上四挡（省掉了二挡和三挡的过渡），汽车的油耗就会大幅增加，磨损也会更严重。

当然，除了上述的四种主要子波外，在脑电图中还有其他子波。比如，在觉醒并专注于某一事件时，还常见到一种频率高于 β 波的 γ 波，其频率为 30 至 80 赫兹，波幅范围不定；在睡眠时还可出现另一些波形较为特殊的正常脑电波，分别被命名为驼峰波、σ 波、λ 波、κ-复合波、μ 波等。为突出重点，这里就不再介绍它们了。

2.4　重塑异常脑电图

现在我们已经知道了脑电波的存在性及其子波结构，还知道了如何检测脑电波，但是，脑电波意味着什么呢？其实，可将脑电波看成大脑以电信号方式发布的命令，即生物的所有行动，包括外在的躯体活动和内在的大脑思维等，都是在脑电波的命令下完成的，而且还是不折不扣地按命令完成的，并且听令者在完成任务后还得马上向大脑汇报结果，以征求下一步的指示。这便是维纳所指的赛博过程，它由反馈、微调和迭代三个步骤组成。比如，对直观的躯体运动来说，肌肉就相当于听令者，大脑将自己的命令以电波的形式通过神经通路传递给肌肉后，肌肉就如实地进行收缩或放松，从而精准完成相关动作，然后将相关的结果以感觉信息等形式反馈给大脑，接受大脑的进一步指示。

对看不见摸不着的思想行动，如何说清脑电波的命令效果呢？其实，已有科学家做了一个有趣的实验：采集到某只老鼠在受惊吓时的脑电波后，若向另一只老鼠的大脑中也注入相同的脑电波，那么这只老鼠也会惊恐不已。如果连续多次且时间越来越长地向该老鼠注入惊恐电波，它仍会惊恐不已，甚至可能越来越惊恐；但若连续多次向它注入惊恐电波，但注入的时间越来越短，那么它的惊恐度会逐渐降低，甚至最终不再惊恐。这就是为什么新兵刚上战场时会很恐惧，老兵则会镇定自若，除非突发了新意外。科学家还发现，受惊吓后的脑电波具有很明显的特点，即它们的杏仁核与前额皮层之间的 θ 波处于同步状态。

下面再通过一些反例来陈述脑电波到底意味着什么。其实，从上面 2.3 节已经知道，正常人脑电图的子波结构很有规律，换句话说，脑电图异常的人可能不太正常。确实，现已证明，在诸如抑郁症、躁狂症、精神分裂症、紧张症、帕金森病、癫痫、孤独症、强迫症、谵妄症、阿尔茨海默病等大脑疾病的部分患者中，或患病的部分时间中，他们的脑电图真的会出现异常。

大约 30% 的心境障碍型抑郁症患者在发病时，其脑电图中常会出现慢速 α 波且电压较低，中央脑区的 α 波功率降低，且功率越低者就越觉得悲伤和无望，就越想自杀；待到治愈后，其脑电图中的 β 波活动增强，情绪也明显改善。

躁狂症患者脑电图的异常率约为 67%，主要的异常之处表现为 θ 波增多，且出现弥漫等现象；α 波的频率、波幅和波形调节不佳，在不规则的脑电图中还出现了 δ 波活动等。躁狂发作时，脑电图中常有高频脑电波或高压脑电波。

精神分裂症的脑电图异常点包括：在安静闭目、清醒状态下，其背景 α 波的稳定性差，α 波失调、减弱或消失并伴有不规则低波幅的快波节律；睁眼闭眼变动时，其 α 波反应性减弱或消失；θ 波表现出非阵发性和非局限性等现象；部分患者出现阵发性、对称性或弥漫性 θ 波或 δ 波活动。紧张型分裂症的脑电图中，α 波被抑制，慢波增多；偏执型分裂症出现低波幅的快波节律；妄想型分裂症的脑电图正常率相对较低。概括来说，精神分裂症的 δ 波功率增高，α 波功率降低，其差异主要集中于双侧中央区。此外，这类患者的双侧枕区 α 波的相干性低于正常成人。

在帕金森病患者的脑电图中，大约有 1/3 的人显现出中轻度的异常。比如，α 波和 β 波的节律变慢、功率降低，δ 波和 θ 波活动增强，功率增加；睡眠状态下，额顶部出现慢节律脑电波，少数患者可出现小尖波或棘慢波。这些异常波既可能是局部的，亦可能是弥散的；既可能是单侧出现的，也可能是双侧出现的。但是，他们的体感诱发和听觉诱发的脑电波均属正常，部分患者视觉诱发的脑电波也许异常。同时罹患帕金森病和痴呆症者，其脑电波的相关电压可能异常。

诊断癫痫时，脑电图起着决定作用。一般来说，80% 的癫痫患者，在发作的间隙期都伴有脑电图异常情况，这主要表现在如下两方面：其一，非特异性异常，此时的脑电波虽不能确定为癫痫放电，但会出现弥漫性慢波和局限性慢波。其二，特异性异常，此时的脑电图中会出现高频电波紊乱，还会出现许多奇怪的电波。比如，棘波，形如针尖一样尖锐，多为负相波，偶尔也为正相、双相或三相波；尖波，呈锯齿状，由急速上升分支和缓慢下降分支组成；棘慢综合波，其波形像一个一边陡一边缓的脉冲，均为负相波；多棘波，由多个棘波组成的波；尖慢综合波，由较平缓的尖波组成的波；多棘慢综合波，由几个棘波和一个平缓的波组成。在患者发作期间，还可监测到典型的癫痫放电，不同类型的放电可能就意味着不同的典型综合征。比如，多棘波和多棘慢综合波，通常伴随着肌肉阵挛，常出现在全面性癫痫和光敏性癫痫患者身上。频率为 3 赫兹的高波幅、双侧同步、对称重复的棘慢综合波，则意味着失神症发作了。一侧或双侧中央区或中央颞区棘波发射则为典型的高波幅棘波，它意味着儿童良性中央颞区癫痫。

在患有孤独症的儿童中，有些患者的脑电图也不正常，这主要表现在诸如 β 波的活动性增多，额区和中央区的 β 波功率偏大；出现少量阵发广泛性棘慢波，睡眠期额区出现尖形 θ 波，枕区 α 波的节律加快，脑电波的活动慢化及节律失调；在中央区或中后颞区，出现伴尖波或棘波等。

某些强迫症的脑电图异常点主要体现在：α 波的相对功率明显降低，δ 波的相对功率在脑区的额叶、颞叶和左枕叶处明显增加，β 波的相对功率在脑区的额叶、颞叶、顶叶和枕叶处明显增加；左额叶的 δ 波和 θ 波的相对功率明显大于右额叶；左额叶的 α 波相对功率明显低于右额叶；在顶叶和枕叶处，右半脑 β 波的相对功率明显高于左半脑等。

对谵妄症来说，脑电图是重要的诊断指标。此时脑电图的异常性主要表现在：两半球相关联的 θ 波明显增多，背景波为 θ 节律的 δ 波明显增多；背景波为 δ 节律时，出现少量尖波和尖慢综合波等。

在阿尔茨海默病早期，患者脑电图中 α 波的功率明显偏低，α 波的节律明显减慢，且出现更多的低频波段。病症到达中晚期后，δ 波或 θ 波的频率增加，功率增强；而 α 波或 β 波的节律性活动减少，功率减弱。此外，γ 波的功率也有所增强，γ 波谱中的跨频率电波的同步性也有所增强，还会掺杂其他频率的脑电波。总之，通过监测脑电图，就有可能在阿尔茨海默病恶化之前适当预判。在脑电波方面，阿尔茨海默病与帕金森病的主要区别在于：帕金森病的脑电波节律明显较慢，两者大脑左中部区域的 α 波与 θ 波的比值明显不同，颞部左侧区域的 θ 波功率也明显不同。

本书不是医书，并不想分析各种神经性疾病的脑电图，只是想指出：这些患者中确实有不少人的脑电图出现了异常，而且在这些疾病的众多治疗方法中，有一种听起来非常恐怖的治疗法，即电休克疗法。本书更想指出的是，经过多次电休克疗法后，患者的脑电图或者恢复正常，或者异常程度减弱。换句话说，本书只关心这样的事实：患者的脑电图是可塑的，只需通过多次适当的电刺激就行了，而这正是随后本书基于宏观脑电图的内涵型 AI 得以实现的基础之一；否则，意念控制就只能停留在前面 2.3 节介绍过的机械式对应法的水平上了。

为了理解电刺激如何重塑脑电图，下面简要介绍一下电休克疗法，但愿不会吓着各位。不过，希望大家别只看热闹，而是要重点看门道，即由于“一起发射的神经元会连接在一起”，所以适当的电脉冲反复刺激，将改变大脑中各神经元之间的连通性，或各突触的导电性，或改变大脑中的神经网络，从而改变当事者的既有知识和技能等。当然，必须特别指出的是：如果电脉冲的刺激失当，就可能造成既有知识和技能的丢失，比如，电休克疗法有可能造成患者以往记忆的丢失等后遗症；反过来，也就是说，如果电脉冲的刺激足够巧妙，那就有可能让当事者不费吹灰之力就掌握相关的新知识和新技能，就像电脑拷贝数据那样，将外部信息瞬间“拷入”大脑中，从而省略了十年寒窗的读书之苦。毕竟，大脑中的知识既然能被擦除，也就能被拷入；因为擦除和拷入都对应于突触导电性的改变，它们在大脑可塑性面前完全就是一回事。其实，神经性疾病患者的大脑中也存储了许多全新的知识，只是这些知识对正常人没有用甚至有害而已。

电休克疗法的正式名称是电痉挛疗法，又称为电抽搐治疗，顾名思义，这是一种对普通人来说很恐怖的疗法，它以极小的电流（80 至 120 毫安）对当事者进行 2 至 3 秒的电击，使其意识丧失和痉挛发作，从而在某种程度上治疗若干神经性疾病，比如抑郁症、躁狂症、癫痫、紧张症、强迫症、谵妄症、孤独症、精神分裂症、帕金森病等。电流的正负极接入的位置分别是患者的头顶和非优势侧颞部；有时也置于双侧颞部，以使得抽搐效果更好，或用行话来说就是治疗效果更好。

一般情况下，每日电击 1 次或隔日电击 1 次，总共电击 6 至 12 次；特殊情况下，电击次数会更多，比如，幻觉妄想症患者就得电击 8 至 12 次等。至于电击时的外在抽搐表现，其实与触电无异，甚至比本章第 1 节中介绍过的尸体被通电后的抽搐还厉害，因为活人的神经更敏感。抽搐可能导致患者当场停止呼吸，所以有时在抽搐停止后还需要及时进行人工呼吸；由于肌肉的突然剧烈收缩，抽搐也可能造成当事者骨折或关节脱位等。此处我们并不关注该方法的疗效，毕竟电休克疗法从 1930 年问世至今，已成为国际通用的标准疗法；我们只关注电击对当事者的脑电图的重塑情况，即当事者也许会出现可逆性的记忆减退（或忘掉了过去，或难以记住新近发生的事件）、意识障碍（比如出现视幻觉等）和认知功能受损（思维及反应迟钝，记忆和理解力下降）。反正，当事者的大脑神经回路被大幅度改变，甚至局部被永久性改变，而这仅仅需要区区 6 至 12 次的电刺激，这一点对本书后面的基于微观神经电脉冲的内涵型 AI 的可行性有重要的启发，即当外部电脉冲的电量小到与真实的神经元相似时，只需要区区 6 至

12 次内涵型辅导学习（实际上就是电击），就有可能将一个人的知识和技能，“拷贝”给另一个人，并让后者“爬上巨人的肩膀”，为今后成为新巨人奠定基础。

你也许会问，今后采用内涵型 AI 来拷贝知识时，当事者会有危险或感到难受吗？首先，当然不允许有危险，否则就不允许推广；也不应该有危险，因为正常大脑中的神经元随时都在放电，当遇到重大意外时，放电的强度和范围还会大幅度增加。因此，采用神经元本身的电流去反复刺激神经元，几乎没危险。其次，当事者也可能不会难受，因为电休克疗法的事实表明：当采用方波短脉冲去代替正弦波时，当事者的受损程度会大幅度降低，方波越短、波形越接近神经元的兴奋值时，伤害也越小。比如，用波宽小于 0.5 毫秒的超短脉冲时，伤害度就达到了目前的最低水平，当然还大有改进的余地。

据说，电休克疗法对重度抑郁症的治愈率超过 60%，治愈后当事者的脑电图甚至有可能被永远恢复正常，即脑电图被永远改变。另外，除电休克疗法外，抑郁症等神经性疾病也可以用药物治疗。换句话说，人类的脑电图也可被药物重塑，虽然药物重塑并非本书脑机接口的关注点。

2.5　脑电波有多厉害

从 2.4 节可知，在一定程度上，脑电波异常标志着某人有可能罹患神经性疾病。其实，最近的研究已表明，脑电波也能在一定程度上暗示某人的技能潜力和一些现实想法。

1．脑电波可能预测你的学习潜能，特别是学习外语的潜能

人类的大脑本来是一片空白的，但从胎儿期开始，由于不断地从外界学习各种知识和技能，不断地接受外界刺激，并在大脑中留下相

应的神经回路，也就等于在大脑中留下了独一无二的脑电图，同时也为后续的差异化学习潜能埋下了伏笔——在大致相同的努力之下取得不同的学习效果，或者说，要想取得相似的学习效果，就得付出不同的努力。当然，这里没有考虑某人的大脑本身截获整个身体能量的能力：某些人的脑容量先天就很小，获得的脑电能量也很小，当然就不擅长学习，毕竟学习过程是一个高耗能的过程；反之，某些脑容量很大的人，其大脑消耗的能量就多，因此无论学习什么知识，对于他来说都会相对容易。

语言是人类学习几乎所有技能的重要媒介，语言也是人脑所能执行的最复杂的功能之一。每个人在童年期几乎都是通过亲身体验来学习母语口语的，甚至早在妈妈子宫中的时候，胎儿就已经开始了解母语特性了，而且在日常交谈、思想活动和内心独白等场景中，都会无意识地练习母语，所以并不会觉得母语很难。

但是，如果要学习外语，情况就完全不同了，甚至学习母语和外语所使用的脑区都不同。一般来说，母语用左脑，外语用右脑。特别是针对那些脑电图已相当有个性的成年人来说，他们学习外语的潜能就大不相同了，这从脑电波中便能区分开来。具体做法也比较简单，受试者保持安静，闭目 5 分钟，然后检测他的脑电活动模式：如果他大脑右侧颞叶和顶叶区域中的 β 波很强，那他学习外语的潜力就很大，而且他的 β 波功率越大，外语能力就越强；反之亦然。事实也证明，经过外语训练后的成年人，他们大脑皮层右侧特定区域的 β 波的强度明显增加了，而且这种变化越大的人，学习外语的效果就越好。

非常有趣的是，外语技能力较弱的人，其大脑的抗干扰能力更强，或者说他做事比较专注，阅读能力可能较强，出错时也许能更好地吸取教训和自我纠正，而且喜欢考虑复杂问题，不满足于在熟悉的事物上纠缠。看来还真如俗话所说，“上帝关了你一扇门，就会给你打开一扇窗”。

2．各种各样的读心术

当你给一个小孩念书时，你怎么知道他是不是在用心听呢？或者说，你怎么知道他是否听懂了呢？这时，脑电波检测又可派上用场了。原来，当小孩听见了或听懂了某个单词时，他的脑电波明显较活跃；当他对听到的内容很感兴趣时，他的脑电波会更活跃；当他只是听而不见，或只是应付家长时，他的脑电波会明显减弱。

其实，神经科学家在解读脑电波方面，取得了很多惊人的成就。虽然我们不知道实现这些成果的技术细节，但相关结果还是很直观的。比如，卡内基梅隆大学的心理学家贾斯特领导的课题组就宣称，他们可以“准确地猜出一个人的脑海中正在思考的是一把椅子还是一扇门，能猜中一个人正在想的数字是从 1 到 7 中的哪个，甚至能在一定程度上预测受试者此时的感受是高兴还是悲伤等”，而所有这些猜测都只需通过阅读受试者的脑电图就行了。原来，贾斯特等分别在受试者阅读众多指定的图像和文字时，在听到某些指定的声音时，以及在被某种情绪打动或正在思考特定事物时，实时记录下了他们大脑中的脑电波变化情况，并以此为数据库。于是，只要过去采集的数据库足够大，那么当受试者再重新思考相关问题或阅读相关资料时，科学家就只需再录下他的脑电波（它们当然不会与数据库中的档案脑电波完全相同），然后按传统的模式识别技术，就能基本判断出受试者的心思。另外，由于正常人之间的大脑思维模式有很大的相似性，因此，有朝一日，这套脑电波识别系统没准真能在一定程度上猜透任何人的心思呢。换句话说，从技术上看，读心与如今已经成熟的图像识别（或语音识别）几乎完全一样，只需将图像数据库换为脑电波数据库就行了。这当然会引发严重的隐私泄露问题，因此应该尽早思考对策；不过，这不是本书的重点。

必须强调，脑电波数据库的建立将非常复杂，因为同样场景在不同的时间和地点，可能激发完全不同的脑电波。比如，在大森林中看见老虎时，你会吓得半死；但在动物园中看见老虎时，你却一点也不害怕。又如，面对景区中的同一座玻璃天桥，第一次体验时可能会吓得半死，但第二次就几乎只有娱乐了。不过，若限定被猜测事物的范围，脑电波数据库的建立就不难了；如果更进一步限定被猜测的受试者，则脑电波数据库的建立就更容易了，相应的读心术也就更准了。形象地说，在审问犯罪嫌疑人时，只需解读其脑电波就行了。

脑电波数据库也有它自己的特点，因为神经科学家已经发现，阅读不同的单词时，可能激发相似的脑电波模式。比如，阅读“房屋”和“壁橱”两个词时，它们的脑电波模式就很相近，这也许是因为这两样东西都有“被包围”的含义吧；代表不同食物的词语也会激发类似的脑电波模式，但奇怪的是，“勺子”与“食物”这两个词也会激发类似的脑电波，这也许是勺子与食物密切相关吧。这么多的相似性会不会否定读心术的可行性呢？不会的，大家不必过于担心，因为在语音识别中同音字的现象更严重，因此只要考虑足够多的“上下文”相关信息，读心术仍然是可行的。实际上，人们已经发现，不同词语的脑电波分类，存在比较恒定的组织形式。

与相似性相反，脑电波数据库也有许多有趣的相异性。哪怕两个句子的单词完全相同，只是排列顺序不同，它们激发的脑电波也可能完全不同。比如，“猫捉老鼠”和“老鼠捉猫”所激发的脑电波就完全不同，毕竟老鼠捉猫的新闻性太强。但有些句子确实很难区分，比如“洪水冲毁了大桥”和“暴雨阻断了道路”这两个看似完全不同的句子，却激发了几乎相同的脑电波。

除贾斯特的课题组外，目前国际上还有多支科研团队都锁定了类似的课题。比如，美国加州大学伯克利分校的加朗博士，就在 2016 年的《自然》杂志上发表了一篇论文。他们对收听某个广播节目的听众进行了脑电波记录，结果发现，竟能在这些人的大脑皮层上描述出与特定含义单词对应的“地图”，且该“地图”在不同听众的大脑中，竟然有几乎相同的位置。换句话说，加朗博士又给出了另一种读心术的思路，通过脑电波在“地图”上的激发位置，倒推出受试者正在默念或默想的单词。当然，与贾斯特类似，加朗还有很长的路要走，毕竟，阅读和理解完整的句子，远远难于处理一个个单词。幸好，大脑并不是逐字翻译阅读的，而是解码单词后，将收集的信息存储为集成概念。而这样的概念个数显然是有限的，因此，对今后的超级计算机来说，处理这些概念不算难事。

此外，目前人们还无法快速记录脑电波，比如，脑电波的记录速度肯定跟不上每分钟 200 字的正常阅读速度。不过，人在阅读时的眼球运动，会在每个句子的结尾处停留 200 毫秒，其间会无意识地将句中的所有概念汇总到一个结构中，从而产生一个完整的思想。因此，阅读时的脑电波“断句”就不难了。如此一来，若只需对某些限定的句子（比如，在商务谈判时，对手头脑中所想的到底是“同意”还是“不同意”，到底还有没有讨价还价的余地等）进行猜测，便可以不再考虑单词，而只需考虑每个句子就行了。事实证明，人们已能猜出多达 240 个预定的句子了，而且准确率相当高。

脑电波读心术可能还会产生一个意外应用，那就是全语种翻译。这是因为人们已经发现，同一个东西（比如房子），任何人（无论哪个国家的人），只要他们采用自己的母语来理解（而实际上，每个人都是母语优先的），那么他们的脑电波“地图”就都是相通的。换句话说，没准儿今后全球的任何两个人，无论他们的母语是什么，无论他们是否懂得对方的母语，他们都能彼此实现（无须语言翻译的）意念通信；

因为你只需用母语默想或默念相关内容，对方也只需破解你的脑电图就能明白你的意思了。

与读心术相反，科学家正在研究这样的问题，即根据某人过去的脑电波，预测他将对某个给定的句子产生什么脑电波。而且，在这方面已经有了阶段性成果，预测的准确度较高。如果今后这方面的研究取得突破，则意味着将出现又一个科幻式的成就，即人类有可能与计算机实现“心灵相通”，计算机可以将某人阅读某个句子时的可能脑电波模式输入此人的大脑中，从而让他轻松获取相关信息。于是，从理论上讲，人类历史上的所有知识和技能都可以像下载文件那样，一股脑地被“下载”到某人的大脑中。从此以后，人类就不会再受读书之苦了，因为你若需要什么知识（哪怕是特别难懂的高精尖知识），只需要临时将这些知识“下载”到自己的大脑中就行了，而且还能瞬间明白，因为这些知识已被转化成你早已熟悉的脑电波了。

既然阅读句子的脑电波可以传给计算机并转换成文字，反过来语句也可由计算机预测成某人的脑电波并被“拷入”大脑，那么，这自然就实现了人与机的心灵相通，也就实现了人与人之间的心灵相通或意念通信了。因此，当某天出现了又一个爱因斯坦时，只要他愿意，他就可以很轻松地让任何人都掌握与他一样多的知识，从而也成为另一个爱因斯坦。也就是说，从理论上讲，全球所有人都可以在一夜之间“爬上巨人的肩膀”并成为爱因斯坦。然后，这些爱因斯坦继续创新，取得科研突破，再争取成为超级爱因斯坦。待到某天真的出现了超级爱因斯坦后，大家又跟着很快都成了超级爱因斯坦。总之，掌握现有知识将变得轻而易举，大家只需全力以赴在某些点上做出自己的独特创新，并在必要时将这些创新点“下载”给他人就行了。于是，人类的整体智能便会突飞猛进地发展，就无须再担心被 AI 计算机奴役了。

3．行为预测

曾经，在美国发生了一桩离奇的校园自杀案：一天夜里有人报警说，在校园某处发现一名形迹可疑的带枪者，正奔向人群集中的图书馆。于是，警察立即出动，总算截住了嫌疑人，并命令他放下武器趴在地上。但他毫不理会，继续向图书馆狂奔，于是警察抢先开枪，嫌疑人当场毙命。事后，在死者的家里发现了他留下的遗书和自杀计划。原来正是这位抑郁症患者自己报的警，他吸取了前面多次自杀未遂被人救起的教训，精心设计了一场借刀杀人的悲剧。

这次事件在震动全国的同时，也给神经科学家提出了一个挑战：能否准确预测某人的自杀趋向呢？哪知，很快就取得了突破！原来，科学家发现，对那些有自杀念头的人来说，当他们听到或读到诸如“死亡”“自杀”“丧葬”“残忍”“麻烦”等负面词汇时，其脑电波的模式与正常人大不相同，甚至更接近愉悦的脑电波模式；相反，当他们读到诸如“美好”“称赞”“无忧无虑”等积极词汇时，其脑电波模式却很像是痛苦的感觉。于是，仅仅通过几个脑电波的简单对比，就很容易判断哪些人是真想自杀，哪些人只是想拿自杀来要挟别人。经过对多位自杀未遂者的词汇脑电波验证，人们发现，此法的预测精准度竟高达 94%。

对那些还未最后下定决心自杀，但确实产生了自杀念头的人来说，脑电波模式也有大约 85% 的预测准确度，而方法同样是检测他们的脑电波对“死亡”等相关词汇的反应。此时，他们大脑中负责情绪反应的区域会特别活跃，他们不会愤怒，但会产生更多的悲伤和羞耻感。因此，仅仅通过检测相关人员对几个特定词汇的脑电波，就能比较准确地判断某人是真想自杀还是正在考虑自杀。于是，相关心理医生或家属便可相应地采取挽救和保护措施，直到他们的脑电波对相关词汇的反应回归正常为止。

既然最隐秘的思想都能被监测，那么，就更有可能通过改变特定的神经回路状态来改变思想了。目前，此类幻想还不能在正常人身上实现，但在动物身上已取得了一些进展。比如，已发明了一种名叫“经颅刺激”的技术，它能刺激头颅内的特定区域的神经元，既可用高频刺激让神经元兴奋，也可用低频刺激让神经元抑制，从而可以充分利用“一起发射的神经元会连接在一起”和“不在一起发射的神经元便不会连在一起”的原则来调节神经回路，达到控制脑电波的效果。但是，若想对正常人的大脑进行此等操作，还需要对刺激强度、频率、部位和方向等指标进行精准控制，目前还有相当大的难度，只好试验性地用于残疾人士对假肢的意念控制，而且效果确实不错。另外，在利用脑电波来操控人类的思想方面，目前也有进展。比如，当你看到“苹果”一词时，你可能会想到苹果手机或苹果食物等。但是，如果在你看到“苹果”一词的同时，利用经颅仪刺激你的有关美味反应的脑区，那你可能就只会想到与“苹果”相关的食物，而不再去想苹果电子产品了。设想一下，假如今后某天，当脑电波控制技术精准到相当程度后，你的思想会不会被操控呢？比如，当你走到总统选举投票箱前时，你的投票意愿是否会被后台的电脑临时强行改变呢？今后打仗，还需要在战场上拼杀吗？是不是可以用脑电波控制技术，直接让对方“心甘情愿”地投降！幸好，本书只关注技术问题；否则，还真不知该如何面对此类成果将带来的各种社会或伦理问题呢！

既然脑电波如此神奇，当然就有必要对它进行更进一步的研究，并揭示大脑的更多秘密，比如，推断当事者的认知能力、人格特质、学习能力、心理或神经功能状态，甚至预测当事者的大脑功能和思想轨迹等。这便是 2.6 节的主题。

2.6 脑电图网络结构

脑电图所记录的信号是大脑内各种电活动的综合电压，它的产生机制可这样解释：由于大脑内众多神经元树突排列方向具有一致性，因而它们在兴奋时所产生的突触后电位将在细胞外被叠加，从而形成脑电波。本书 2.3 节已从宏观上揭示了脑电图的子波结构，本节将剖析脑电图的网络结构，以及它们的若干神奇妙用。

当某人无所事事、思想放松时，他的脑电图便称为静息脑电图，它显示了当事者的大脑所产生的自发脑电波状态。可哪知，就是这样一幅普通的脑电图，竟也存在一定的振荡，能帮助人类揭示大脑群体性运行的基本方式，即大脑中的活动信号如何从一个位置传递到另一个位置，大脑如何进行时间上的协调，以及大脑各功能区之间如何连接等。实际上，相关的原理非常简单，因为当某人正在思考某些问题时，若将他此时的脑电图与其静息脑电图进行对比，找出两者之间的差异，便可知道当事者在思考这些问题时，到底都调用了哪些区域的神经元，甚至可找出哪些区域的神经元开始兴奋，哪些区域的神经元反而被抑制等。于是，经过长期的反复比较，科学家终于发现，人类的脑电图其实可以分成默认网络、凸显网络、左侧执行控制网络和右侧执行控制网络等比较清晰的神经网络。

1. 默认网络

默认网络的神经元主要来自后扣带回皮层、楔前叶、内侧前额叶皮层、顶下小叶及双侧颞叶皮层等。该网络在静息状态下存在较强的自发性活动，在自传式回忆、设想未来、对内外环境的监测、维持意识的觉醒、情绪的加工、自我内省、情景记忆的提取以及考虑他人观点和想法时也会被激活；但在执行较难的认知任务时，默认网络的活动反而会受到一定抑制，抑制程度会随着认知任务难度的提高而增大。

默认网络只是科学家的一个偶然副产品。原来，人们早在1955年就意外发现，与任务执行时相比，大脑的新陈代谢速率在静息状态下竟没减少，这意味着静息状态下也存在着长期而活跃的大脑活动。1974年，人们又进一步观察到，额叶活动在休息状态时反而会达到较高水平。到了1990年，借助当时先进的脑电波检测设备，人们确认了这样一个事实，即人脑在清醒的静息状态下，大脑某些区域也会呈现较强的信号，存在较强的且有规律的活动，由这些活动区域的神经元组成的神经网络便称为默认网络。该网络将在静息状态下从事特定的脑功能，而且默认网络的各个结点脑区也存在着功能差异，其中扣带回皮层后部扮演更重要的角色。

默认网络涉及许多看似不同的功能。比如，它是自我认识的神经基础，它能收集自身的事件和历史记忆，能描述自我特质，能反映自身情感状态；能认知他人，思考他人的思想和知识，感受他人的情绪并产生同情心；能判定某项行动的正义性和公正性，能判断社会观念的好坏，能发现重要的社会特征和群体地位；能回顾过去，思考未来，回忆特定事件，理解并记叙故事等。

默认网络会随着年龄的增长而发生变化：婴儿脑中几乎不存在默认网络，幼儿脑中的该网络连接也不明显；但随着年龄的增长，默认网络的连接将有所增强；成年时期，默认网络表现出最稳定的状态；待到老年时，由于大脑认知功能的下降，默认网络的连接性会发生明显变化。因此，默认网络既会随年龄而变化，同时也具有相当大的稳定性，既反映了大脑神经细胞自发活动的组织模式，也许还参与了大脑的学习、记忆和认知等活动。

特定的目标任务，将对默认网络产生影响。比如，在完成一些诸如简单手动和简单视觉等不需要认知参与的一般运动、感觉和知觉等任务时，默认网络的活动情况几乎不会受到影响；但在执行回忆过去和预想将来、工作记忆、语言流畅性测试和语义提取等有难度的认知任务时，默认网络的活动情况将会发生变化。认知难度越大，对默认网络的影响就越明显，反之亦然。

2．凸显网络

凸显网络的神经元主要来自大脑的前岛叶和背侧前扣带回皮层等，它与涉及检测并整合情绪和感觉刺激的相关脑区相连，包括黑质、腹侧被盖区和纹状体、杏仁核、背侧丘脑和下丘脑区等。凸显网络主要参与那些重要且需要引起注意的刺激，或者需要检测和过滤的刺激；它还负责调节默认网络中的内部定向认知与外部定向认知之间的快速切换。这种切换可能是由环境中的某些事物引起的，但静息时的大脑会定期检查正在发生的事情，然后又切换到其他功能网络。凸显网络还会与下面将要介绍的（左侧和右侧）控制网络进行互动。实际上，大脑的大部分区域都与凸显网络相关，它是人类生存的关键，它使得当事者能判断自己的处境和位置，使得他能在无意识中自动地对自己所做的事情及可能出现的危险，始终保持清醒的认识。

严谨地说，凸显网络的功能有两个：一是对周遭信息进行评估，找到最相关、最切题的刺激；二是对外部刺激和内部事件进行分类，以便将脑电活动切换到相关的处理系统。直观地说，凸显网络与肥胖、抑郁、精神分裂等密切相关，它的主要功能就是对周遭形形色色的诱惑进行评估，找到当事者自己最满意的、最感兴趣的和最有用的刺激，从而完成定向任务以便采取相应的响应行为。它就像大脑网络这个“铁路系统”的调度员，分别给外部刺激和内部事件打上标记，然后让这列“火车”或者驶向控制网络，或者进入默认网络等。比如，偏执型精神分裂症的主要症状就是现实歪曲，而凸显网络在这种歪曲中起到了推波助澜的关键作用，它过于关注了本来不该被关注的事物。又如，对许多中性事件，既可以给出一些正面的解释，也可以给出一些负面解释。但对于抑郁症患者来说，他们总是对中性事件给出负面解读，这其实就该归咎于他们的凸显网络（特别是右侧脑岛）的过度活跃。凸显网络还参与了对食物刺激的检测，所以对肥胖人士来说，他们的凸显网络没能抑制住对食物的渴望，尽管他们的内心其实是拒绝美食的。

3．执行控制网络（包括左侧执行控制网络和右侧执行控制网络）

执行控制网络简称控制网络，其神经元主要来自扣带回皮层、内侧前额叶皮层、后顶叶皮层脑区等。它是一个以左、右前额皮层为中心的神经网络，参与处理和整合复杂信息，比如，参与情绪驱动和感觉整合等多个高级认知任务，并在适应性认知控制中扮演重要角色。当你在做计划、制定决策、将想法保存在工作记忆中、执行控制推理、解决问题和抽象思考时，执行控制网络将变得非常活跃。执行控制网络还负责调节冲动行为、攻击行为和反社会行为等。执行控制网络一旦启动，便会对默认网络进行评估，并抑制默认网络，命令它停止做白日梦等行为。

上述的默认网络、凸显网络和执行控制网络都是每个人特有的、由遗传和个人经验所决定的东西，它们能在很大程度上影响当事者的个性、年龄、性别、智商、创造力，以及在音乐、游戏和阅读等方面的特质。

比如，关于个性。目前科学家已发现，通过其大脑功能相连的方式，即杏仁核、丘脑、海马旁回路和眶额回路之间的连接方式，便可确定当事者的个性，断定他到底属于逃避伤害型、追求新奇型还是奖励依赖型的人。具体来说，对于胆小怕事的逃避伤害型人士来说，他们的杏仁核、丘脑、扣带回、颞下回和海马旁回等边缘系统的核心区之间的神经回路比较活跃；对于那些喜欢“打破砂锅问到底”的追求新奇型的人士来说，他们的眶额回、海马旁和丘脑的功能性连接比较密集；对于那些渴望奖励的奖励依赖型人士来说，他们的中脑边缘周围的神经网络连接得更密切。朋友，你若对上述许多脑区名词不熟悉的话，那也没关系，因为谁都知道，人的个性在很大程度上是由基因决定的，这也是经常将个性称为天性的原因。而基因当然会影响大脑神经回路的连接情况，只不过这里具体指出了什么神经回路与什么个性相关而已。这些回路的连接，又可以通过当事者的脑电图分析来找到答案。

关于年龄。有人对健康老人和健康成年人的脑电图进行了大数据分析后发现，只要对比一下某几个具体部位的脑电回路，便能够很准确地判定当事者的年龄。

关于性别。男人和女人的大脑是有差别的，只需要对其脑电图，具体地说是对默认网络中的神经回路进行分析，就能断定当事者的性别，其准确率接近 80%。

关于智商。根据脑电图中的功能性连接模式，可以推测当事者的一种更客观的智商，称为流体智力，即抽象能力、快速思考、准确识别模式，并快速推理以解决问题的能力。或者说，这里的“流体智力”类似于“脑子转得快”，它并不涉及“有智慧”等包含诸如资历和母语等主观成分的东西。实际上，闭眼时的静息状态脑电图中所显示的电波活动的强度和频率，就与创造力与智力密切相关，或者说是正相关。而睁开眼睛时的静息状态脑电图，甚至能分辨出左脑和右脑在智力方面的差异。此外，睡眠中的脑电图差异，也能显示当事者的智力差异。比如，在快速眼动睡眠期，女性额叶区域的脑电图中，智力与 β 波的强度密切相关，β 波越强的女人越聪明；但在男性中，这种关联关系却很弱。在半睡半醒时的脑电活动也与智力密切相关。对智商正常的患有孤独症的儿童来说，他们在非快速眼动睡眠期的纺锤脑电波数量明显少于正常儿童。甚至有人认为，睡眠时的脑电图可作为学龄儿童的智力标志之一，因为在有学习障碍的儿童的脑电图中，δ波、θ波和α波的强度明显更高。不过，高智商者也可能付出一定的代价。比如，一项经过长期跟踪比较所得出的结果表明：8岁时智商很高的儿童，在长到22岁左右时，出现躁狂倾向的可能性就更大。

关于创造力。对创造力越强的人来说，他们的脑电图网络（默认网络、凸显网络和执行控制网络）之间的有效连接也越强；反过来，脑电图网络之间的有效连接越强的人，其创造力就越强。看来，所有脑电图网络都深度参与了创造活动，这是比较有趣的现象；因为在一般情况下，不同脑电图网络的活跃程度经常会此消彼长。比如，默认网络活跃时，人的思维将处于游离状态，即当事者会沉醉于自己的内心世界；但当他开始有意识地行动时或凸显网络开始迅速侦察外部环境时，默认网络则会停止活动。若用神经回路的语言来描述创新活动，其情况可能会是这样的：默认网络通过调用记忆来产生若干新想法，凸显网络则从这些想法中挑选出符合实际情况或背景的那些想法，执行控制网络最终对所选的想法进行评估和阐述等。

经过仔细比较脑电图网络后，人们发现：每当创造性涌现时，当事者脑电波中的α波明显增强，而且参与创造性思维的大脑区域正是执行最高级别认知功能的区域。换句话说，创造力与认知功能密切相关。这个发现其实很有现实意义，至少对幼教的指导就大有帮助；因为它用脑电波的语言再次表明，幼儿期间的那些能增强认知控制能力的艺术和音乐等训练，对创造力的培养其实完全不输于呆板的传统文化知识学习。

人的创造能力会被外界环境所影响吗？在2015年，有人做了一个这样的实验，若对当事者的前额皮层施加频率为10赫兹的α波，其创造力确实可以在一定程度上得到增强；但是，若对当事者施加的电磁波频率为 40 赫兹，其创造力则不会提高，或者说其创造力并未受影响。当然，对脑部施加 α 波的做法虽能促进创造力，但对其他脑功能（如新颖性或唤醒性等）的影响并不大。

关于音乐。有人对非音乐人士、爵士乐演奏家和普通音乐家做了一个非常有趣的实验，即在他们欣赏一段和弦时，记录了他们的脑电波反应。实验结果是，非音乐人士的脑电波明显不同（非常弱），很容易与音乐家的脑电波相区分；而爵士乐演奏家的脑电波反应最强，说明他比普通音乐家更喜欢听和弦。

当音乐家在进行富有创新性的即兴演奏时，其额叶 α 波的活跃度明显高于重复演奏时的活跃度。换句话说，创造力是一个独特的心理过程，可以通过额叶 α 波的活跃程度来度量。经验丰富的音乐家在即兴演奏和照谱演奏时，其脑电图中相应的 α 波和 β 波的谱带强度存在明显差异。具体地说，这些差异性主要体现在左上额回、运动辅助区、左下顶叶、右外侧前额皮层和右颞上回等五个脑区。因此，即兴演奏需要更强的实时创造力，所涉及的神经网络将参与每时每刻的决策，参与监控演奏者的演奏活动，以便自发产生新的旋律。

音乐训练能增强当事者在听到节奏出错时的脑电图反应，而这个能力也是音乐家所擅长的。实际上，当音乐家在听到演奏音符延迟时，其大脑的额叶部分会立即出现脑电波的变化。与非音乐人士相比，音乐家的这种脑电波变化更明显，因此，音乐家的大脑回路在辨别音乐节奏方面的能力增强了。

关于视频游戏。对沉迷于网络游戏的男性来说，他们的大脑连接与普通人有明显的差别。具体地说，他们左右脑之间的 30 至 40 赫兹的脑电波的同步性明显偏高。反过来说，若能通过外界的电磁干扰，打破游戏沉迷者左右半脑之间的这种脑电波同步，也许就能帮助他们戒掉游戏上瘾这种带有强迫症状的毛病。

关于阅读障碍。实验表明，若在识字年龄段就对儿童的静息状态脑电图进行筛查，便可及时发现那些潜在的阅读障碍者，因为他们脑电图中的δ波和β波的活跃水平明显降低，而α波的强度则明显增强；在他们闭眼时的静息脑电图中，将主要以θ波的活动为主，而且θ波段上的神经网络的整合能力较弱，这表明他们的大脑语言网络的成熟过程被明显延迟了。此外，阅读障碍者脑电图的异常现象还表现在如下几个方面：双侧大脑半球的脑电波的连贯性降低了，由声音引起的短暂脑电图响应能力弱了，在非快速眼动睡眠期的脑电图振幅震荡变慢了，纺锤波的活性和功率增加了。更有趣的是，在通常情况下，阅读障碍者反而拥有较强的科学天赋。

综上可知，脑电图的网络结构确实是每个人的重要标志，它既奠定了当事者的认知、个性和心理基础，也是由基因、经验和若干偶然因素的共同产物。比如，与同龄正常儿童相比，遭受过众多苦难的弃婴的脑电图α波和β波功率都较低，而θ波的功率则较高；当然，这也从反面表明，儿童时期的积极体验，确实能改变儿童大脑中的神经网络和脑电图结构。换句话说，这再一次表明，人的脑电波及脑电图是可塑的，若想把普通人塑造成超人，只需将其脑电图网络塑造成超人的脑电图网络就行了。但问题的关键是，你如何才能安全可靠且简便易行地重塑人类的脑电图网络呢？

第3章 宏观型脑机接口

脑机接口在2001年被《麻省理工科技评论》评为“将会改变世界的十大新兴技术之一”。从形式上看，所谓的脑机接口，就是大脑与计算机之间的接口，或者说是神经系统与计算机之间的接口，通过该接口既能获取大脑的相关脑电波，从而解读当事者的隐秘思想和心理状态，或实现计算机的意念控制等任务；又能向大脑注入相应电脉冲，从而达到控制思维、知识下载和意念通信等看似不可能达到的玄幻目的。

设想一下，将来在脑机接口的帮助下，人类也许会生活在这样一个魔幻世界里：仅凭意念，你就能操控计算机、驾驶汽车、与他人交流，从此，你无须说话，无须做任何身体动作就能心想事成。你的想法会被有效而完美地自动转化为纳米级的精细操作或尖端机器人的复杂动作，你只需待在家里就能亲自“登上”遥远的星球并身临其境地感受到周边的任何事物。你可以把思想转化为有形的动作、无形的印象或情感等。脑机接口所产生的惊人能力，不但能使你成为超人（包括智力超人和体力超人），也可以让残障人士重获新生，比如，让视障人士视物，让听障人士听曲，让言语障碍人士说话，让残障人士健步如飞，让植物人与外界沟通，等等。

脑机接口的种类很多，而且还会越来越多，本章只重点关注那些基于宏观脑电图的脑机接口技术，它们既是最早的脑机接口技术，也是有可能在不远的将来被投入使用的脑机接口技术。

3.1 斗牛场上的奇迹

一提起脑机接口，许多人都会误以为它是个新玩意儿。其实，早在半个多世纪前，就有人成功实现了能够控制思维的脑机接口，只不过当时被称为“刺激采集器”，而且比较粗糙，也没有理论根据而已。

故事发生在1964年夏天的西班牙斗牛场上。当时，一头双角似剑的“杀手级”红眼公牛正愤怒地冲向一位“手中无剑，剑在心中”的书生教授——德尔加多。只见公牛风驰电掣，蹄声如雷，卷起阵阵尘土，眼看就要刺穿教授的胸膛了。说时迟，那时快，就在牛角距教授仅几英寸之处时，这头公牛却突然止步，羞涩地摇着尾巴走开了。观众一片哗然，不知发生了什么事情。

待真相被披露后，全球震惊。原来，德尔加多教授提前在那头公牛的脑内植入了一个微电极，当飞沙走石般的公牛到达教授的眼前时，教授只是轻轻按了一下无线电发射器的开关，于是，公牛大脑受到电脉冲刺激，思维也随之被控制，由本来的攻击状态，突然变成了温顺状态。更恐怖的是，德尔加多的初衷是想以类似的方法来操纵人的大脑，控制人类的思维和行动，从而剥夺人的自由意志，所以，他始终没公布其脑机接口的技术细节，比如，电极到底植入了大脑的何处，电脉冲的强度是多少，如何把握电击时间等。幸好，在随后的数十年里，德尔加多的人脑控制计划没能取得实质性突破。公众也因担心打开潘多拉魔盒而提高了警惕，甚至将脑机接口视为罪恶之举。

不过，德尔加多的这项工作仍然启发了某些妄想症患者，使他们坚信自己的大脑被中央情报局或其他邪恶机构强行植入了微芯片，从而使自己的思想被窥探，行为被控制等。直到后来，当人们发现脑深部电刺激对癫痫和帕金森病等神经系统疾病有治疗意义时，脑机接口的名声才开始好转；当人们发现脑机接口有助于开发义肢和其他医疗辅助设备时，该领域的研究才重新活跃起来；特别是当马斯克等投入巨额资金介入后，脑机接口更成了当前的高科技热点。如今，盖子已打开，它究竟是潘多拉盒还是百宝箱呢，目前还很难定论，还需社会学家密切关注。毕竟，在脑科学历史上，确实产生过许多惨无人道的“科研成果”。

德尔加多之所以会产生电击大脑这样的恐怖想法，这在很大程度上要归因于他的导师富尔顿。原来，富尔顿首先在黑猩猩的大脑中实施了前额叶切除手术，将活蹦乱跳的“悟空”变成了反应迟钝、记忆力衰退、性格冷漠的行尸走肉。后来，富尔顿对黑猩猩所实施的手术，启发了另一位名叫莫尼斯的精神科医生，使他意识到额叶原来可从动物的大脑中分割出去而此动物仍能够保留生命，因此切除额叶后也许能让精神分裂症患者摆脱情绪困扰。由于当时人类对精神分裂症没有有效疗法，所以莫尼斯等便匆匆在狗身上做过实验后就断定，通过切断连接大脑和额叶的神经，动物就会变得安静。

1935 年，莫尼斯等开始在人类精神分裂症患者身上做实验。他们先在一位性格冲动且偏激的女性心理障碍者头上钻了两个小孔，并向她的额叶皮层注入酒精，以融化该区的脑浆；接着，他们仅凭感觉就用空心针管，像吸豆腐脑那样吸走了她额叶区的脑髓，从而切断了相应的神经连接。莫尼斯等将这些“成果”发表在了权威的科学刊物上，并宣称“那些曾经是严重家庭负担的、暴力的或具有自杀倾向的精神分裂症患者，在接受了额叶吸空手术后，都明显地安静了下来”。后来，又有许多医生重复了莫尼斯的做法，而且还将手术改进为更简单更残忍的所谓“冰锥疗法”，结果证实“切除额叶后，病人的确会变得乖巧，他们会像孩子那样听话；对此，他们的家庭实在太开心了”。实际上，今天已经知道，额叶在大脑中负责高级认知，它影响着情感、思维、人格、判断力和记忆等，几乎涉及所有心理功能，其容量占据了整个大脑体积的三分之一。额叶受损，虽不直接影响生命，但会改变人的性情。

更恐怖的是，额叶切除手术后来被滥用了。比如，据莫尼斯本人在 1937 年发表的一篇论文称，一位里斯本妇女跟随丈夫到刚果，结果她很不开心，变得脾气暴躁，甚至总是“担心会发生恐怖事件”，总是怀疑“有人会谋杀她”。后来，莫尼斯采用额叶切除手术将她“治愈”了，使她变得“沉默寡言”。2005 年，美国全国公共广播电台揭露了一个更离谱的额叶切除手术案例：一位曾在 20 世纪 50 年代接受过额叶切除手术的男子，当年其实只因其继母觉得他“野蛮”，不愿意上床睡觉，就被强行实施了额叶切除手术。

虽然后来的统计数据表明，额叶切除手术的效果并不十分理想，而且还会留下悲惨的后遗症，比如，据一位母亲描述，她的女儿在手术后，好像灵魂被抽走了，从此变得麻木无情，性格孤僻，面目呆滞，完全无人格可言。但在当时，作为“医治”精神分裂症的唯一方法，额叶切除手术还是受到了广泛追捧，以至于它在 20 世纪 40 年代到 50 年代初的整整十年间，竟成了精神病院的标准手术，连时任美国总统肯尼迪的妹妹也接受了这种残酷手术。仅在美国就至少有 2 万人的额叶被粗暴地切除了。更可悲的是，某些被“医治”的病人，其实并不是精神分裂症患者，有的只是焦虑症患者，甚至只是脾气坏而已，就连性取向异常者也被列入手术清单。最后，额叶切除手术竟沦为只要给钱就能做的手术了。更不可思议的是，莫尼斯竟因发明了额叶切除手术而获得了 1949 年的诺贝尔生物或医学奖。幸好，后来在众多医生和患者家属的强烈抗议下，特别是在《飞越疯人院》一书问世后，美国和欧洲国家掀起了一系列反对滥用手术虐待精神病患者的运动。直到 1970 年，美国多个州才终于立法禁止了额叶切除手术，代之以新近发明的药物疗法来医治精神分裂症。

这里之所以要花较多笔墨来介绍额叶切除手术，其实就是想提醒大家，大脑不是儿戏，脑科学的任何成果（哪怕是诺贝尔奖成果，哪怕是现在和今后的脑机接口成果）的应用和推广，都该小心，小心，再小心！

回头再说德尔加多。他虽然没有陷入额叶切除手术的丑闻中，但也意识到，若对大脑的适当区域进行电击，也许能彻底改变当事者的性格，从而达到控制行为、情感和治疗精神疾病的目的，所以他才首先在斗牛场上做了那个不可思议的实验，以非常夸张的方式证明，通过电刺激公牛大脑中的特定区域，便能诱导出动物的“运动行为抑制”状态。其实早在斗牛实验之前的 1955 年，德尔加多就已开始数十年如一日地在猫和猴子身上做大量实验了，并证明：用电波控制的电极来刺激动物特定的大脑区域，可以唤醒、改变或抑制动物的侵略、统治、交配和其他社会互动行为，可以让动物弯曲肢体、拒绝食物或情绪激动，可以让动物的瞳孔像照相机的光圈那样放大或缩小。德尔加多还发现，若人的左顶皮层受到电刺激，将引起右手指弯曲；即使人想努力伸开手指，但其意志也拧不过电刺激；若对内囊的头端进行电刺激，将使人扭头并向左右两侧慢慢转动身体，就好像在寻找东西一样，而且其动作看起来很正常。更有趣的是，当他被问及为何要转身时，他竟会瞎编出某种合适的理由，比如说“我在找鞋”等。看来，电刺激不但能控制人的身体，还能让其大脑为莫名其妙的行为编造出合理的解释。

用电刺激来操控大脑很容易，甚至连猴子都会。比如，德尔加多就曾训练过一只会按杠杆的猴子。当它按下杠杆后，另一只大脑被植入了电极的猴子就会围绕笼子奔跑，而且动作还很协调，简直就像小孩子在玩遥控玩具。

在早期的脑机接口研究方面，德尔加多发表了500多篇科学论文，出版了6部专著。而所有这些研究工作的主要目标都相同，那就是要通过刺激大脑来控制人类思维，将人类带入一个“精神疾病和邪恶人性都能被控制”的新时代，开创人类精神文明的崭新未来，创造更富于同情的、更快乐的也是更完美的人类。比如，他早就设想了由“人脑 + 计算机 + 无线反馈器”组成的“刺激采集器”，它其实就是现在的脑机接口雏形。他计划将这些设备的电极端植入癫痫或行为障碍患者的大脑中，当检测到癫痫活动时，电极便开始发射刺激并记录脑电图的活动，直到脑电图恢复正常为止，从而达到缓解病情的效果。

其实，德尔加多并不是最早的脑机接口研究者，早在20世纪20年代，一位名叫赫斯的医生就用电极去刺激猫的大脑，并在猫的大脑深处发现了一个今天称为“下丘脑攻击区”的脑区。当该区受到电刺激时，猫便会发起猛烈攻击。后来，德尔加多在更接近人的猴子身上，重复了赫斯的实验，得到了相同的结果，即猴子的“下丘脑攻击区”被刺激后，它也会发怒并开始攻击身边的任何东西。再后来，他在人身上重复了这个实验，结果也一样。事后，该患者在被问及为何发怒时，患者竟说：“我不知道发生了什么事，只感觉自己变成了野兽，只想发动攻击。”德尔加多还发现，若用电极去刺激丘脑的背外侧核，便会引发焦虑情绪，而且焦虑的程度还取决于电刺激的强度。据此，他设想：或许能找到轻度焦虑的电刺激阈值，或者只需转动电刺激的旋钮，就能增强或减弱焦虑症状。德尔加多在一位精神分裂症女患者的大脑中植入了“刺激采集器”后发现，当她的病情即将发作时，其杏仁核和海马区的神经系统的电活动会出现异常，会出现频率为16赫兹的自发锐波，而且该锐波的出现次数和持续时间与患者病情的严重程度密切相关。当在她的右杏仁核中施加1.2毫安的电刺激时，她就会停止弹吉他的动作而变得怒气冲冲，甚至开始又踢又打；直到刺激停止后，她才慢慢恢复正常。当然，德尔加多也发现，用遥控人脑神经系统电流活动的方法还可以起到镇静的作用，可以引发患者的生动回忆，可以为患者减轻慢性疼痛等。

德尔加多还有一类对今天的内涵型 AI 很有启发的重要成果。那就是他发现，若在激发愉悦感和奖励体验的那部分大脑区植入电极，当事动物则会不停地、主动地甚至是以每小时 5000 次的频度疯狂地按压操纵杆，以获取电刺激。而且，此时被刺激的神经回路与可卡因激活的神经回路相同，电刺激带来的愉悦感甚至强过可卡因。当刺激大脑的纵隔区时，当事者会突然产生快感甚至达到性高潮，并开始举止轻浮。换句话说，若能安全且恰当地刺激出被奖励的体验，那么将有助于当事者提高学习兴趣，从而取得良好的学习效果，毕竟兴趣才是最好的学习动力嘛。其实，当受试者在学习某种他本来很讨厌的技能时，只要适时地巧妙刺激其奖励区，将会使受试者产生愉悦感；一来二去，受试者将最终对所学内容“上瘾”，将过去的痛苦学习过程变成难得的愉快享受，自然也可提高学习效率。

除赫斯外，在德尔加多之前，其实还有其他人在做类似的研究。比如，早在 1954 年，神经外科医生彭菲尔德就发现，若用电极刺激大脑中的某些特定位点，便可以中断患者的思维过程，或阻止他们说话或运动，或让他们开口说话，或让他们愉悦、大笑、友善、敌对、恐惧、幻觉和生动回忆等。

实际上，德尔加多正是在赫斯和彭菲尔德等的工作基础上开始了自己的科研。但是，也许因为德尔加多过于高调，也许是他的工作太超前于时代，也许是他的实验太过大胆。总之，德尔加多在生前和死后的相当长时段里都被妖魔化了，甚至连他的同事也认为他是“疯子”，对他的动机和方法表示强烈鄙视；甚至连他广泛接受媒体采访的行为都被讥笑为“做秀”。的确，电击大脑相当危险，比如，若电极放置有误，后果将不堪设想；若误击纹状体，被电击者将瘫痪；若误击网状组织，被电击者将失去知觉，其杀伤力不亚于当头一闷棍。甚至直到今天，人们都很难确定电极到底该放在哪里，比如，即使像寻找海马回路这样的常规性工作，若神经元在电极探测时刚好处于静默，那就根本不知道神经元到底在哪里。

幸好，德尔加多很固执，好奇心也很强，他不但本人始终如一地进行脑机接口研究，还带出了不少优秀弟子，并终于在动物大脑中长期植入了各种电极，坚持不懈地研究了行为控制的电击法。德尔加多坚持认为，人类终将通过脑电波或植入的电极将思想和机器连接起来，正如他早在 1969 年所说的那样“可以对大脑功能进行物理控制”。

3.2　植入式脑机接口

继德尔加多之后，神经科学家克服各种困难，在大脑的电脉冲刺激方面取得了不少进展。比如，人工耳蜗就是一个能让听障人士恢复听力的脑机接口，它利用麦克风采集到的声音来产生一系列电脉冲，并用这些电脉冲去刺激听觉神经，以重新产生“听觉”。虽然人工耳蜗的听力逼真度不如正常耳朵，但它能让听障人士听到声音，理解对话。又如，人们已能在实验室里让盲人“睁眼”。其工作原理是：利用脑机接口，把来自摄像机的视频信号输入已经植入视网膜或视觉皮层的电极阵列中，从而激发相应的“视觉”。虽然目前所能得到的视觉效果还较差，但能让严重的全盲者感觉到光线的变化。随着植入的电极数量的增加，人工视觉的效果将越来越好。

下面介绍一些有代表性的植入式脑机接口案例，以帮助大家更清晰地了解宏观型脑机接口的其他主要成就，以及内涵型 AI 的历史沿革。

1．闭锁综合征的福音

闭锁综合征患者四肢全瘫，不能转颈耸肩，不能讲话，双侧面瘫，吞咽运动有障碍，眼球水平运动有障碍。由于患者身体不能动弹，不能言语，常被误认为昏迷，其实，患者的意识很清醒，听力正常，对语言的理解毫无障碍，眼球也能上下运动，脑电图基本正常或仅出现轻度慢波。当前，除没法医治外，患者的最大痛苦之一就是很难与外界沟通思想，因为他们仅有的“发声器官”就是眨眼或眼球的上下翻动。比如，法国某时尚杂志的前主编鲍比就是一位典型的闭锁综合征患者，他在助手的帮助下，单靠眨眼法来排列单词，竟然写成了畅销名著《潜水钟与蝴蝶》，此书在 2007 年还被拍成了电影。当然，像鲍比这样意志坚强的闭锁综合征患者并不多，比如，据英国《每日邮报》报道，一名闭锁综合征患者在申请安乐死被法庭驳回后，他只好绝食而亡。特别是在闭锁综合征的晚期，许多患者都自愿选择了不使用呼吸机来自杀，因为他们觉得自己成了家庭的负担。

如何让死亡率超过 90% 的闭锁综合征患者与外界轻松交流呢？这时，脑机接口就派上了用场。实际上，在经过了若干次实验和失败后，大约在 2015 年，科学家就开发出了一种微创的大脑植入物，它可与笔记本电脑进行无线通信，患者可以利用笔记本电脑在家或户外与他人实现沟通。大致做法是：外科医生先掀起患者的一小块头皮，然后在颅骨上钻出两个指尖一样的小孔，再将一条看起来像透明胶带的塑料条轻轻滑入孔中，使得胶带末端刚好接触大脑皮层，既能与大脑形成良好的接触，又不会穿透任何脑组织。胶带末端有四个微型电极，它们能够记录并向外发射患者的脑电波，准确地说是大脑皮层的脑电图。连接微电极的细线被接入一个很小的电子控制设备，该设备也被植入患者胸部的皮肤里，于是，微电极就可以通过无线电发射器与笔记本电脑通信了。

微电极被植入患者大脑中的运动皮层上后，当患者想象着捏拢手指时，这部分脑区就会被激活。通过分析其脑电波，医生可归纳出一套简单又可靠的模式。比如，每当患者想着捏拢手指时，某些频率的脑电波强度就会突然改变，约 80 赫兹的高频电波（γ 波）将像海浪那样涌起，同时，约 20 赫兹的低频脑电波（β 波）会突然消失。于是，通过简单地测量持续扫过患者运动皮层的 γ 波与 β 波的功率比值，笔记本电脑便可知患者正在想象闭合手指，从而采取相应的预定行动。就这样，患者在仅仅两天内就学会了如何在视频游戏中操作光标。接下来，科学家用平板电脑向患者展示了排成行和列的字母。当按顺序显示每个字母时，患者只需想象所要选择的字母，便可像单击鼠标一样选中字母。最终，许多患者都能以此方式比较畅通地与人交流，从而过上丰富且有意义的生活。该手术并不损伤任何脑组织，所以风险相对较小。

当然，基于脑电波的这种意念交流技术还在不断改进。比如，斯坦福大学的研究人员在 2019 年发明了一种更有效的“点击式输入系统”，它通过在运动皮层植入微电极阵列来操作，可检测单个神经元的放电。因此，这种脑机接口能使瘫痪者只用意念而不动用肌肉，就能以每分钟 24 至 32 个字符的速度打字，从而与人进行比较流畅的交谈。

2．肢体残疾者的福音

大约从 20 世纪 70 年代起，人们就开始在动物大脑中植入电极来探测四肢移动时的脑电波情况，准确地说是大脑皮层中的神经回路运作方式。后来，科学家再把探测到的这些脑电波（模仿四肢运动时的电脉冲）重新注入相应的神经回路，从而实现了对动物大脑的控制，比如，让猴子抓住杯子等。因此，从理论上说，先从动物的某种运动中提取脑电波信号，再将这些信号重新注入动物的相应神经回路中，或绕过损伤部位直接向相关肌肉传递适当的电刺激，那么就应该使后者也产生与前者相同或相似的动作。这便是本节开头所述的听觉和视觉脑机接口的简单原理，即视听觉信号绕过了被损伤的部位，被直接传给了大脑的相应神经回路（视神经和听神经）。

当各种动作所对应的脑电波信号的样本被收集的足够多后，计算机便能在检测到新的脑电波信号后，分析出该信号的运动指令内容，然后再用这些指令去指挥精细的义肢，就完全有可能实现这些义肢的意念控制。也就是说，患者可像正常人那样想象着做任何事情，人造义肢便产生相应的动作，让患者心想事成。比如，让脊髓损伤者仅靠想象就能抓住杯子，仅通过思维来控制身体等。

但是，理想很丰满，现实很骨感。意念控制的原理虽然简单，可实现起来却相当困难，而且在当前也相当危险。起初，人们检测了猕猴运动皮层活动的电脉冲信号，然后用这些信号成功实现了机械臂的操作，于是，该猕猴便可以仅凭想象就能让机械臂送上食物。但在人类身上，情况就复杂多了，比如，除非万不得已，否则就不该采取植入式脑机接口。但是，如何提高非植入式脑机接口的灵敏度，使它们能够足够精准地检测到需要的脑电波信号呢？这便成了脑机接口和内涵型 AI 的一个难以克服又必须克服的瓶颈。不过，相关的进展还是在一步一步地慢慢向前推进，比如，在 2014 年的世界足球赛开场仪式上，杜克大学的神经科学家尼可莱利等公开展示了他们的一项轰动性成果。原来，他们让一位截瘫病人变成了“钢铁侠”，使他借助非植入式脑机接口头盔所收发的脑电波，仅靠想象，就在满场球迷的注视下，为比赛开出了第一个球，虽然其力度和美感等还远不如球星的射门，但它是人类的一项伟大成果。

用意念控制义肢的另一个瓶颈是，大脑如何接收到义肢反馈的“感觉”信息，如何形成大脑与义肢之间的完整的“反馈 + 微调 + 迭代”的赛博链；比如，用意念来抓起光滑的玻璃杯时，如何把握力度，既不能将杯子捏碎，又不能让杯子滑落。具体来说，当义肢握杯的力度太小时，杯子微微滑落的信息会迅速反馈给大脑，然后大脑便发出“加大力度”的脑电波命令；当义肢握杯的力度太大时，相应的信息也要迅速反馈给大脑，并得到及时的反馈以调整指令。

令人值得欣慰的是，2016 年，在匹兹堡大学的实验室里，一位瘫痪的男子坐在轮椅上，用意念操纵机械手，成功地与时任美国总统奥巴马实现了一次完美的握手。虽不知总统的感觉如何，但至少总统的手确实被对方握住了，且没被捏坏。原来，科学家在患者的运动皮层中植入了四个微电极阵列，每个电极阵列都只有衬衣纽扣的一半大小，该机械手还配备了感觉的反馈设备，反馈信号可激活患者感觉皮层中的电极。所以，患者在与总统握手时，他甚至好像觉得自己麻木的肢体又复苏了一样。其实，该患者只是脊椎受伤，所以在他用意念操控义肢时，甚至觉得自己的每个指头都有感觉，“有时感到是电动的，有时感到有阻力，但在多数情况下，我都能以一定的精确度区分大部分手指头，就好像我的手指被触摸或被推动一样”。

瘫痪者不但可以用意念控制义肢，在某些特殊情况下，还可用意念来控制自己已经瘫痪的肢体。比如，有一位名叫伊恩的患者，他因摔断了脖子而四肢瘫痪，从此便只能耸耸肩膀，从脖子以下再也无法动弹，更没任何感觉了。于是，他自愿接受了犹他大学的植入式脑机接口实验。医生将黑色塑料瓶盖一样的东西，用螺栓固定在他左耳上方的颅骨上。其实，瓶盖的下面是一个嵌有 128 根细小“毛刺”的微电极，每个电极只有 1 毫米长。这些微电极负责采集患者心理活动的脑电信号，并将信号输入计算机中进行处理。计算机的输出信号再透过他的手臂皮肤，接入手臂上的相关神经，并通过神经刺激手臂上的相关肌肉，于是，伊恩的手臂就可以根据脑海中的想法进行移动了。计算机会分析伊恩的意图，然后将指令发送到手臂上的电极，以此刺激神经和肌肉并执行意念中的动作。当然，正常人无意间能做的动作，对伊恩来说就必须一门心思、下意识地去认真冥想，才能最终实现。"当我第一次能让自己的手臂动起来时，我感到特别震惊"，伊恩接着说，"我的手已三年未动过了，它现在能动得如此流畅，就像回到了我受伤前。反正，我只需要想一下要做什么，我的手就真的能做什么"。现在，伊恩用他那曾经瘫痪了的手，不但能操纵轮椅，还能轻松刷卡消费，甚至能驾驶一辆装有特殊设备的汽车。实际上，在伊恩所使用的系统中，人工脊髓代替了已被损坏了的生物脊髓。仍然是在 2016 年，伊恩所用的脑机接口成果被公开发表了，作者宣称，该项技术不但可以帮助脊髓受伤者，还可以使那些因卒中或颅脑损伤而瘫痪的人重新获得对麻痹肢体的控制。其实，从理论上说，仍然利用这套技术，也可以让一个人用意念去控制另一个人的肢体，甚至在必要时，可以让一个人像使用自己的四肢一样去使用别人的肢体，这无疑又是另一种器官共享的内涵型 AI。比如，钢琴家用意念调动外行的双手（就像教练手把手教学员那样，甚至效果更好），弹出美妙的曲调，并由此将普通人迅速变成钢琴家，变成音乐超人。

意念不但能控制实体义肢，还能控制虚拟义肢。比如，有一位名叫南希的中年妇女，她在一次车祸中严重损伤了脊髓，从此整个身体就再也不能动弹了。她自愿参加了脑机接口实验，但她脑内的植入物并未与任何刺激肌肉的设备相连，只是连接到了一台计算机上。她需要用意念来控制计算机屏幕中的那只虚拟手，即她的动作意念脑电信号被脑机接口传给计算机后，虚拟手便根据脑电信号完成相应的动作。当首次用意念挪动了虚拟手臂时，她异常兴奋，因为这是她在过去十余年来首次与外界互动。南希的第一项训练任务，是要用意念让屏幕中的虚拟手去触碰屏幕中虚拟键盘上的某个点，结果她仅用一天时间就做到了。后来她发现，屏幕上的虚拟手就像自己的手一样，可以用意念轻松敲击屏幕上的虚拟键盘，完成诸如文字输入和命令操作等任务。更神奇的是，由于南希在受伤前就会弹钢琴，结果她竟用意念在为她专门设计的虚拟钢琴上弹出了悦耳的曲调，就像她真的在用自己的手演奏一样。

脑机接口并非一定要接入大脑，实际上，如果所需动作只是发生在肢体上的话，也可接入神经系统的其他部位，既可以是中枢神经系统，也可以是周围神经系统。比如，从理论上讲，若将脑机接口接入大腿中的神经通路，那么只要输入合适的电刺激信号（比如，正常人行走时的神经电信号），便可让受试者的大腿产生正常行走的动作，因为大腿肌肉只是老老实实地按照电脉冲的命令行事，并不在乎这些命令是来自大脑还是来自计算机或别人的意念。实际上，有一位名叫凯文的志愿者，他的一只手因触电而截肢。于是，科学家在他的残肢上接入了相关电极，它们能探测到大脑通过正常周围神经系统传到残肢上的神经电脉冲。这些电脉冲再通过电极传输给一个由电机控制的义肢，义肢再按电脉冲指令完成动作，并将相关的“感觉”信号反馈给电极，再由电极通过体内正常的周围神经系统传送给大脑，以等待大脑的进一步反馈或微调指令。安装好这样的脑机接口后，经过适当训练，凯文能用意念指挥义肢，成功地将生鸡蛋小心翼翼地从一个篮子捡入另一个篮子。他甚至觉得，义肢好像真的成了自己的肢体。当他用义肢与妻子牵手时，竟然又找回了初恋时手拉手的感觉。

另一个让瘫痪者站起来的案例出现在2006年7月。当时，一位25岁的年轻人被人在脖子上砍了一刀，伤了神经，从此四肢不能动弹。神经生理学家便将一个很小的带有100个微电极的硅芯片植入他的大脑中，并与计算机相连。结果，经过短短四天的训练后，这位年轻人便可用意念去控制许多外部设备了，比如，移动计算机屏幕上的光标，收取电子信件，调整电视机的音量和换台，玩电子游戏，甚至还能控制一个机械手臂等。其实，类似的思路还可用于拯救许多肌肉萎缩症患者、中风病人和患有运动神经元疾病的人，只需将微电极植入他们的运动皮层，然后将他们由意念激发的脑电波进行适当的编译，便能实现相关外部设备的意念控制。

3. 神经性疾病患者的福音

为了便于理解相关的脑机接口原理，这里以帕金森病患者的电刺激疗法为例来展开介绍。从内涵型 AI 的角度看，此时脑机接口的关键就是要在患者的大脑深部植入一个电极刺激器，其作用就是要阻断导致患者震颤、僵硬、行走困难等病症的异常神经电信号。当然，这种脑机接口并不能治愈患者，只能从外形上适当消除震颤等症状，减少患者的痛苦，毕竟那个电极刺激器不能从根本上消除病因，即不能阻止多巴胺对神经元的变形。况且，目前还没有办法阻止这种变形，所以，谁也无法治愈那些对多巴胺替代疗法不再反应的帕金森病患者。

在正常情况下，在打开患者的颅骨和脑膜以接触其大脑时，患者的意识是清醒的，这是因为大脑本身并无痛感，虽然它不断发出身体疼痛和伤害的信号，但它从来感受不到自己的痛苦，这也许是因为它长期躲在铜墙铁壁式的颅腔中，早已丧失了自我报警功能的缘故吧。接下来，医生会非常仔细地在大脑深处寻找一个很小的点，并在这个点上长期植入电极，然后，通过对这个点进行持续而适量的电刺激，使某些较严重的帕金森病患者的运动症状得到大幅度缓解。

手术的关键就是要准确找到这个点。但如何才能找到这个点呢？一种办法是通过刺激某些可能的点，再询问和观察患者的感觉，比如，若震颤症状减轻或消失，那么这个点就找到了，否则就得继续探测。另一种办法就是，随时监测患者的脑电图，准确地说是监测探针所碰到的神经元的电活动，以此来逐步引导并最终锁定那个关键点。为了更快、更准确地找到那个点，目前科学家发明了一种由 32 根长短不一的微型探针组成的阵列，而且对探针的插入过程进行实时监测，以便及时发现那个点。事实证明，若采用这种新型探测器，大多数神经外科医生都能一次性地找到那个点，而无须像过去那样在患者大脑中反复地插拔探针。

找到那个关键点后，还需要解决另一个重要问题，那就是，何时对患者进行电刺激，电刺激的强度又该如何把握？这时，脑机接口的算法就派上了用场。实际上，当微电极阵列准确插入患者大脑深部后，医生会要求患者现场玩一个计算机游戏，让患者用一只手挤压一个橡皮球，并通过挤压的力度来让计算机屏幕上的光标沿着一条既定轨迹向前或向后移动。游戏的目标是让光标击中轨迹上某个位置处突然出现的一个长方形。一般情况下，手术中的患者在玩这个游戏时会很累，只能坚持大约 10 分钟。而正是这短短的 10 分钟内，脑机接口就已完成了自己的算法学习（其技巧与现在外延型 AI 的机器学习相同，所以不再细述），随后将由这个算法来决定到底何时以何种强度来刺激患者，以确保患者病症得到有效控制。其实，更准确地说，此处的算法学习只用了患者的前 5 分钟游戏数据，而后 5 分钟的游戏数据被用于了验证该算法的有效性。

以上介绍的这些脑机接口案例好像都比较成功，但必须强调，脑机接口其实才刚刚开始，困难很大，问题很多，也很危险，绝不可随意应用和推广。比如，除脑外科手术的技术风险外，神经外科方面还面临着另一个更大的风险，那就是，每个人的大脑其实都不尽相同。即使在相同的解剖部位，张三的大脑所行使的功能与李四的可能就不相同。这也是为什么癫痫或其他脑部疾病患者在做手术切除脑部组织之前，必须在患者保持清醒的时候，用电极来检查其脑部的功能，并仔细绘制出患者大脑皮层的个性化功能图谱的原因。幸好，脑组织并无痛感，否则患者不知该有多么痛苦呀。又如，我们至今也不知道人类的思想、情感和意图等究竟是如何编码的，只知道这些编码以电脉冲的形式穿过神经回路，变成振荡的脑电波扫过大脑组织。幸好，人们可以利用已有的外延型 AI 的“机器学习算法”来识别与特定感觉或运动相关的脑电活动模式，并将这些模式作为确定性的电信号来指挥义肢等各种外部设备，以实现相应的功能。当然，如果今后脑机接口所采集的脑电信号足够全面和精准，那么直接将这些脑电信号注入另一个人的相应神经回路而不做任何解码，就完全可能实现一个人对另一个人的精准控制，例如舞蹈家用意念指导另一个外行一次性学会某个动作。这显然又是内涵型 AI 的另一个激动人心的梦想。

3.3 非植入式脑机接口

3.2 节介绍的脑机接口有个共同特点，那就是它们都得以手术方式在身体的某个部位植入相应的电极设备，以完成脑电信号的采集、输入和输出。显然，在可见的将来，这种植入式脑机接口将主要应用于医疗领域，毕竟绝大部分健康人都不会在自己身上，更不会在自己大脑中植入异物，无论它将给自己带来何种好处。至于如何改进植入手术或如何缩微植入电极，那肯定将是相关专家的重点研究课题。虽然我们希望在将来的某天，植入式脑机接口也能像今天的美容手术那样不再恐怖，但那不是本书的重点，所以本节将介绍一些非植入式脑机接口技术，它们的脑电波采集能力肯定远不如植入式设备，但在某些精度要求不太高的情况下，仍然足够有效。

第一个基于脑电图的非植入式脑机接口，出现在 20 世纪 70 年代初的美国加州大学洛杉矶分校。它的原理非常简单，仅仅是基于如下事实：当人眼看见闪烁的灯光后大约 100 毫秒，其脑电图中将出现明显的响应波纹；当人眼看见不同的闪烁图案时，其脑电图中的响应波纹也不相同。于是，将一个红黑相间的普通棋盘旋转45度，使它变成菱形，即棋盘的四个角分别位于上、下、左、右。再用舞厅中的闪灯照射棋盘，使受试者在观看该菱形棋盘的每个角时，他的脑电图模式将彼此不同。具体来说，只需用区区五个电极贴在受试者的外头皮上，就能以90%的准确度检测并区分受试者观看四个角时的脑电图模式。于是，在非植入式情况下，用意念下棋、走出迷宫、挪动鼠标等操作就变得轻而易举了，因为受试者只需观看菱形棋盘的四个角，便能发出四个不同的控制指令，无论这些指令是“前进、后退、左冲、右突”，还是更抽象的“1、2、3、4”等。也就是说，该非植入式菱形棋盘的方法，可实现任何不多于四条指令的意念控制。

即使没有棋盘等固定的外部环境，也可实现较简单的非植入式意念控制。比如，人类的脑电图都有这样一个特点，称为P300响应，即若受试者遇到了任何一个新颖的或对他有意义的“事件”，那么在300毫秒后，他的脑电图中将出现一个正的电位峰值，其形如大写字母“P”。而这里的“事件”，既可以是某种声音，也可以是某个图片，还可以是某个出人意料的句子或词语等。于是，通过非植入式方法检测出这些脑电图后，便可将其当成某种意念控制的命令，从而完成诸如虚拟操纵杆的迷宫导航、视频游戏控制、挑选拼写字母、用脑电波打字或机械臂操作等动作。

在脑机接口中，可用的脑电波类型还有很多。比如，当开始运动或开始想象运动时，脑电波会发生变化，会出现所谓的感觉运动节律、μ节律或β节律等。又如，脑电波的活动会在移动肢体或感官受到刺激时反而被抑制。总之，脑电波的任何变化，都可用于意念控制，特别是那些控制指令数很少的动作。

意念控制的受控对象并不限于单台设备，甚至意念可用于群体控制，这可能是目前的手动控制等其他控制所不能企及的，毕竟，意念的转换可以很快，也可以随意组合。比如，美国空军目前正在推进一项由飞行员所不能完成的任务，即用意念控制一支庞大的无人机群去攻击敌人。此时，受试者只需眼观机群，并想象它们一起向某个目标移动，或者它们中的某部分机群单独行动，于是，受试者头戴的特殊帽子就会通过 128 个电极传感器获取相应的脑电图信号，同时无人机群也会按照这些信号的指令忠实地执行命令，并很快实现大脑和无人机之间的由“反馈、微调和迭代”组成的完整的认知循环，将思想转化为行动。

非植入式脑机接口的用途当然不限于意念控制，它还能用于收集和分析当事者的心理活动、实现两人之间的某种心灵感应或意念通信等。比如，2015 年，华盛顿大学的科学家做了这样一个有趣的“远程玩电子射击游戏”的实验。受试者甲头戴一个脑电图电极帽，他在玩射击游戏时的脑电波信号被电极帽获取并通过互联网传到了远方的另一个房间。在该房间中，有另一个受试者乙，他的头部上方有一个非植入式的经颅磁刺激线圈，同时乙也在观看与甲相同的游戏场景。当甲的脑电图信号传给乙时，乙头上的那个刺激线圈就被启动，于是，按照乙自己的话来说，“自己都没意识到我的手已扣动了扳机，射出了子弹，我本来只是在等待着发生某些事情”。原来，甲的射击意图以脑电图的形式被传给了乙，从而使得乙产生了“心灵感应”，于是，乙便在不知不觉中扣动了扳机，完成了一次意念通信。

若重新梳理一下上述实验中的信息流程，你将发现：甲玩游戏时，其射击动作引发的脑电波被他的电极帽检测、采集并编码传输给乙；然后，乙头顶上的线圈再对收到的信号进行解码，将它转化成相应的脑电波，并将该脑电波注入乙的大脑；最后，注入大脑的脑电波再经乙的正常神经系统，向乙的手部肌肉发出射击命令，于是，乙就莫名其妙地完成了射击动作。

其实，若采用上述的“心灵感应”技术，还可以实现两位受试者之间的其他玄幻合作。比如，若甲的电极帽所采集的是视觉皮层的脑电图，而乙的线圈也是将相应的脑电图信号注入自己的视觉皮层，那么就可以让甲和乙进行远程的视觉合作，共同识别计算机屏幕上显示的对象；也就是说，当甲看见一道闪光后，乙也会莫名其妙地看见那道闪光。更夸张地说，如果乙是盲人，他照样可以借用别人的眼睛来看电影，只要乙的视觉神经系统没问题。因此，人类其实是在用大脑看物，眼睛只不过是一个看物的工具罢了；甚至在今后，眼睛也许会被证明是一个可有可无的工具。当然，由于非植入式设备的采集和注入都比较粗糙，所以到目前为止，甲的具体视觉内容还无法用这种“心灵感应”技术精准地传递给乙。

上述的“心灵感应”技术不但对人类有效，对动物也照样有效。实际上，在真实的科研过程中，科学家是先让动物完成“心灵感应”后，再搬到人类身上的。例如，先采集某只猴子的脑电图信号，然后判断它的意图，再将该意图转换成另一只猴子的相应脑电图，于是，后面这只猴子在被注入相应的脑电波后，便会做出与第一只猴子类似的动作。换句话说，这两只猴子的心灵相通了，他们能彼此实现意念通信了。

更神奇的是，由于许多不同种类动物的大脑都使用相似的神经机制，因此，不仅人与人之间可以心灵相通，甚至不同动物之间也能实现某种程度（当然是更低程度）上的“心灵想通”。比如，韩国的科学家就在2013年实现了人与老鼠之间的心灵相通。当受试者想象让老鼠的尾巴摆动时，那只老鼠的尾巴就真的动起来了。首先，该受试者在想象老鼠的各种摆尾动作时的脑电图已被事先记录下来，并建立了相应的数据库。其次，在正式的实验中，当受试者想让老鼠摆尾时，他此时的脑电图便被非植入式传感器记录下来，然后，计算机基于那个摆尾数据库，采用模式识别技术判断出受试者何时想让老鼠摆尾。再次，将受试人员的这个摆尾脑电图信号翻译成老鼠的摆尾脑电波；最后，该老鼠的大脑中被预先植入的微电极再将翻译出的摆尾脑电波注入老鼠运动皮层中控制摆尾的神经回路，于是，老鼠就莫名其妙地摆动了自己的尾巴。其实，出人意料的是，人与动物之间的心灵感应更容易实现，而且效果更好。因为我们可以在动物大脑中采用植入式脑机接口，从而使得相应的脑电波采集和注入更全面和精准，毕竟，人类的大脑不能被轻易植入电极。

最近，在脑电波的非植入式精准注入方面，人类又取得了新进展。那就是所谓的超声波聚焦技术，它已被用于精准的外科手术，比如，对大脑特定部位的神经元进行消融等。当强度较低的超声波能量射入大脑并被聚焦时，超声波束焦点处的神经元就会被激活，使它发射电脉冲，并处于兴奋状态。而且，只要强度合适，这样的非植入式超声波照射对人体并无伤害，所以，在两人之间的“心灵感应”实验中，超声波聚焦技术让被感应者的效果更好。比如，将一定频率的快闪视觉电脉冲，用超声波聚焦技术瞄准大脑视觉皮层区时，便可诱发出效果很好的闪光效果，让受试者“看见”根本就没有的闪光。

人与不同动物之间的“心灵感应”的难度和精确度各不相同，比如，对蟑螂来说，人类就更容易通过意念来控制蟑螂的走向，让它按人的意愿路线行走，而且并不需要给它装上植入式神经电信号输入设备。原来，蟑螂的触须就是它的“方向盘”，只要能按意愿刺激它的触须，它就会乖乖地向左或向右爬行，而且人类在想象“左”或“右”时，其脑电波的模式完全可以用非植入方式比较准确地检测和判断出来，然后只需将人类的这些脑电波翻译成蟑螂的左转或右转的触须刺激就行了。若用老鼠代替蟑螂，那么在特别黑暗的场景中，老鼠会比较听话，也会比较老实地按人的意念转弯，因为只需用人的意念控制老鼠的胡须就行了。

在本节结尾时，我们必须指出，若仅仅采用非植入式脑机接口技术，虽然可以从大脑中读出某些特定的信号，实现意念控制或心灵感应等，但是这距离真正的意念通信还差得很远，毕竟读取信号与全面通信根本就不是一回事。

第一方面，读取大脑的某些活动意念其实并不难，比如，只需观察对方的瞳孔直径便可知道他的许多认知状态，包括觉醒程度、注意力集中程度、感兴趣的程度或是否惊恐等。

第二方面，若想把某些想法精确地放进大脑就难上加难了，除非所涉及的预定事件很有限，比如，前进、后退、左转、右转等。毕竟，为了较准确和全面地探测某人的思维，就必须对数以万计的单个神经元进行电活动采样。就算能够从动物身上进行这种采样，它也几乎不可能在人类身上实现。

第三方面，精准意念通信最困难的问题是信息的传递，它至少存在两大难以克服的问题。首先，人类还不知道大脑如何编码和处理信息，当然也就更难以将信息下载到人的大脑中去。即使你可以将注入信息瞄准大脑的某个区域，但也无法知道该对准哪个神经元；即使可以在不同的人身上找到同样的一个神经元，但这个神经元在不同的人脑中所起的作用可能也大不相同。其次，在宏观脑电图的基础上，也不可能直接将信息反馈给神经回路，除非待到本书下篇的微观神经电脉冲研究取得突破性进展。

总之，在非植入情况下，仅基于宏观脑电图的内涵型 AI 的能力还是有限的，但是继续积极地探索大脑的运行机制，积极地在脑电图的全面精准检测、采集、处理、传输和注入等方面稳步前进，仍然可以取得许多重大的实用性成果，从而大大提升人类的整体智能和体能。

3.4　动物的意念控制

借助脑机接口来实现意念控制，并非人类专利，甚至连动物都可经适当训练后完成此类任务。你若不信，请看下面这几个真实的实验。

1．老鼠用意念喝水

动物与人不同，要想让它们实现意念控制，就必须首先对它们进行若干额外训练，毕竟没法将实验步骤直截了当地讲给它们听。

对已经在大脑中植入了脑机接口的老鼠来说，额外训练的关键是要让它们学会如何巧妙地使用前爪，按一定的、较复杂的顺序按压一根小棒，以便能喝到爽口的甜水，而且还要让它们在数分钟内多次重复这个动作，至于其训练过程，这里就忽略不述了，反正驯兽师有的是办法。

对神经科学家来说，他们的任务是要在老鼠反复成功按压小棒并喝到甜水的过程中，采用脑机接口来记录并存储老鼠的整个脑电波信号，以建立相应的数据库。然后，根据这个数据库，借用模式识别的算法完成另一套“喝水程序”。也就是说，只要老鼠今后的脑电波模式比较接近数据库中的样本，那么老鼠将仍然能喝到甜水，只不过此时的甜水是来自神经科学家的系统而非驯兽师的系统。

接着，见证奇迹的时刻就到了：起初，老鼠会老老实实地按照驯兽师的动作，不断巧妙地按压小棒，不断地喝到甜水。久而久之，不知因何原因，也许是因为偶尔的失误或偷懒吧，老鼠逐渐意识到，好像不必“动手”，只需“动脑”，即在意念中重复那个能够喝到甜水的按压技巧时，就照样能够喝到甜水。再后来，聪明的老鼠干脆不再按压小棒，每次想喝甜水时，就只是动动心思就行了；至于它动的是啥心思，咱们就不得而知了，但至少其脑电图还是能满足“喝水程序”的。最后，更奇妙的事情发生了，神经科学家给老鼠开了一个玩笑，他们将“喝水程序”做了一丁点微调，让老鼠再照搬以往的意念时就喝不到水了。结果，老鼠在经过多次试错后，竟然也对自己的意念进行了微调，以至于再次喝到了甜水。而且用意念喝水的本领越来越大，喝水的动机也越来越强。从理论上看，如果神经科学家的微调不断重复下去，老鼠的微调也跟着响应，那么老鼠最终的喝水意念脑电图可能就会变得面目全非了。

实验表明，能够用意念成功喝水，甚至是能够自己微调试错后喝到水的老鼠绝不是个案。实际上，在实验中训练的 6 只老鼠中，有 4 只老鼠都成了用意念喝水的“专家”。

2．枭猴用意念操控机械臂

驯兽师训练出了这样一只游戏迷枭猴，每当屏幕上出现一串水平移动的光点时，它就会用右手抓住一个操纵杆，并向着光点移动的方向推动该操纵杆。如果操作正确，即推杆的方向与光点移动的方向相同，它就能喝到一口鲜美的果汁。

这只枭猴当然不是一只普通的枭猴，它的大脑中已被植入了一个脑机接口，准确地说，在它的视觉和运动区域的大脑皮层上被植入了微电极阵列，以采集枭猴在看到光点和移动操纵杆时的脑电波信号。这些脑电波信号被实时地用无线方式传到了远方的机房，在那里有一个能左右移动的机械臂。

当枭猴在一门心思玩游戏、挣果汁时，神经科学家也在紧张地利用枭猴传来的实时脑电波信号来训练那台机械臂（由于训练机械臂的方法很多，比如，外延型 AI 中的许多学习算法都可以完成这个任务，所以这里就略去相关的训练细节了），以使这个机械臂能在枭猴看见光点时，就开始准备行动。当枭猴的手臂开始移动操纵杆时，机械臂也做相同方向和相同速度的移动。

当实验正式开始后，神经科学家切断了那个手动操纵杆的连接，使枭猴手臂的运动其实与是否能喝上果汁无关。于是，经过一段时间的游戏后，枭猴也发现了偷懒的秘密，即只需用意念想着在沿光点运动方向推拉操纵杆就行了，不必真的动手也照样可以喝到奖励的果汁。神奇的是，即使枭猴并没动手推拉操纵杆，但远方的那个机械臂也照样在按照枭猴的意念左右推拉。更神奇的是，机械臂的启动时间比枭猴还早，准确地说，要早大约 300 毫秒。如果将枭猴和机械臂放在一个房间里并用慢镜头录下来的话，你也许会误以为是枭猴在模仿机械臂的运动呢。原来，枭猴与人类一样，当它决定做出某个动作或产生某个思想之前 300 毫秒时，它的前意识已经启动，相应的脑电波也已经被激发。随后，枭猴的大脑才做出决定，接着，该决定才以脑电波的形式，通过神经系统来激活相关的肌肉或神经回路。

到了 2002 年，上述枭猴的意念控制实验又得到进一步改进，难度增大了，结果也更惊人。意念控制的主角仍然是一只猴子，当然不再是上面那只枭猴。猴子大脑的前额叶及顶叶的相关皮层中仍然植入了一个微电极阵列，只不过是含有 512 个电极的当时全球最先进的脑电波信号采集器，因此它能更加全面和准确地采集和传输猴子在玩游戏时的脑电波。这些脑电波将用于指挥一个机械臂。

这一次，猴子所玩的游戏也变得更难了，即屏幕上会随机出现一个大大的实心圆，而猴子必须用其左手控制一个操纵杆，使得屏幕上的光标做二维移动，当光标最终碰到实心圆后，本次游戏结束，猴子被奖励一口果汁。很快，猴子就掌握了玩这个游戏的技巧，以至在 5

秒内就能抓住实心圆。

当猴子在反复玩这个游戏时，科学家记录了它的脑电波信号，并通过一系列复杂的数学运算（这里略去不述），从中提取它的手腕、肘部和肩部等不断改变的运动指标，以及它在此时把握操纵杆的力度等指令。所有这些信号和指令都被存放在一个数据库中，并用它们来训练一个自由度很高的机械手臂（训练方法与外延型 AI 相同），让这个位于隔壁的机械手臂的运动接近于猴子手臂的运动情况。经过约半小时的机器学习后，科学家利用猴子的前意识，已能准确且实时地预测屏幕上的光标运动，即预测猴子的操作行为。

随着时间的推移，猴子的游戏水平越来越高，机械手臂的动作也越来越像猴子，当然，科学家的机器学习算法也在迅速改进。至此，猴子不但能控制自己的手臂，也能控制那个机械手臂。甚至那个机械手臂好像真的变成了猴子自己的手臂，能够按照猴子的意愿，随心所欲地做出各种灵巧动作。

当那个机械手臂的动作越来越准确后，科学家意外地抢走了猴子手边的操纵杆，并将抢来的操纵杆放在机械手臂前面，其相对位置与被抢前猴子的相对位置相同。这就意味着此后机械手臂的运动将由猴子的意念来控制，然后机械手臂再去控制操纵杆，只有当操纵杆让屏幕上的光标碰到实心圆时，猴子才能获得果汁奖励。这时，奇迹发生了！只见这只猴子在经过一段时间的迷惑后，便开始动用自己的意念，结果在几次试错后，竟然指挥那个机械手臂成功地碰到了实心圆，喝到了果汁。至此，这只猴子完全可以仅凭意念来玩这个移动二维光标的游戏了，甚至当它的神经元开始直接控制机械手臂做运动时，猴子的大脑甚至开始将机器同化到了自己的神经元身体意象中；结果，这只机械手臂好像真的就成了猴子身体的延伸部分了，用神经生理学界的行话来说，这就叫作“工具的同化”。

3.5 脑机接口之难易

如今，许多媒体都在大肆炒作脑机接口，而且还是添油加醋地炒作，这便使得许多人误以为脑机接口非常神秘。其实不然，一方面，脑机接口的巅峰确实非常高，甚至可以说是当今最难的科研课题之一；但另一方面，脑机接口的门槛又非常低，以至于普通的业余爱好者能从普通的消费电子市场上购买相关器件，然后轻松组装出具有某些特殊功能的脑机接口。

1．先看脑机接口的门槛有多低

很多人都有这样的经验，当你读书困了后，为增强注意力或提高兴奋度，你只需按摩或揉搓头皮就行了，这实际上就是在刺激大脑。若你嫌揉搓头皮太麻烦，那么市场上有一种名叫“经颅直流电刺激仪”的东西，你只需买回来装上电池，再将贴在头皮上的粘贴式电极的导线与那个刺激仪的输出端接通就行了。据说，有人在考试前利用该产品提升了注意力，改善了情绪，取得了事半功倍的效果。又据说，市场上已经可以买到全套的经颅直流电刺激头盔，售价 300 美元，你只需买回来直接戴在头上就行了。不过，神经专家提醒，别滥用大脑神经刺激设备，更别过度使用它们，否则就可能造成不良后果，比如，诱发癫痫等。这是因为，闪烁的灯光和有节奏的声音会使大脑产生有节奏的活动波，一旦这些波与脑电波同步，在某些极端情况下，甚至会导致大脑皮层电活动大量增加而引发癫痫。

2016 年圣诞前夕，英国华威大学的教授们宣布，他们开发了一种改良式的头盔设备，儿童戴上后，便可仅依靠集中注意力就能用意念遥控多种玩具机器人、玩具汽车和直升机等，还可以利用脑电波来开门或接听电话等。其实，稍微想想就不难发现，脑电波和脑机接口的日常应用还有很多。比如，可以用脑电波来进行身份识别，毕竟每个人的脑电波都有自己的特点；可以用脑电波来当测谎仪，它不但能检测出当事者的情绪、心率、呼吸和排汗等变化而引发的脑电波变化，更能揭示当事者的真实想法。它不但能测谎，还能知道真相。又如，通过解读犯罪嫌疑人面对犯罪现场的照片或其他证据时的脑电波，便可知道他在此前是否看到过这些东西，因为任何人在看到或听到新颖的事物300毫秒后，他的脑电波中将出现“P型”的正电压峰值；若犯罪嫌疑人此前见过这些东西，他的脑电波中就不会出现这种反应。

2018年，日本汽车制造商宣布，他们正在开发一款能用意念驾驶的汽车。未来，司机只需戴上一个能采集脑电波的头盔，便可仅凭意念就能到达目的地，因为当司机的大脑中出现左转、右转或刹车的前意识时，头盔便已检测到相关脑电信号，并将这些信号传给了汽车上的计算机，及时改变汽车的运行状态。从理论上说，这种驾驶模式比传统的手动驾驶还要灵巧和快捷，因为人在做任何决定之前，大脑其实已经在此前300毫秒就预先做出了决定，这就是所谓的“前意识”，而手动驾驶的动作必定在大脑的决定之后，当然也更在前意识之后了。即使今后的汽车驾驶变成全自动化后，意念控制汽车也可以作为紧要关头人类接管汽车、避免意外灾难的最后一道防线，毕竟，司机不能把自己的生死存亡完全交给外延型人工智能控制的汽车。

2. 再看脑机接口的难度有多大

脑机接口的关键就是，如何全面准确地获取和注入脑电波信号。目前的两类主流脑机接口分别是植入式和非植入式。但是，非植入的穿戴式脑机接口的精准度不高，大脑植入式脑机接口又太危险，而且还只能获取大脑皮层上的神经电模式，不能获得大脑深部的更多神经元的电活动。有没有其他脑机接口思路呢？有！下面就介绍两种比较有代表性的新型脑机接口，其实，更准确地说，应该称它们为“人机接口”，不过为简单起见，以下仍称它们为“脑机接口”，或更准确地说是血管支架型脑机接口（简称为“支架接口”）和手臂型脑机接口（简称为“手臂接口”）。

1）支架接口

在心脑血管领域，有一个比较普通的微创手术叫作“脑血管支架”，它其实就是将一个金属支架，经股动脉穿刺，置入动脉鞘，再经鞘孔沿着人体血管这一自然通道，把支架置入大脑血管的狭窄部位，然后让支架撑开，以扩张脑血管，从而有效且长期解决大脑缺血问题。虽然在以前此种手术的操作难度较大，但随着医学的不断进步，脑血管支架手术已逐渐完善，手术操作方法也得到重大改进，甚至都不需要全身麻醉，只需要局部麻醉即可。手术的成功率高达 90% 以上，危险性也不大，对患者身体的伤害性很小，术后身体恢复很快，患者的生存率也很高，目前已成为比较理想的治疗脑血管疾病的手术。

支架接口的植入方式与脑血管支架几乎相同，甚至更简单，因为只需用体积更小的微型电极阵列（含 16 个电极）代替体积更大的血管支架就行了。与颅骨穿孔的脑机接口相比，这里的支架接口有许多优点。比如，支架手术的危险程度大幅度降低；支架接口可在人体内更长期稳定地发挥功能且不会引起并发症。准确地说，并发症低于千分之一，支架接口安装好后只需六天，支架便会因人体的愈合反应而永久性地植入血管壁，从而形成良好的电接触，电极可透过薄薄的血管壁接收到从脑组织神经中发出的电信号。由于支架手术比较普遍，所以支架接口也比较容易被人接受。支架接口对脑电图的检测精度不输于颅骨穿孔的脑机接口。最后，微电极可以放入脑中血管的任何位置，特别是大脑深处，所以它可以探测到大脑中任何位置的脑电波信号，并将这些信号通过在锁骨附近植入的无线电发射装置传输给外界的计算机，而颅骨穿孔的脑机接口只能探测到大脑表层的脑电波信号。

当然，如果在同等可选的情况下，支架接口最好是放在静脉血管中，因为万一在动脉中形成血栓，它可能就会卡在血管的狭窄段，阻断部分大脑的血液供应并致人卒中；但若是静脉栓塞，侧支血管会将氧气耗尽的血液输送回心脏，并不会造成严重影响。颅内静脉系统非常丰富，它为支架接口提供了许多备选之地。颅内静脉包括浅静脉、深静脉、颅后窝静脉和硬膜静脉窦等，其中，浅静脉包括大脑上静脉、大脑中浅静脉和大脑下静脉，深静脉包括大脑中深静脉、基底静脉、大脑内静脉和大脑大静脉。比如，大脑大静脉就是连接和汇入直窦的最大脑静脉，汇入该血管的主要支静脉包括：（1）大脑前静脉，主要引流眶叶、额叶内侧以及胼胝体嘴侧的血液，然后汇入基底静脉，最终汇入直窦。（2）大脑中静脉，该静脉较粗大，并构成深、浅两个管道，其中，深静脉引流侧裂内各脑回的血液，浅静脉引流侧裂周围脑回以及额叶外侧凸面及眶叶外侧脑回的血液。（3）基底静脉，它是大脑大静脉形成前的最大脑外静脉，由大脑前静脉、大脑中深静脉、纹状体静脉汇集形成。

早在2015年左右，人们就已将支架接口成功植入了绵羊脑内，放置时间超过半年，采集到的脑电波信号效果很好。如今，科学家已开始考虑在人类志愿者身上植入支架接口。该种接口既可用于检测神经信号，又可用于刺激神经信号，所以它也许能让义肢提供感觉反馈并刺激大脑的感觉皮层，从而让受试者获得触感，这对意念控制精致动作（比如，挑拣生鸡蛋等）非常重要。从理论上讲，支架接口能够完成颅骨穿孔的脑机接口所能完成的一切任务，而且应该完成得更好，因此，今后完全有可能实现意念交流、移动鼠标、打字和玩游戏等任务。

支架接口还有另一个潜在的重要应用，那就是今后它可能用于疾病诊断。比如，面对某些昏迷不醒的颅脑损伤者，如何判断他是否还有意识，或意识的水平到底有多高；或经过治疗后，他的意识水平到底是在好转还是在变坏。即使采用现行的所有其他脑电图采集方法，医生也很难做出准确判断，因为大脑皮层的脑电图只是整个脑电模式的一部分，而支架接口却能探测脑电的整体活动，从而做出更全面的判断，并实施更有效的治疗。

2）手臂接口

从外形上看，手臂接口就像是戴在手腕上的一个带刺的手环，同时还有镶满铆钉的手套，一条电缆从手环处接入一台计算机。其实，这个手臂接口并不感应来自大脑的神经脉冲信号，它只是检测手上各神经肌肉细胞收缩时产生的电压变化。接着，计算机对手臂上放电的肌肉神经进行分析，计算出相应电信号将产生的手部动作、运动速度和力量大小等数据。然后，计算机再驱动虚拟手臂（或机械义肢）做出相同的动作，从而实现遥控义肢等目标。比如，当你戴上这套手臂接口后，只需经过适当训练，就可以轻松指挥义肢做出张开手指、挥手、弯曲手腕和紧握拳头等动作。实际上，是让义肢模仿你的手做尽量相同的动作。当你敲击空无一物的桌子时，计算机屏幕上便可以敲出相应的文字；无论你是在空中比画还是在口袋里动动手指，都可用手臂接口来获取神经肌肉信号并完成操作任务。当然，手臂接口能完成的任务还有很多，它甚至可以让医生只需在空中比画，就能指挥机械臂穿过主动脉伸到患者的胸腔内，并对病态心脏瓣膜进行手术，等等。

人脑虽能接收大量的信息输入，包括各种感官所获取的外部信息等，但人脑的输出能力很弱，几乎只能通过肌肉进行速度很慢的书面或口头表达。而手臂接口能使心理、肌肉和机器之间的电子交互更快、更强大，如果再结合其他脑机接口技术，今后也许能在一定程度上突破生物进化所带来的解剖学限制。比如，你可以想象自己拥有 12 根手指，并想象着用它们来弹钢琴，结果钢琴就真的响了起来，于是任何曲目的演奏就都能轻而易举了，因为你只需用每根手指轻松控制一个半音音阶的音符就行了，而无须像现在那样，双手必须眼花缭乱地完成许多高难度动作。

脑机接口的历史虽已超过半个世纪，但到目前为止，我们仍处于初始阶段，当前的神经回路交互技术也很原始。人类对脑电波的了解还相当肤浅，根本不知道大脑到底是如何编码、处理和检索信息的，更不可能与脑电波信号实现无缝连接，即无法将脑电波信号全面而精准地采集出来，然后再无失真地重新注入神经回路中。虽然人类已经能够利用心电图来监测心脏的电活动，用起搏器来控制心率，但是在面对大脑这个更复杂的系统时，人类需要走的路还很长，甚至不知道何时才能达到今天心电图这样的水平，或许数十年，或许更长。不过，在精度要求不太高的情况下，脑机接口技术还是在不断向前推进的。

除了核心技术，脑机接口的周边技术也有待整体性突破。比如，现在的所有脑电波检测手段几乎都限于实验室，且效率和精度都不够高，无法对神经回路的电波进行充分采样。现在的电极也不过关，需要涂抹导电胶来增加导电性，电极材料会被腐蚀引起疤痕，电极材料还会断裂或被电流击穿，所以每隔几年必须更换，这当然会影响大脑和颅骨，因此，盼望各领域的科学家同心协力，早日开发出柔性更好且能与生物相容的、能精确记录和刺激数千个神经元的新型电极和新型脑机接口。目前，在大脑和义肢之间还需要建立庞大、昂贵且复杂的电子设备，而且还只能在实验室里完成，远未达到实用或普及的水平。

将电脑芯片植入大脑的手术，还是一个大型的危险手术。非植入式脑机接口在记录和刺激神经元方面的性能也还需要大幅度提高。现在的经颅直流电刺激和经颅磁刺激仪，虽然可以通过头皮传递一定量的电刺激，但整体上仍太粗糙，无法精确控制特定神经回路的电活动。今后也许会出现纳米级的颗粒型脑电波检测器，若将它们注入大脑，也许就可以与计算机进行无线连接。当前在大脑深部电刺激中，虽然可以使用电极，但始终无法做到特定神经元的精准刺激。这主要因为电流总是选择电阻最小的路径流动，它所经之处的任何神经元都会受到刺激，因此，从远处延伸到电极附近的所有神经纤维都会受到刺激，即大量脑组织的兴奋性将会被改变，无法只精确地激活某些特定的神经回路。为此，还必须研究如何精准抑制某些神经回路，以便实现大脑神经元之间的任意连接和阻断。

大约在 2006 年，有人发明了一种利用光来控制神经细胞电活动的技术，称为光遗传学技术，它能将外源基因精确引入特定神经元中，并通过一根细长的光纤将激光束射入动物的大脑，从而控制单个神经元的电活动。光遗传学技术已开始在动物身上试验，但愿它能早日成功。不过，也有专家担心这种技术的伦理问题，因为外源基因一旦被引入人体，就无法被移除，谁敢保证它不会带来未知的负面后果呢！

虽然现在的脑电图（准确地说是大脑皮层的电模式）有助于了解一个人的认知优势和劣势，可以诊断某些神经疾病和心理异常，可以在一定程度上了解人的思想，但是所有这些工作都才刚刚开始，更进一步的研究还需要生物学家和计算机专家的通力合作，否则就很难有实质性的突破。

3.6　脑电输入的限制

细心的读者也许已注意到，前面介绍的所有意念控制，无论它们有多么热闹和玄幻，其实都不是真正的意念控制。准确地说，这些意念控制都主要基于脑电波输出的差异性，即只要能及时、准确、全面地探测到相关的差异性，便可以重新拟合出相应的行动和决策，或建立相应的表格来对应不同个体（无论这些个体是人、动物或机器）之间的行动和决策。

细心的读者还会发现，在本书的上篇中，我们始终都只锁定了神经电脉冲的宏观形态，即所谓的“脑电图”。这就意味着，一方面，输出的脑电图无法对大脑电模式的许多中观和微观做出区别，因此很难精准地表达相关意念；另一方面，宏观脑电图几乎不可能输入，至少不能精准输入到别人的大脑中。总之，若想基于各种脑机接口来实现更高水平的内涵型 AI，显然不能只停留在宏观的脑电图水平上，所以本书后面将分别锁定中观的大脑地图和微观的神经元电脉冲。

不过，在本节中，我们还想展望一下，在一定宏观水平上的内涵型 AI 的某种可能未来，既挖掘一些希望，也罗列一些困难和问题，甚至是一些不可逾越的极限。毕竟，相对来说，在宏观层次上的设想更容易变成现实，虽然实际上仍然很难。比如，诺贝尔奖得主、物理学家盖尔曼曾在 1994 年的《夸克与美洲豹》中畅想道：今后某一天，人类能与计算机直接相连，彼此之间的思想与情感完全被共享，再也没有语言上的选择与欺骗。形象地说，盖尔曼畅想的东西可以是某种“脑联网”，它将人类的大脑连成一体，就像互联网将计算机连成一体那样。

欲实现“脑联网”，就必须克服两大难题：其一，解决信息的输出问题，即从大脑活动的样本中提取相关信息，并将由此产生的信息传输给人造设备。这一点，在前面介绍的各种“意念控制”中，都在某种程度上初步实现了信息输出。其二，将外部信息包括他人的意念信息输入接受者的大脑，或更准确地说，输入到接受者的神经系统中。这其实是目前的难点和重点，所取得的实质性进展很少，比如，输入信息的主渠道仍然是人类天生的视觉或听觉等，这当然会限制“脑联网”的深度开发，因为，此时的被输入信息只能以图像或声音的形式出现。

如何才能真正实现不受感官限制的大脑信息输入呢？有人提出了一种“大脑—机器—大脑”的模式，即若能实现人脑与计算机之间的双边交流，那么，以计算机为媒介，便能最终实现人脑与人脑之间的无缝交流或意念通信。据说，早在 1969 年，本章第 1 节中提到的那位西班牙斗牛士神经学家德尔加多，就在猕猴的大脑中长期植入了一台他自己发明的小型“刺激接收器”，从而构成了第一个双向的脑连脑系统，它可以借助无线电在两个猴子之间传递电信号。该“刺激接收器”可以长期记录脑电波，可以主动抽取神经元电活动的样本，从而实现脑电波的模拟，并将它输入另一只猴子的大脑中。可惜，由于遭受了来自伦理等方面的强烈批评，德尔加多没有公布其“刺激接收器”的相关细节，但他至少已有“脑联网”的想法了，或者说他已能向大脑中输入比较粗糙的信息了。比如，他曾在一个猴王的大脑中植入了“刺激接收器”，并每隔 1 分钟就将“和平相处”的信息输入该猴王的大脑中，每次输入持续 5 分钟，于是，猴王就真的很“平易近人”了，不但允许其他猴子占领其既有领地，还允许抢夺其食物，更无视其他猴子当面占有其妻妾。但是，当德尔加多停止向猴王大脑中输入“和平相处”的信息 10 分钟后，猴王又重新“登基”了，再次夺回了它的所有既得利益。当然，德尔加多的大脑信息输入技术还很不成熟，效果很不稳定，面对同样的信息输入，在不同的时间，对不同的对象，将产生完全不同的效果。

德尔加多的成果虽然已被遗忘了 50 余年，但最近人们又开始认真研究大脑的信息输入问题了。比如，美国的查宾博士就在一只老鼠的大脑中植入了某种信息输入设备，并通过遥控方式，让该老鼠成功地走出了从未见过的复杂迷宫。原来，查宾通过长期记录该老鼠的脑电刺激模式，破解了它的转弯信息，然后再将这些信息重新输入老鼠的大脑中，使得老鼠能够严格按照计算机指令的方向前进。

复杂的脑电信息输入当然困难，但若只限定二元信息，只从实际效果来观察，则对灵长类动物来说就不太难了，因为它们能够学会解读直接由大脑皮层刺激发送的二元信息，并利用这些信息来完成相应的任务。比如，首先很容易训练猴子根据右臂或左臂皮肤上的触觉刺激，来判断自己面前的两个箱子中，到底哪个箱子里才有食物。接着将直接的“触觉刺激”替换为对猴子大脑中的躯体感觉皮层发送电刺激，使猴子产生右臂或左臂被刺激的“错觉”，果然，猴子也能据此判断出到底哪个箱子里有食物。这就相当于将“食物在右边或左边”的信息，成功输入了猴子的大脑中。虽然从理论上说，既然能输入二元信息，当然也就能输入所有信息，因为所有信息都能通过二元信息进行适当的编码而得。但是，生物毕竟不是机器，二元信息与编码信息的输入方面有天壤之别，需要克服的困难还有很多，甚至可能在思路上都有待新的突破。

向大脑输入信息的另一个困难，便是所谓的“神经生理学背景原则”，即对于输入的刺激或对产生某种行为的需要，大脑皮层作为一个整体来进行应答，其反应取决于当时大脑整体的内在状态。换句话说，两种时空信号（一种来自大脑内部，另一种来自外部世界）之间的匹配程度，最终决定了生物所感知的现实，因此，根本就不存在绝对的真实，大脑不仅是外部感觉信息的奴隶（比如，视网膜所看到的事物），还与大脑当时的动态情况密切相关。为什么会出现这种时空变化的情况呢？其主要原因有如下两个。

原因 1，向大脑输入信息后，将引发某些神经元集群的放电，并随即引发相应的意识和行为。但是，神经元集群放电也不能为所欲为，它必须遵守所谓的“保存原则”，即神经元集群的放电，不仅有最大值的限制，而且整体集群的放电率也趋向于一个固定值。这种放电率之所以会在平均值周围徘徊，是因为各种补偿机制创建了一种比较稳定的平衡状态，实际上，大脑在某个时刻只会产生有限数量的动作电压来表征特定类型的信息。若某个或某些皮层神经元瞬间增大了它们的放电率，则集群中其他神经元将很快产生一个相等的镜像减量，于是大脑整体的能量消耗便能长期保持恒定。

原因 2，除上述“保存原则”外，“脑联网”还得遵守另一个重要原则——神经元规模效应原则，即当皮层神经元集群的规模超过一定数量时，神经元集群所携带的信息量就会趋于它的最大信息容量，因此，基于大量神经元集群的预测的统计差异将会大幅减少。这个规模效应原则，较好地解释了为啥能通过集群放电的整体情况来消减单个神经元放电的巨大差异性。这时，单个神经元的贡献被平均分散到大规模的神经元集群中，于是单个神经元便在执行某种行为的过程中与神经元集群发生了某种功能上的联系。该原则其实也是宏观和中观脑电模式的内涵型 AI 的生物学基础，否则就不可能有诸如基于脑电图的“意念控制”等东西了。

综上可知，脑电信息输入将与大脑内在状态不断变化的活动相关联，被激发的神经元也会随时间的变化而变化。用系统生理学的术语来说，神经元的整体放电情况也要最终达到体内平衡。实际上，体内平衡在调节躯体动态的各个方面都发挥着关键作用，它使得生物体终生都能得到较好的管理与维护。这意味着，保持大脑内部平衡的机制，特别是保持能量消耗的平衡，也许决定了复杂信息加工的极限；甚至在大脑能够加工的信息量和消耗的能量之间，也许存在着具有某种比较确定性的数学关系。当然，这还有待进一步证实或证伪。

本书的宏观篇打算就此结束了，下面对本篇进行简要的归纳。

在大脑中，数十亿神经元产生的电流，能够在排列紧密的神经元之间以及它们的间隙中进行传播。由于组成大脑的物质是连续的，具有不同的导电性，因此，电流的传播会产生广泛的电磁场，其宏观名称叫“脑电图”。脑内的电磁场的绝对值虽然非常微小，但其相对值也足以影响相邻的神经元，从而形成相应的神经回路和认知，并指挥相应的行为等。

在大脑中，数万个潜在的远距离前馈与反馈连接（包括多突触皮层与皮层下回路等）构成了非常复杂的网络系统，提供了数千甚至数百万种电流路径。通过这些路径，给定皮层区域的神经元能够与大脑中相距很远的其他神经元交流，并且“一起发射的神经元将连接在一起”和“不一起发射的神经元将不会连接在一起”的原则将始终扮演着重要角色。

大脑更像一个媒介，一个时间与空间相融合的媒介。在该媒介中，神经元构成了生理时空连续体，它将基于周围感觉器官的状态、任务的要求及产生行为的大脑状态背景等，在某个特定的时刻，发生动态的扭转、弯曲和变形，以实现处理信息的最佳配置。甚至每做一次不同的活动，大脑的回路结构都会被改变。假如大脑的某些部件坏掉了，其他的部件有时可以接管这项工作。在执行所有指定的任务时，神经元会以某种方式被征用，会以某种“最佳表现”完成目标所需的运动。其实，“大脑区域功能专门化”存在一定的概率性波动，比如，在人的一生中，这种波动既非绝对的，也非一成不变的，它们会根据具体的任务发生迅速改变，以便更适合当前的任务，这便是下一篇要重点介绍的大脑地图可塑性，或者叫作神经可塑性，它被认为是 20 世纪最重要的发现之一。

另外，大脑运作将受到脑血管系统所提供的能量限制。由于激发神经元的动作非常耗能，因此，大脑在某个时刻只会产生有限数量的动作电压来表征特定类型的信息。此外，大脑还会受到许多类似的其他生物限制，因此，大脑能加工的原始信息的类型和数量将会受到限制，大脑能产生的思维、逻辑及行为的多样性等也会受到限制。但是，这些限制到底会在多大程度上影响“超人计划”(即把普通人变成超人)，目前还不得而知，但至少对单项技能的超人化影响不大，毕竟人脑的富余度很大，潜力也很大。

无论大脑将受到多少限制，脑机接口（特别是基于宏观脑电图的脑机接口）技术已走上了迅速发展的“快车道”。脑机接口在生物医学方面的应用，可能会在 10 至 20 年中得到大规模应用，比如，“大脑—机器—大脑”模式将通过双向连接，把健康者和患者的大脑连在一起，以此恢复被神经障碍破坏了的某些功能，包括但不限于听、看、触摸、抓握、行走和说话等功能。也许几十年后，脑机接口可以使人类与计算、装置、环境和虚拟工具等融合起来，使得人类个体的智能和体能都得以极大提高，使得超人的某种智能和技能可以被迅速传递给普通人。在更遥远的将来，假若“脑联网”真的成为现实，它将迅速渗透到人类社会的各个方面。当人们开始用思想来控制大量设备并进行彼此沟通时，人类可能不再是当前意义上的人类了。至于这将到底是福还是祸，本书就不再讨论了，大家可以自行深思或阅读某些社会学家的论著。

中　篇

基于中观大脑地图的机会

从本书第2章中我们知道了两个重要事实：一是脑电波很重要，它甚至能决定一个人的各种智能和技能水平，或者说，你若拥有了超人的脑电波，你便可以拥有超人的智能或技能；二是脑电波可以被重塑，因此，你若能重塑你的脑电波，使它们与爱因斯坦的脑电波相同，那你就可能成为第二个爱因斯坦。于是，从理论上看，其实每个人都有机会成为爱因斯坦，只要你能巧妙地重塑自己的脑电波。

既然重塑脑电波（或重塑大脑）如此重要，本篇就来介绍若干种重塑脑电波的思路和案例。当然，人类在这方面的工作才刚开始，需要改进之处还有很多，实际上，内涵型AI能否成功，将主要取决于能否找到令人愉快而无害的方法，使得任何人（主要是健康人）的脑电波能被迅速重塑，既包括宏观脑电图在结构方面的重塑，也包括中观大脑地图在具体功能或技能方面的重塑，还包括微观神经元的突触导电性重塑，或由神经元的发射（有时也称为兴奋、活化、激活或冲动）与抑制组合而成的神经回路重塑，等等。

重塑脑电波的最暴力的手段，可能当数上篇介绍过的电休克疗法，经过十余次电击，脑电图就可能被永久性地改变，此法显然只适合于特定人群；另外，其实对每个人来说，他从一出生（甚至包括在娘胎里）开始，就已在不间断地重塑自己的脑电波了，只不过采用的是最温柔也最缓慢的脑电波重塑手段，那就是众所周知的学习，既包括有意识的学习和无意识的学习，也包括自主学习和辅导学习等。实际上，大脑随时都在因外界的刺激而改变其神经回路的连接，它是环境与基因互动的产物，即我们的观念会产生行为，行为又反过来改变大脑的结构；先天的基因决定某个行为，该行为也会反过来改变大脑的连接。比如，阅读会改变大脑，以至于文盲在处理文字信息时，他的大脑活化区域都会异于常人，这是因为在5000多年前没有文字，人的大脑并不是演化出来阅读文字的，以至于不管是何种文字，大约都有6%的人不能阅读，这就是所谓的“失语症”。实际上，普通人在阅读时，大脑会调动许多原本用于其他功能的神经元来处理文字信息。

早在1949年，心理学家赫布就提出了“学习发生在细胞水平上”这一基本原则，或者说“一起发射的神经元就会连接在一起”，或者说“不一起发射的神经元就不会连接在一起”，该原则还将继续在本书中反复被引用，有时为了节省篇幅，也将该原则形象地简称为“用进废退”原则，可见它对内涵型AI来说确实非常重要。随后的研究证实了他的原则，即当突触的信号输入到“突触后神经元”时，若电压差达到一定水平，将引发突触放电；若这种放电过程被反复进行，那么相关神经元之间的突触将被增强，从而就学会了新知识或掌握了新技能，形成了新的神经回路，改变了相关神经元的电活动，当然也就改变了大脑或大脑的电模式。因此，我们从小到大的学习过程，其实就是在以“随风潜入夜，润物细无声”的方式改变脑电模式。准确地说，学习改变了某些神经元的放电特性，改变了某些突触的导电性等。所谓的“活到老，学到老”，就意味着人的大脑终生都可以被重塑，而且可以被缓慢而温柔地重塑，各种学习就是那温柔的重塑过程。即使某人不想学习，但随着年龄的增大，他大脑的自然退化也是一种重塑过程，只不过是有害的重塑而已。

依靠书本学习等传统学习法来改变大脑结构虽很温柔，但太缓慢了，毕竟能够一目十行或过目不忘的天才实在太少。依靠休克疗法来改变大脑结构虽很迅速，但太恐怖，毕竟谁也不愿受这种罪，而且还很容易失控。那么，是否有速度和舒适程度都较折中的改变大脑结构的方法呢？有没有不需手术，不需服药就能改变大脑结构的方法呢？当然有，它们就是下面各章将要介绍的众多重塑大脑的方法和案例。只可惜，这些方法和案例与内涵型AI的需求还差得很远，但它们至少为今后的内涵型AI指明了方向，增强了信心。比如，若能重塑大脑地图的某个功能区，便能重塑当事者的相关具体技能和知识储备。

第 4 章

颠覆“三观”的脑连接

朋友，谁说看东西必须用眼睛？谁说听声音必须用耳朵？谁说尝味道必须用舌头？谁说嗅气味必须用鼻子？谁说触觉必须用皮肤？总之，当你读完本章后，你对视觉、听觉、味觉、触觉、嗅觉和平衡觉等各种感官功能的既定认知，都将被彻底颠覆。你将会发现，原来，我们的大脑就像是一位能干的主妇，做饭时，若突然发现姜没了，她就用葱代替；盐没了，就用酱油代替；反正，大脑是以功能为取向的，相同功能的大脑区域（用行话来说叫“大脑地图”）可以在必要时彼此代替；甚至不同功能的大脑区域，在特殊情况下，也能彼此代替，即大脑地图是可塑的。比如，当你正在路上开车时，若前方道路突然被封，你又想尽早到达目的地。这时，经过一番策划后，你也许会努力寻找以往的小路，甚至穿过农田，绕过河滩，最终到达目的地。若你通过这些小路的次数越多，就越能找到更好的捷径，久而久之，一条通往目的地的次佳路径就被你找到了。其实，大脑的神经连接也是这样，大脑的可塑性原则就是用进废退，即越是常用的神经元，它们的连接就越强，不常用的连接就会像旧路那样被荒草淹没，直到某天在特殊情况下被重新启用为止。

其实，在婴儿刚出生时，他的大脑几乎一片空白，或者说他的大脑地图只是一个很粗略的“简图”，因为大脑神经还未分化完成。后来，婴儿的眼睛开始东张西望，耳朵也开始四处聆听，于是，外界环境的影响就开始对“简图”进行精致化细分，逐渐出现诸如视觉地图、听觉地图和触觉地图等，以至于最终慢慢形成了正常的大脑或正常的大脑地图。比如，刚开始时，听觉皮层并未分化，它只是一部分对高频反应，另一部分对低频反应。若在生长过程的关键期听到某些特定频率，大脑中的某些神经细胞就会对这个频率特别敏感，就会活化起来；久而久之，听觉部分的大脑地图就不再是两大块，而是变成许多块了，且每一块对不同的声音频率都更加敏感。因此，在人的一生中（特别是在关键期），只要接触到刺激就可能改变大脑。

一般来说，婴儿初期的大脑左右脑很相似，都会处理声音；待到2岁时，新奇的声音才会被转移到左脑去处理。比如，对一个中国家庭的小孩来说，起初当他听到中文的四声声调时，他的左右脑都会处理这些声音；但到1岁以后，四声声调就会被转移到左脑去处理，因为此时大脑已经知道这些声调与自己的母语有关。但是，对一个外国人来说，哪怕直到20岁，他仍然会将四声声调当成物理声音来处理，即由右脑来处理四声声调。其实，左右脑刚开始时都能处理信息，慢慢地，绩效更好的那边开始独揽大权，同时送出抑制指令，让另一边停止重复性工作；于是，左右脑才开始做自己擅长的事情。

若从功能上看，大脑更像是一块柔软的黏土。我们每做一件事，都会改变黏土的形状。假若刚开始时黏土是方形的，后来你又把它搓成了圆的，虽然你还可以将它重新回归成方形的，但此时的方形已不再是早先的方形了，因为黏土中的分子排列顺序已不一样了。因此，一个精神病人，即使其行为已被治愈，他的大脑也不可能完全回归到未发病前的状态了。

4.1　舌头抢了耳朵的工作

耳朵除用于听话外，还有另一项重要功能，那就是保持平衡。具体来说，耳朵中有两样特别的部件，分别叫前庭和半规管。其中，前庭能够检测到肌体的旋转或直线变速运动，包括正加速运动和负加速运动。若前庭器官受到刺激，躯体将会自动做出相应调节以控制身体平衡，比如，当汽车突然加速时，车内人员的背部肌肉张力会增加，然后向后倾斜；而当汽车突然减速时，则会出现相反的情况；当突然上升时，四肢伸肌将会被抑制和弯曲；当突然下降时，伸肌张力会加强和拉伸等。半规管则能感受到旋转运动的刺激，并诱发相应的运动感觉和姿势反射，以便在运动中维持身体平衡。当人体失衡时，半规管会自动产生平衡脉冲，通过大脑的平衡中心刺激相应的反射动作，从而恢复人体平衡，避免可能受到的损伤。

总之，前庭和半规管负责控制人体的平衡、协调、垂直平衡、肌肉紧张度和身体所有的肌肉（包括眼睛肌肉）的运动，它们还是身体传达给肢体所有感官信息的重要中继站。正是由于它们的存在，我们才能在空间中表达自己的身体，做出各种动作。前庭和半规管由内耳中的三个半圆形的水道（或上、后、外侧半规管）组成，它们让我们知道自己到底是站立的还是躺平的，让我们知道地心吸引力到底如何影响身体，更让我们在三维空间中侦测到各种动作。具体来说，内耳中的三个水道的任务分别是：第一个负责水平动作，第二个负责垂直动作，第三个负责前进或后退动作。水道中有许多浸泡在液体里的小绒毛细胞，当头部移动时，水道中的液体就会冲击这些绒毛细胞，然后，绒毛细胞就会向大脑送出信息，告知人体正朝哪个方向加速运动，接着，身体各部件就会自动协调和配合，在完全无意识的情况下，保持身体平衡。

正常的前庭和半规管与视觉系统有很强的连接，比如，当你瞄准目标向前奔跑时，你的头虽在四下晃动，却能轻松紧盯目标，将它维持在视网膜的正中央；因为前庭和半规管及时向大脑传递了运动信息，使得大脑能及时转动眼球，让目标看似静止不动。前庭和半规管暂时性错乱的最常见现象是晕车，晕车者感觉天旋地转，根本不能站立，更不能行走，甚至躺下后也觉得摇晃不定。只有当晕眩过去后，当事者才能恢复正常状况。但是，如果前庭和半规管永久性被破坏了，情况会怎样呢？接下来让患者切尔茨来讲讲她的故事吧。

39岁的切尔茨在一场手术中被感染了，不得不大量服用庆大霉素，于是她的内耳结构被严重破坏，虽保住了听力，但前庭和半规管彻底失灵，丧失了平衡感，导致切尔茨随时都觉得自己会跌倒，结果就真的跌倒了。即使爬起来后扶在墙边，也会觉得自己站在悬崖边，好像马上又要坠落似的，有时更会觉得有人要将她推入悬崖。总之，她得不到一刻安宁，像一个清醒的酒鬼，即使倒在地上，也觉得身体在坠入无底深渊。其实，像切尔茨这样的患者还有很多，他们被称为“摔倒一族”，过去一直没有医治办法，因为他们的大脑神经系统完好无损不需要医治，只是大脑收不到半规管传来的躯体倾斜信息而已。这样的病人非常痛苦，以至于许多人患上了焦虑症，甚至走上了自杀之路。

幸好，在切尔茨绝望之时，即2002年，她遇到了一位怪杰——本篇第一位主角巴赫利塔，他是大脑可塑性研究方面的开拓者。于是，她便与他不计后果地展开密切合作，开始了人类历史上的一次前无古人的大胆尝试。由于她的前庭和半规管损伤度高达95%，平衡器官与视觉系统的连接也受损，以至于眼睛无法平滑地追随移动物体，好像看到的所有东西都是果冻做的，每当她踏出一步时，每样东西都会像果冻一样左右摇摆，晃晃荡荡，就像要垮掉似的。既然情况如此严重，当然就不能“耳病医耳”，于是，巴赫利塔另辟蹊径，祭出了“耳病医舌”的怪招。

巴赫利塔给切尔茨戴上了一顶奇怪的与计算机无线连接的“安全帽”，并将从帽上电线接出的一块口香糖似的塑料带，称为舌头显示器，放到她舌头上。这块“口香糖”上带有 144 个电极，当她身体前倾时，舌头前半部分就会感觉到轻微的电击；当她后仰时，舌头后半部分就会感到轻微的电击；类似地，当她身体左倾或右倾时，舌头的左右部分将分别感觉到轻微的电击；而且，倾角越大电击感觉越强。于是，当她闭上眼睛后，仅凭舌头上感觉到电击的位置，就能判断身体的前后左右偏转情况。经过短暂的适应后，她就能准确知道自己的身体偏转情况了，而且很快就忘记了这个感觉信息是来自舌头而非曾经的前庭和半规管。更神奇的是，她的身体会自动根据舌头获知的身体偏转情况来做出相应的调整，以确保身体始终处于直立状态而不跌倒。总之，只要她戴上帽子，含住“口香糖”，闭上眼睛，摇晃的感觉便会立即消失。后来，即使她睁开眼睛，并且不扶任何东西，也能稳稳站立，甚至能一动不动地站立 20 分钟。原来，这是一个神经可塑性的奇迹，因为，舌头上的电击感觉其实是借用了天然的味觉通道，到达了身体感觉皮层区处理触觉的地方，即现在通过一条新的神经回路，重建了她的平衡系统，或重建了她的平衡大脑地图。受损前庭和半规管系统被重组的机理是这样的，过去，从受损细胞组织发出的噪声电信号阻挡了正常细胞送来的身体倾斜信息；如今，安全帽和口香糖帮助且强化了正常细胞送出的身体倾斜信息，并整合了其他不常用的神经回路。其实，上述舌头显示器的使用对象还可广泛扩展，比如，许多老年人都易摔倒，其部分原因也是因为他们的平衡感开始衰退，若让他们戴上这个安全帽，平衡功能将得到加强，摔倒的可能性将大幅度降低。

舌头显示器的奇迹当然还没完，实际上，当切尔茨戴上安全帽一段时间后，即使她取下安全帽，吐出“口香糖”后，起初闭着眼睛站立时，她没摔倒；接着，她睁开眼睛后，也没摔倒；然后，她不扶任何东西时，仍没摔倒；最终，她单腿金鸡独立时，依然没有摔倒，她的身体像是被钉在地上一样稳当牢靠。但是，过了一段时间（称为“残余效应时间”），她的摇晃感又开始出现了，她又不得不重新戴上安全帽，含住“口香糖”。不过，残余效应时间的长度在不断增加，实际上，当她第一次戴帽 1 分钟后，残余效应大约维持了 20 秒；当她连续戴帽 2 分钟后，残余效应维持了 40 秒；当她连续戴帽 20 分钟后，残余效应竟然维持了整整 1 小时，后来又延长到 3 小时 20 分钟。于是，她只需每天戴帽、含“口香糖”4 次，每次 20 分钟，便能过上正常人的生活了。一年后，她的残余效应维持时间不断增加，从几小时，到几天，再到几个月，并最终完全不需要再戴帽含“口香糖”了。在残余效应期间，她不但能走路，也能开车，还能在运动时紧盯目标物，即视觉和平衡系统之间的连接也重新恢复了，她维持身体的神经回路被重新建立了起来，且这样的回路越用越强（因为“一起发射的神经元会连接在一起”），这也是可塑性大脑能重新组织自己的最主要原因。

切尔茨当然不是受惠于这种“口香糖”的唯一患者，据不完全统计，巴赫利塔采用这种“让舌头做兼职工作”的思路，至少拯救了 50 多位“摔倒一族”，他们中有些是大脑受伤者，有些是中风或帕金森病患者，也有一些与切尔茨的病情相同。从本书的角度看，巴赫利塔的成就之所以特别重要，并不是因为他治好了多少疑难杂症，而是他开创了一个新的研究领域，一个可以重塑神经回路，可以在今后的内涵型 AI 中制造超人的新方向和新思路，也就是说，在必要时，可以临时且同时调用多个大脑功能区的神经元来更加圆满地完成某项特定任务，在具体知识或技能方面表现出超人的本领。待到特定任务完成后，再恢复原状，变成普通人。

4.2　触觉抢了视觉的工作

你猜，天生的盲人，视网膜天生就坏掉的人还能看见东西吗？能！而且早在 1969 年就实现了！对此，你肯定会意外吧。创造该奇迹的人又是前面那位巴赫利塔，而且他所采用的理论依据也仍然是大脑的可塑性，只不过这次他让触觉抢了视觉的工作。

巴赫利塔让盲人坐在靠椅上，用安装在椅背上的一台能够左右摇动的电影摄影机充当眼睛。摄影机将所拍的影像传给计算机，这些影像被计算机处理成一些特殊的分布为 20×20 的 400 个刺激点矩阵信号，该刺激点阵被直接贴在盲人的皮肤上。该刺激点阵的作用是：在景色中光线较亮的部分产生震动，在景色较暗的部分就不震动，震动的强弱与光亮的强弱成正比；震动的相对位置，与景色中明暗部分的相对位置相同。于是，经过适当训练后，盲人便可以通过体会皮肤上的点阵刺激情况，在头脑中想象出由明暗组成的图像，从而就能在一定程度上“看见”眼前的景物，比如，识别出不同的面孔，知道物体的远近，观察到物体旋转时的形状变化，了解当前的观察角度，甚至还能通过想象“看见”某些物体被遮挡的那部分等。更神奇的是，摄影机本来只能获得二维影像，但经过训练后，盲人竟能“看见”三维景物，比如，当有人朝着摄影机扔来一个皮球时，盲人竟会主动躲避。

如果这个震动的刺激阵列从背部移到腹部，盲人的“视力”会更好，这当然是因为腹部的触觉强于背部。如果刺激点附近的皮肤瘙痒，盲人并不会把搔痒混淆为视觉刺激，因此，盲人心智的视觉经验并不是发生在皮肤上，而是发生在现实中。经过训练后，盲人还可以推着摄影机四处移动，甚至能像正常人那样游览景物，只不过分辨率不够高而已。其实，人类视觉也不需要百分之百的精准度，想想看，在夜间昏暗的灯光下，我们不是也能照样快步如飞吗？而且许多动物（比如狗）都只能看见黑白两色，它们不是照样也活得很好吗？

若将这个刺激阵列做成密布微电极的“口香糖”，用电击代替触觉震动，用电击的强度和位置代替震动的强度和位置，并让盲人将该“口香糖”含在舌头上，那么，盲人的“视力”将超过将震动阵列贴在腹部所取得的的效果。换句话说，这时舌头又抢了眼睛的工作。

其实，人类的感官具有出乎意料的可塑性和可替代性，假如其中一种感官受损了，有时候另一种感官就可以成为替补。在谈到感官替代时，巴赫利塔甚至宣称：“我可以把任何东西连接到另一个东西上！”实际上，人类是在用大脑看东西，而不是在用眼睛看东西；是在用大脑听声音，而不是在用耳朵听声音。眼睛（耳朵）只是负责将接收到的光能（声能）变化，通过适当的途径传给大脑而已，然后由大脑产生视觉（听觉）。至于大脑到底是通过何种途径接收到这些信息的，其实这并不重要，因为大脑接收感觉信息的途径并不唯一，只是过去大家没有意识到而已。比如，大家司空见惯的盲杖就是一种将感觉信息传到大脑的途径之一。当盲人扫动盲杖时，盲杖尖端的震动便通过皮肤上的触觉传到大脑，于是，盲人便知道门框在哪里，椅子在哪里，活物在哪里，因为盲杖碰到活物后，对方会做出适当的反应。这时，手上皮肤的这一感受体便成了信息的中转站，虽然这个中转站会丢失许多信息，但只要经验足够丰富，盲人还是能借助盲杖在一定程度上克服生活中的困难。换句话说，此时皮肤上面的触觉感受体代替了视网膜，而皮肤和视网膜都是二维空间的薄层，上面布满了感受体，都可以形成图像，从而在一定程度上让触觉代替了视觉。

找到向大脑传递信息的新途径是一回事，如何使大脑能够对信息进行解码以重新产生图像，又是另一回事。比如，在用触觉代替视觉时，大脑必须学习一些新东西，使原来用于处理触觉的部分神经元学会适应新信号。这个适应能力意味着大脑真的具有可塑性，它可以重组自己的感觉知觉系统，换句话说，过去大家熟悉的五官，从更底层的功能来说，在某种程度上，五官其实是可以相互替代的。难怪人们早就发现，盲人的听力会更好，普通人每分钟只能听懂 160 个字，而许多盲人竟能每分钟听懂 340 个字。又如，一般来说，语言是由左脑来处理的，但是，早在 1868 年，人们就发现了一群早年有大脑病变且左脑已经萎缩的人，他们照样能正常说话。原来，他们的右脑在无意中被迫接替了本该由左脑完成的工作。更有人在 1876 年发现，如果切除了狗和兔子的运动皮层区，那么只要压力足够大（比如，必须移动身体才能吃到食物），这些动物照样可以走动，虽然刚开始时确实比较勉强。

为了搞清视觉的机理，早在 20 世纪 60 年代初，巴赫利塔就做了许多实验。他在猫的大脑视觉皮层上植入探针，记录探针上微电极的放电情况。当他给猫看一个图片时，猫的视觉皮层区域上的电极就会发出脑电波，表示它们正在处理这张图片。当猫爪被偶然摸到时，视觉皮层也活化了，这表明视觉皮层区也能处理触觉信息；当猫听到声音时，视觉区域也活化了，这表明视觉皮层区还能处理听觉信息。看来，大脑的大部分区域都是所谓的“多重感觉区域”，感觉皮层区更能处理多种感官送来的信息。这是因为，感觉受体在处理外界送来的不同刺激时，不论刺激的来源是什么，这些刺激都被转换成了电流，都通过神经系统被传递下去了。这些电流的形态，才是大脑的共同语言。换句话说，在大脑中根本不再区分影像、声音、味道、感觉等东西，它们全都是不同的电流而已。这些电流在大脑中都会得到非常协调的处理，实际上，人们已经发现，视觉、听觉和触觉皮层区都有相同的 6 层神经细胞结构，因此，任何区域都可以处理传来的任何电流信号，大脑的功能区域划分并不是那么界限分明的。

用触觉成功代替视觉后，巴赫利塔便开始了大脑地图的重新探索，希望揭示大脑将如何适应新的人工信号，如何改变自己的电模式。比如，用触觉代替视觉后，从皮肤到视觉皮层的神经回路将如何发展和强化，以使得先天性盲人的“视力”越来越好。实际上，巴赫利塔研发出了许多感官替代产品，用一个部位的感觉信息去代替另一个部位的感觉信息。比如，对麻风病人来说，他们的手部失去了感觉，于是，巴赫利塔改进了宇航员的传感器手套，并将手套获得的“触觉”信息，传送到患者身上的其他健康皮肤上，再从这里，通过健康的天然触觉神经通道顺利传到大脑，重新建立了患者手部触觉到大脑的新通道，使得麻风病人的手在某种程度上恢复了感觉。巴赫利塔还通过多渠道同时向大脑传送相同信息，从而增强了当事者的感知效果，比如，为了更准确地定位手术刀的位置，除医生的正常视觉等神经渠道外，巴赫利塔还在手术刀上安装了敏感的电子传感器，将传感器发出的信息送到医生舌头上的一块“口香糖”上，并通过这里的正常神经通道传到医生的大脑中，如此一来，医生的刀法就更准了。

知道了触觉和听觉会抢占视觉的工作后，你也许要问：这种抢占的速度有多快？实验结果表明，其速度快得出乎意料。例如，将正常人的眼睛蒙住五天，然后用经颅磁刺激仪去找出他的大脑地图，可发现，他的视觉皮层竟然开始处理手部送进来的触觉信息了，就像盲人学习点字盲文那样；换句话说，仅仅经过了五天，触觉就抢占了视觉的地盘，大脑也完成了自己的重组。实际上，如果再仔细探测大脑皮层的话，其实只需两天，触觉和听觉就开始了“侵略视觉地盘的战争”，当然，其前提是受试者的视觉不能接受任何刺激，否则视觉将努力捍卫自己的领地，阻止触觉和听觉的“侵略战争”。更有意思的是，当受试者的眼罩被取掉后，只过了 12 至 24 小时，受试者的视觉皮层就不再对触觉和听觉刺激产生任何反映了。换句话说，视觉只用了不到一天的时间，就又重新夺回了本来属于自己的、刚被触觉和听觉抢走的大脑地图领土。

其实，在极端情况下，人类的感官神经回路可以完全混合在一起，此时，连接眼、耳、鼻、舌、身等器官的所有神经回路都可以彼此共享。实际上，这就是医学上的一种名叫“感官混合症”的疾病，这样的患者通常会是“白痴天才”。比如，能记住圆周率的若干位小数这样的毫无意义的一长串数字组合；能体验若干抽象概念，如星期一是红色，星期二是白色等。

4.3　瘫痪者竟然站起来了

巴赫利塔的感官替代灵感，来自一位“无知”孝子的故事。一个孝子的父亲在 65 岁时中风了，既不能说话，半边脸和半边身体也都麻痹了。根据过去同类病例的经验，权威医生断定，患者不可能康复，只能送入养老院，残度余生。起初，孝子不信，将父亲送到高级康复院，经长期努力，仍无任何效果，无论是上厕所还是洗澡等都需要抱进抱出。后来，孝子干脆把父亲接回家，像对待婴儿那样来照顾老父亲。

首先，他要教会父亲四肢撑起趴在地上，而不是只被动地俯卧在床上。为此，他给父亲穿上护膝，并用自己的手臂支撑着父亲那软弱无力的身体，再慢慢放手，让父亲的四肢慢慢受力。起初，父亲根本撑不住，后来四肢开始能撑几秒钟，再后来终于能够撑上一会儿了。

接着，他要教会父亲爬行。起初，只是让父亲靠着墙根艰难爬行，他自己也像父亲一样爬行，还与父亲玩起了爬行游戏，比赛看谁爬得更快，当然他常常假装输；后来，他们不再靠墙；再后来他俩便在花园里一起开心地爬呀爬。一边爬，还一边滚弹珠，终于让父亲仅靠一只手和两条腿就能支撑爬行的身体，甚至还能用虚弱的右手捡起地上的小石子了。

再接着，他们就把正常的生活经验变成游戏，让父亲用正常的左手扶住脸盆，用虚弱的右手在盆中转圈，先顺时针转 15 分钟，再逆时针转 15 分钟，脸盆的边缘使得父亲的右手不至于失控，不至于转出脸盆。如此循序渐进，每个新游戏都与上一个游戏有少量重叠，缓慢的进步终于开始显现：父亲先是能坐起来了，接着能自己吃饭了，再就是能用膝盖挪动了，然后能站起来了，终于能走路了！

后来，父亲开始练习说话，开始打字，开始写作，一年多以后，父亲几乎完全康复了。三年后，68 岁的父亲开始在一所大学全职教书，直到 70 岁时退休。72 岁时，父亲在攀登一座雪山时，因心脏病突发而逝世。

这里之所以要详述孝子和他父亲的故事，当然不是为了煽情，因为惊人的真相马上就要浮出水面了。原来，父亲在 1965 年去世后，医生对尸体进行了解剖后发现，天啦，父亲当年的中风超级严重，从大脑皮层到脊椎的神经有 97% 都被破坏了，直到去世时，父亲大脑的损伤部位都没有任何恢复。父亲后来的正常生活，完全归功于他仅剩的那一点点脑组织的全新重塑，由此可见，大脑的可塑性是多么强大。另外，还有病例显示，早在 1915 年，就有一位因中风瘫痪 20 年的病人，通过大脑刺激的练习，恢复了部分脑功能，只是当时大家都还没有意识到，这其实是大脑可塑性的功劳而已。

其实，那位孝子就是巴赫利塔本人。父亲康复的故事，让巴赫利塔开始全身心研究如何利用大脑的可塑性来医治中风病人，特别是他发明了一种新方法来医治那些面部神经受损的患者。这类患者的面部肌肉不能动弹，不能闭眼，不能表达情绪，说话也不利落。于是，巴赫利塔用手术的方式将平常连到舌头、指挥舌头运动的一条神经，连接到了患者的脸部肌肉上。从理论上说，这条新神经将能指挥脸部肌肉的运动，但如何才能使这位“临阵上场”的“指挥官”显得尽可能自然和完美呢？这可不是简单的事情，不过，经过长期摸索和反复试错后，在计算机的帮助下，巴赫利塔还真就研究出了一套训练方法，它确实能让舌头神经来指挥面部肌肉，以代替被损伤的面部神经，并使患者学会了做正常的面部表情，学会了闭眼和睁眼，说话也相对流利了。

总之，这再一次验证了巴赫利塔的“可以把任何东西连接到另一个东西上”的想法。其实，这种“乱点鸳鸯谱”的连接，甚至对视觉和听觉这两种最重要的感觉也有效。比如，另一位神经科学家瑟尔，用外科手术的方式将雪貂的神经回路进行了一番“随意”重组。本来视神经是从眼睛连接到视觉皮层上的，但瑟尔却非要将雪貂的视神经连接到它的听觉皮层上，结果发现，雪貂还是能看得见东西。利用植入雪貂大脑中的探针，瑟尔发现：当雪貂观看东西时，它的听觉皮层却活化了起来。也就是说，它的听觉这时在处理视觉的工作，耳朵在抢夺眼睛的工作，但是它的视力受到了影响，大概只有手术前视力的三分之一。看来，耳朵的信息处理能力确实不如眼睛的信息处理能力。同样，这只雪貂的听觉皮层也已经自行重组，听觉也有视觉的皮层结构了，眼睛抢夺了耳朵的工作。

看来，过去大家所熟悉的所谓视觉皮层、听觉皮层等区域的界线并不是那么泾渭分明，各种感觉的处理区域其实都是有弹性的，都是相互连接的，都有能力处理某些意外输入，只是平常它们没有跨界而已。既然大脑可以重新发展出新的平衡感，先天性盲人的大脑可以发展出新的神经回路来辨识物体、产生视觉和动作，那么，神经连接和大脑的电模式重塑就不再神秘，不再是特例，而是一般性的规则了。只要把握好重塑大脑的方法，无论是手术方法、学习方法或电击方法等，都能重塑当事者的智能和技能。或者说，从理论上说，就能将普通人塑造成“超人”，就能在某种程度上实现内涵型AI的目标。

当然，大脑可重塑性的发现过程并不简单，而是经历了一个漫长而曲折的过程。比如，在本书4.4节中，我们将介绍两个真实案例。虽然当时人们知道了病因，却没有解决办法。幸好，当时留下了详细的病理记录，才启发后人产生了相应灵感。

4.4 逻辑系统被毁的怪人

苏联神经心理学家鲁利亚曾长期跟踪他的病人，并非常详细地记录了一名少尉的奇怪病症。该少尉本来很正常，打仗时非常勇敢，处处冲锋陷阵，结果在1943年3月2日的一场战争中脑部中弹，左脑深处严重受伤而陷入长期昏迷，醒来后，却出现了罕见的奇怪病症。原来，弹片损伤了他的大脑中掌管符号关系的区域，本来聪明伶俐的少尉不再理解逻辑关系、因果关系和空间关系了，不能区分左边和右边了，不再了解关联性语法了。总之，他只能抓住一些零星的碎片思维，不能理解事物之间的关联性。比如，无法回忆起一件完整的事情，无法理解一个复杂的句子，甚至无法理解一些复杂的词，所以也就无法读书了。幸好，他大脑的前额叶没受伤，所以他能写字，能做计划，能策划一些事情，能形成相关意图，并寻找办法来实现自己的意图，甚至在1943年5月底，他主动前去寻求神经心理学家的帮助。这才使得鲁利亚有机会对他进行了长达30余年的全面观察，并记下了详细的病情档案。

根据该档案，少尉知道“母亲”和“女儿”这两个词的意思，但不知道“母亲的女儿”是什么意思，更不知道“母亲的女儿”和“女儿的母亲”有什么区别。虽然他知道大象很大，蚂蚁很小，但不知道“大象比蚂蚁大”是什么意思，因为他不明白什么是“比较大”或“比较小”。他根本看不懂电影，因为当他还没听懂演员在讲什么时，下一幕又开始了。

鲁利亚发现，弹片损伤了少尉的大脑中颞叶、枕叶和顶叶的交汇处。而颞叶通常负责处理声音和语言，枕叶通常负责处理视觉影像，顶叶通常负责处理空间关系及综合不同感官送来的信息。所以，当少尉的这个交汇处受损后，虽然他仍能看得见东西，却无法将所见的东西汇集成整体，更不知道一个符号与另一个符号之间的关系。他无法用词语来思考，经常用词不当，不能理解词语的完整含义，好像永远都生活在破碎的世界中。一些模糊影像经常会突然从头脑中冒出来又消失，使他根本记不住这些影像到底是什么意思。

少尉的档案虽然很详细，却缺少了一项最重要的东西，那就是治疗方法。可惜，当时人们对少尉这样的病症一筹莫展，因为大家都错误地咬定，只要神经受损，那么，该神经所负责的功能就彻底消失了。换句话说，当时人们还不知道大脑具有可塑性，更不知道该如何去重塑大脑。

少尉中弹约 40 年后，神经生理学家通过解剖动物的实验发现了一些有趣的现象：与在贫乏刺激环境下长大的老鼠相比，在丰富刺激环境下长大的老鼠的大脑更大，神经传导物质更多，神经网络的分支更多，大脑皮层更厚，血管的分布更密，从而有更多的血液来支撑大脑的工作。而且，大脑的上述变化在老鼠的整个生命周期中都会出现，只是幼鼠的区别会更大一些而已。换句话说，该解剖实验表明：大脑的活动可以改变大脑的结构，因此，大脑具有可塑性，而且可以通过大脑的使用来改变其结构，年幼时的变化更大。

如今回头再看时，其实古人早就知道“学而时习之”的良好效果，但遗憾的是，古人只是知其然，却不知其所以然。原来，当你在“时习之”后，你的大脑已被改变了，或者说，你的大脑已因反复使用、反复学习而被改变了，而且，大脑被刺激得越厉害，大脑的神经就被重塑得越厉害，大脑就会更加发达，脑容量也会更大，脑内的血管就会更加密集。因此，从提高大脑的整体素质角度看，丰富多彩的学习可能更好。比如，小学生既要读书，也要写字，又要朗诵，还要记忆，更要辩论和演讲等，反正学习的方法不能太僵化、太无聊。对幼儿来说，最好要有玩伴，有游戏，有玩具，有探索节目，有楼梯可爬，有刺激性活动等。

关于大脑受损后，智力将受到何种影响的问题，其实早在20世纪50年代就已在动物身上发现了端倪。比如，一位名叫拉什利的美国心理学家，在老鼠、猴子和猿类身上做了一些很有启发性的实验。他先教动物学会了某些技能，其中既有简单技能（识别某物并跳起来摸它），也有比较复杂的技能（走出某个复杂的迷宫）。然后，通过外科手术切除了动物大脑某个区域的皮层，再让动物去完成过去已经学会的那些技能。结果发现，针对那些简单技能，只要最初与任务相关的初级皮层（后来被称为大脑地图的那部分）未被完全切除，哪怕只是保留了原来面积的1/6，动物也照样能够保持过去已经学会的技能，可见，面对简单技能时，大脑处理感觉信息的健壮性确实惊人。这便是后来人们总结的“记忆等势原理”，即记忆痕迹分布在整个感觉区域中，而不是只分布在某个或某一小群神经元中。

与此相反，针对那些复杂的技能，大脑很难从损伤中恢复过来，即使损伤很小，动物在完成复杂技能时也会出错，而且，出错的严重程度与被切除的皮层面积成正比。如果一半或更多的皮层被切除了，动物便会彻底忘记已学会的复杂技能，并需要再次接受大量训练，才能重新掌握这些技能。这便是后来人们总结的“记忆质量作用效应”，即皮层损伤将影响大脑组织或整合活动的某种生理模式，而不是特定的神经关联性。当一部分皮层被切除后，动物在解决复杂问题时，将会出现不同程度的障碍。

可惜，在当时，许多神经学家都质疑甚至嘲笑拉什利的实验。不过幸好，今天人们终于承认，大脑具有相当的可塑性，它遵从用进废退法则，用俗话来说就是，大脑越用越灵，越闲越呆。至于大脑的可塑性到底有多强，大脑到底可以怎样来重塑等，我们将在本书 4.5 节中介绍一个真实的案例，看看如何通过训练，将一个具有生理缺陷的智障人士变成一个大脑可塑性专家。

4.5　智障人士竟然成专家

本节将介绍一个真实的故事，主人翁名叫巴巴拉，是一名被认定为智障的女士，1951 年生于加拿大多伦多。她的奇迹主要表现于，在本书 4.4 节介绍的那位少尉病情和老鼠解剖实验的启发下，她借助大脑的可塑性，经过自己的长期努力，不但将自己重新塑造成了一位智力正常者，还将其经验总结出来，拯救了许多同类患者，从而再一次彰显了重塑大脑的威力，展现了内涵型 AI 的美好前景。虽然她自我重塑的过程很漫长，工作很艰巨，方法也并不显得“高大上”，比如，从未动用过先进的设备和手术等，但是，她所采用的大脑重塑原理，对内涵型 AI 具有相当重要的参考价值，即确实可以有目的地重塑大脑地图，以增强某种特定功能。

巴巴拉的听觉和视觉都很好，但除此之外，她满身都是毛病，当然也包括严重的智力毛病，有些毛病与 4.4 节中少尉的毛病相似，有些毛病则更奇葩。而且比少尉的病症更复杂的是，她的病因不明，至今也不知道她的大脑中到底是哪部分出了问题。比如，从外形上看，她显得很不对称，右脚比左脚长，整个身体的右边明显大于左边，右臂伸不直，左眼球转动得不灵敏，显得呆板。她的脊椎也不对称，脊柱弯得变了形，骨盆存在不正常的移位现象等。

更不幸的是，她有严重的学习障碍，大脑中主要掌握语言的区域没有发育完整，甚至连咬字发音都有问题。她严重缺乏空间推理能力，往往误判自己的行为举止，比如，她3岁那年，在过马路时，本以为自己能与行驶中的汽车擦肩而过，结果却一头撞在了车门上，差点丢了性命。正是因为这一缺陷，使得她没有自己的心智地图，总是忘掉东西在哪里，总是在到处找东西。明明刚才还在使用的文具，一转眼就不见了，以至于她不得不把所有东西都平摊在眼前的桌子上，以便随时都能看见它们。她的衣橱门是开着的，抽屉也是开着的。她从来不敢单独出门，否则将会迷路，找不到自己的家。

她的肌肉运动感觉也有问题，她不知道自己的身体和四肢到底在空间的什么位置，因此，她的动作很难协调，四肢也经常失控，动作非常笨拙，经常摔跤，搞得头破血流。她从来不知道自己的手臂和腿与她左边身体之间的距离，不能用左手端起一杯水而不打翻它。特别是上下楼梯，对她来说更是危险，经常从楼梯上摔下来。她的视野非常窄，看书时，一次只能看到几个字母，更甭想一目十行了，实际上是十目一行。

最糟糕的是，她的大脑不能理解符号之间的关系，所以不能理解语法、逻辑、数学概念和因果关系等，比如，与前面那名少尉一样，她无法区分“父亲的兄弟”和“兄弟的父亲”之间的区别，无法理解否定之否定；无法分辨左手和右手，无法理解“左”和“右”之间的关系；无法理解钟表上长针和短针之间的关系，因此无法通过钟表来知道时间；她知道哥哥与自己同在一个幼儿园，但不明白为啥不能随时冲入哥哥的教室去找他玩；她可以生硬地记住乘法口诀表，但不知道为什么5乘5等于25；她可以记住许多数学过程，但不能理解其推导过程。总之，对旁人来说非常简单的符号关系，她都得费很大的劲才能搞明白，课堂学习（特别是数学课）对她来说简直就是受罪。

她的考试成绩也很奇怪，若是只需死记硬背的问题，她就会得满分；若是需要推理的问题，她准会不及格。对流行歌词或电影对白，她至少需要在头脑中复述 20 次以上，才能理解其含义；因为待到她听到句子末尾时，早已记不住句子开头的意思了。别人花言巧语时，她听不出句子里的矛盾之处，听不出弦外之音，因此，经常不知道应该相信谁。她很难交到朋友，而且每次也只能交一个朋友，否则会闹出很多笑话。

她还有一个很奇怪的毛病，称为“镜像书写症”，也就是说，她经常将 b 和 d 搞混淆，把 p 和 q 搞颠倒，was 念成 saw；经常反着顺序从右到左读书，从右到左写字。她还有失读症，经常读错句子，以至于有一次，她因误读了标签而把稀硫酸当成了滴鼻药，差点闯了大祸。巴巴拉的毛病还有很多，这里就不逐一罗列了，只想指出，这些毛病的根源都是神经问题，是无药可救的神经问题，或者说，她的神经系统发育不健全，相应的神经回路不正常。

既然无药可救，难道真的就没救了吗？当然不是，因为还有无须用药的拯救方案，那就是重塑大脑和相关的神经回路，甚至不惜像 4.4 节介绍的孝子及其父亲那样，完全像婴儿“另起炉灶”来构建一套新的神经连接。当然，这绝非易事，不但需要坚韧的毅力，还需要合适的重塑技巧。比如，到了 20 世纪 80 年代后，针对普通患有学习障碍症的孩子，神经生理学家提出了一种名叫“补偿训练”的大脑重塑法。该方法认为，一旦神经细胞死亡或发育不全，那它就没办法修补，只能用补偿训练法来重新塑造其他“闲置”或“暂时闲置”的正常神经细胞，比如，假若你不能阅读，就努力聆听录音带；如果进展很慢，就请多点耐心，多花一些时间；假若你缺乏逻辑性，不了解别人在说什么，就请把重点地方用不同颜色的铅笔标示出来等。

当然，针对不同的人，补偿训练法的内容也不一样，与训练相配套的计算机游戏软件也不一样。总之，大脑重塑的训练过程其实就是某种特殊电子游戏的玩耍过程。但非常遗憾的是，尽管巴巴拉非常努力，甚至已非常疲倦了，但普通的补偿训练法对她几乎没用，这使她非常沮丧，曾一度想到自杀。幸好，她通过不同的渠道偶然知道了4.4节中那名少尉的病情档案，知道了自己的怪病原来并不孤独，甚至还有病名，有病因。特别是当她又知道了4.4节中的那个老鼠大脑解剖实验后，已近30岁的她，茅塞顿开，更坚信大脑具有可塑性，于是开始根据自己的病情来量身定制训练科目，希望为自己打通一条通往幸福生活的道路。

巴巴拉重点针对自己的最弱环节来开展训练。为了建立符号之间的关系，她先从认闹钟开始，希望搞懂时针、分针和秒针之间的逻辑关系。她请人做了几百张只显示时针和分针的、不同时间的表盘卡片，并将正确的时间写在卡片的背面。每次她都要对这些卡片进行重新洗牌，以避免自己依靠死记硬背来读懂表盘，然后，她随机抽出一张卡片，努力搞清楚表盘的时间值，再与卡片背面的标准答案进行比较。如果答案正确，她就再抽出第二张卡片来研读；如果答案错了，她就拿出真正的时钟，老老实实地，一圈又一圈地转动时针、分针和秒针，以最笨的办法找出错误的原因。比如，为什么在2:45时，时针会在2与3之间且靠近3的1/4处等。

待到能够正确理解两个指针的表盘后，巴巴拉又开始用类似的办法来研读同时具有时针、分针和秒针的表盘。结果，经过几个月的刻苦学习后，她的神经回路真的发生了变化，大脑真的被重塑了，因为她不但能很快认出正确的表盘时间，还在理解其他一些简单符号逻辑关系方面有了进步。于是，她开始进一步研究语法、算术及逻辑，并且第一次听懂了别人的言外之意。受到初次成功的鼓舞后，她再接再厉，开始设计其他练习来克服自己的其他困难，诸如，不能理解空间的困难，不能知道自己的四肢在哪里的困难，以及视觉方面的问题等。经过两年多不懈的努力后，巴巴拉基本克服了自己的主要神经性缺陷，基本具有了正常的智力水平。

更可喜的是，巴巴拉还在 1980 年创办了一所特殊学校来推广自己的成功经验，以帮助更多神经发育不健全的患者，同时，也研发了更多更有效的大脑重塑训练法，取得了不少成果。比如，为了训练患者理解闹钟，她研发了一些拥有多达 10 个指针的表盘，不但有正常的分针、时针和秒针，还有年、月、日等各种指针。此时，表盘已经不再是卡片，而是显示在计算机屏幕上的图像，如果患者的答案正确，屏幕上将闪现祝贺标示，并给患者适当奖励。当患者能够顺利识别所有两个指针的表盘后，游戏将升级到三个指针的表盘，以此类推。结果，当训练课程结束后，患者的表盘识别能力竟然超过了普通人，他们甚至能在短短几秒内认出非常复杂的 10 指针表盘。

为了强化患者的视觉记忆，巴巴拉用计算机来辅导他们学习那些从来没见过的少数民族语言，特别是象形文字的语言，以便让他们学会快速辨认自己不熟悉的形状。巴巴拉还发现，若徒手描绘复杂的线条，便可刺激患者的前运动皮层区，从而较明显地改善某些特殊的说话障碍症、写作障碍症和阅读障碍症等，因此，传统的描红工作也变成了她的一种医疗手段。

这里的说话障碍症是指那些“思想比嘴巴动得快”的人，他们说话时经常会漏掉一段信息，让听者莫名其妙；还会经常因找不到合适的用词而显得口齿不清，以至于干脆就不想说话了，或者在回答问题时显得非常迟钝，甚至被误认为很笨，因为他们必须先组织好答案的用词造句后，才敢开口回答，其实他们的大脑中早就有了答案，只是“茶壶装汤圆”（说不出来）而已。巴巴拉的描红疗法为什么会有效呢？原来，我们在说话时，左脑的前运动皮层区会把一系列符号（代表想法的词语）变成神经元的电信号指令，这些指令再传给舌头和嘴唇的肌肉，并命令它们按指令运动，从而说出相应的话语。

这里的写作障碍症是指那些写字会抽搐的人，所以他们很不喜欢书写那些串联在一起的手写草书，而只喜欢写印刷体，因为印刷体的每个字母都是彼此分离的，每个部分的笔画都很少，书写动作也简单，对当事者的大脑来说负担也较轻。若在考场上，这类患者最痛苦，因为他们明明知道答案，可就是无法将答案迅速而准确地写出来，或者心中本来想的是这个字，待到动手书写时却又写成了另一个字，所以他们又是另一种形式的“茶壶装汤圆”（写不出来）。此类患者常被误解为粗心大意，其实是他们的大脑负荷过量，以至于送出了错误的肌肉运动指令。而复杂的描红练习，特别是草书的描红，刚好能有效克服写作障碍症。因为我们在写作时，大脑会先把想法转换成词，然后再经过手的运动将字写出来，所以描红就能在用进废退原则的指导下，增强大脑的负荷能力。

这里的阅读障碍症是指阅读很慢，经常漏字、跳行，经常分心，考试时经常读错题目，检查答案时又会跳过整段答案。当阅读障碍症的人在阅读时，大脑在读到句子的一部分后，就会悄悄命令眼睛移到句子的后半部分去；因此，阅读需要一直不停地改变眼睛运动的指令，让眼睛停留在合适的地方以获取信息。其实，患有写作障碍症的人，几乎都同时患有阅读障碍症，用描红法治疗写作障碍症的同时，也能缓解阅读障碍症。

有些患者的听觉记忆很差，只能同时记住 3 个互不相关的事物，而普通人可以记住 7 个互不相关的事物，比如，7 位数的电话号码等。这类患者常常不能把一首歌从头唱到尾，他们不但记不住自己要讲什么，甚至连在想什么也不记得了，因为他们基于语言的思想太慢。他们常常被老师误认为学习不用心，懒惰等，但他们其实是大脑有问题，大脑不能胜任相应的负荷，需要重塑。为了强化患者的听觉记忆，巴巴拉采用了死记硬背的笨办法，或者让患者反复聆听光盘来背诵诗词，或者反复抄写笔记来使他们不会忘记，哪知效果还真不错。

巴巴拉在训练大脑和重塑大脑方面，还设计了许多其他课程，她所遇到的大脑问题也千奇百怪。比如，有的存在社交障碍，因为他们阅读语言线索的大脑功能有缺陷；有的辨识物体形状的能力很弱，甚至经常在冰箱中找不到自己想要的冰棍，即使那根冰棍明明就在眼前；有的左脑布罗卡区有缺失，以至于口齿不清，说话时不能思考，因为此时的大脑资源被说话这一动作给占据了；有的大脑前额叶有缺失，所以要么做事缺乏计划性，要么做事没策略，要么做事难以形成或实现目标，要么全无组织能力，要么不能吸取经验教训，因为他们不能区分哪些信息有用，哪些信息无用等。至于巴巴拉的训练办法到底都是什么，这里就不详细介绍了，反正她的整体训练原则是改善大脑的弱点或“哪壶不开提哪壶”，而具体办法就是“熟能生巧”或“勤能补拙”，她的这些看似平淡无奇的、古人早就知悉的、具有“天道酬勤”思路的神经生理学基础，就是大脑的可塑性。当然，巴巴拉所面临的主要挑战，其实是如何把她设计的、枯燥无味的反复训练变成妙趣横生的游戏，以此来释放患者热爱学习的天性。

除传统的苦读方法外，是否还有其他更轻松、更快捷的方法来重塑大脑呢？这便是今后内涵型 AI 所面临的重大挑战之一。想想看，如果今后能用精准的脑电刺激去代替反复的勤学苦练，情况会怎样呢？如果既能重塑病人的大脑，也能重塑普通人的大脑，情况又会怎样呢？其实从脑科学角度来看，勤学苦练的本质，也是对大脑中的相关神经回路进行反复刺激，然后在大脑的用进废退的原则指导下，重塑大脑的脑电模式，重塑相关功能的大脑地图；只不过，传统苦读刺激的节奏更慢，时间周期更长。

虽然目前还没找到比传统学习更有效的重塑大脑地图的方法，但是如果能把勤学之苦变为乐事也不失为一种较好的策略。确实，若能以享受的心态去学习某项知识或技能，在通常情况下，学习效果将会更好，速度也会更快。接下来的4.6节就来探讨如何变苦为乐的问题。

4.6 快乐感的产生与擦除

大约在20世纪50年代，科学家发现，在大脑中负责处理情绪的地方（边缘系统）存在奇怪的快乐中心。若将电极植入病人边缘系统的中隔区，病人将产生强烈的快乐感，甚至病人会恳求医生继续电击该区域，以享受这种快感。反过来，当某人在谈论他喜欢的主题或达到性高潮时，他的中隔区也会活化；原来，这些快乐中心是大脑报酬系统（多巴胺系统）的一部分。1954年，科学家进一步证实，如果把电极插入动物的快乐中心，动物在学习新的技能时效果会更好，速度也会更快，因为此时它们的学习变成了快乐和享受，这就使得它们会全身心地投入学习。

快乐中心被活化后，当事者的所有经历都会变得十分愉快。实际上，可卡因也与快乐中心有关，比如，可卡因降低了快乐中心的活化阈值，使得相关的神经元更容易发射，从而让当事者经历的所有事情都变得非常快乐，于是便对吸食可卡因上了瘾。除电击中隔区和吸食可卡因外，快乐中心还可以在许多其他情况下被活化。比如，美女坠入爱河时，快乐中心的发射阈值也会降低，也很容易被活化；狂躁症发作时，当事者的快乐中心也很容易被活化等。在快乐中心被活化期间，当事者对所有可能带来快乐的事物都非常敏感，一朵花、新鲜的空气、一个友善的手势等，都可能使他对人类充满感恩，对未来充满希望，虽然在平时他对这些东西可能根本不屑一顾。难怪情人眼里会出西施，爱情的力量会出乎意料，因为在恋爱中，大脑会不断分泌多巴胺。多巴胺又固化了因快乐中心的活化而改变了的大脑结构，这就使得当事者的快乐指数更高，快乐的持续时间更长，以至于在恋爱阶段所感受到的任何快乐经验，以及与该快乐经验相关的连接都会深深地印刻在脑海中，甚至终生不忘。

快乐中心的活化所引起的全面快乐感，还可以使当事者忽略痛苦或不愉快的负面情绪，因为实验表明，当大脑的快乐中心被活化时，邻近的痛苦中心和厌恶中心就会被抑制，不容易活化。比如，在谈到不愉快的事物时，恋爱中的情人也不会太在意，也仍然保持快乐的情绪。若用功能性核磁共振仪去扫描情人的大脑，将会发现，当他（她）在欣赏爱人的照片时，大脑中多巴胺密集的地方被活化了，其情形很像是吸食了可卡因。

全面性的快乐感还能制造机会，诱使当事者产生新的口味和偏好。这也许就是爱屋及乌的神经学依据吧，毕竟“一起发射的神经元会连接在一起”，由于过去本来不受待见的“乌”，经常会与自己喜欢的“屋”一同出现，于是，一来二去，“乌”就与快乐的感觉连接在一起了，也就被大脑设定为快乐的来源了。同样的神经学机理，也解释了“触景生情”的原因。所以，“爱”其实是有化学机制的，浪漫阶段其实反映了大脑的改变，不但包括在获得爱情进入极乐状态时的大脑改变，也包括在失去爱情进入极端痛苦时的大脑改变。反过来，爱情的痛苦也有其化学机制，比如，当情人分离太久，他们会感受到无尽的思念，会渴望爱人早日归来，他们会焦虑，会对自己失去信心、失去精力、无精打采、十分沮丧，如果此时正好接到情人的一封信或一个电话，他们马上就会恢复精力，好像打了兴奋剂似的。假如两人分手了、失恋了，他们会特别沮丧，其情况与躁狂症刚好相反；此外，失恋的痛苦也与人类的环境同化有关，因为此前恋人已把对方同化为自己身体的一部分了，失去恋人就相当于失去了自己身体的一部分，当然就会痛苦。总之，恋爱期间的高潮、低落、渴望和退缩等上瘾症状，其实都是大脑可塑性的主观景象，都是因为大脑已对情人的出现和离去做出了调适性的改变。恋人之间的感情再好，久而久之也会产生耐受性。幸好，恋人依然可以通过尝试新奇活动（比如一起旅游）等多种方式来刺激多巴胺，从而继续保持亲密的关系。

大脑可塑性的另一种表现形式称为“去学习”，顾名思义，它显然与“学习”相反，即要消除因“学习”而造成的大脑重塑痕迹，这当然很难，甚至比“学习”还难，因为当新的神经回路发展出来后，该回路将变得很有效率，几乎能自给自足，就像已经形成了习惯一样。虽然也可以将“去学习”理解为一种特殊的“学习”，因为它也会改变大脑结构，但是，“学习”与“去学习”所用到的化学物质其实不同，当学习新东西时，那些一起发射的神经元就会连接在一起，这时所产生的化学物质名叫 LTP，它能加强神经元之间的连接；当大脑要去除一些已有的连接时，就必须产生一种名叫 LTD 的化学物质，它能减弱神经元之间的连接（或者说要抑制某些神经元的发射），这当然也是另一种可塑性。“去学习”也很重要，因为它可避免神经回路的饱和，正如忘记也是记忆的一个重要行为一样，否则大脑中就没有足够的空间来记忆新鲜事物了。

当我们从一个阶段进入另一个阶段时，“去学习”就必不可少了。比如，年轻人的初恋就是一个新的发展阶段，它需要大量的“去学习”，恋人必须剧烈改变现状，凡事不能只为自己着想，过去的许多亲友关系也会大幅度改变，大脑中的情绪中心、性欲中心和自我中心等都需要实质性地重组，数以百万计的神经回路都得重建。“去学习”的难度到底有多大，这可从失恋或丧偶的痛苦过程中表现出来，因为当事者很难通过“去学习”抹掉前任对自己的吸引力。若用神经可塑性的语言来说，就是要能重新设定大脑中千百万个神经连接。

无论是“学习”还是“去学习”，都会导致大脑的重组。大脑之所以能重组，是因为大脑有某种神经调节器，它能强化或减弱神经连接的整体效果，而且使这个效果得以长久维持。催产素就是一种典型的神经调节器，称为承诺的神经调节器，它能强化哺乳动物的关系联结。达到性高潮时，男女都会分泌催产素；父母照顾小孩时，也会分泌催产素；女人分娩和哺乳时，还是会分泌催产素；甚至当慈母欣赏自己宝贝的照片时，她大脑中催产素受体最密集处也会活化起来。许多年轻夫妻都曾担心自己是否真的有责任心去哺养小孩，结果，当他们真的为人父母后，却惊讶地发现自己原来很称职。其实，他们可能并不知道，这主要归功于他们大脑中的催产素，因为催产素已极大地改变了他们的大脑神经连接。

催产素在信守承诺方面的作用到底有多大呢？这可从一夫一妻制的草原田鼠实验中找到答案。草原田鼠在交配时会分泌催产素，以使得它们“白头到老”。假如把催产素注射到母鼠的大脑中，它会跟最邻近的那只公鼠结成夫妻，并从此痴心不改。催产素的分泌也有其关键期，婴儿在依恋父母时也会分泌催产素，用以增强与父母间的关系。在孤儿院长大的孩子，由于小时候没有亲密接触者，所以就没机会分泌催产素，以至于长大后会在一定程度上出现社交问题，即使他们被爱心家庭收养了多年，他们大脑中催产素的浓度仍然很低。催产素使人心情温和、语气婉约、性情安静、容易依恋别人、容易信任别人。

催产素对“去学习”还有其他奇妙作用，比如，当母羊生下小羊时，催产素会分泌到母羊的嗅觉器官嗅球中。母羊主要依靠嗅觉与自己的孩子联结在一起，凭借小羊身上的气味来哺乳，只喂养自己的小羊，不喂养有陌生味道的小羊。但是，若在母羊嗅闻陌生小羊时，把催产素注入母羊的大脑中，它就会毫不犹豫地给这只小羊哺乳，因此，催产素可以将习得的行为擦洗掉，使新的连接得以形成。

可塑性使得每个人的大脑都各不相同，因为不同的生活经验、不同的观点、不同的好恶等，会塑造出不同的大脑。另外，像催产素这样的神经调节器又使得两个相爱的人能够相互影响，相互依恋，相互重塑自己的大脑来融合彼此的意图与看法。

至此我们已经知道，“学习”与“去学习”是内涵型 AI 的关键。“学习”创造新的神经回路，“去学习”改造已有的神经回路，或者说“去学习”通过反复抑制某些神经元的发射，最终使得这些曾经连接在一起的神经元不再连接，因为“不一起发射的神经元就不会连接在一起”。从理论上说，若能巧妙灵活地运用“学习”与“去学习”，便可将普通人的大脑重塑为超人的大脑，从而制造出新的超人。可惜，除传统的“学习”方法和少量的“去学习”成果外，人类目前还无法精细而快速地打造出预定的大脑。

第 5 章

大脑地图的可塑性

如果第 4 章介绍的那位巴巴拉属于久病成医的专家，那么本章将介绍一位有理论、有实践的神经学权威梅策尼希，他被称为“大脑可塑性的世界第一专家”，他擅长训练大脑的某些特殊区域，以增强当事者的思考、知觉和某些信息处理能力，同时也增进当事者的相关心智功能。他创立了“大脑地图”理论，并以此来直观而形象地展示大脑中信息处理区域的变化情况。他声称大脑练习会像药物一样有效，可以治病，甚至可以缓解精神分裂症，只要在正确的情境下学习新的技巧，就可改变大脑地图，改变大脑中众多神经元之间的连接，提高学习效率，改进学习速度，获取新的知识和技能。他认为，学习不但能增长知识和技能，还能改变大脑学习机制的结构，增强大脑的学习能力，因为大脑皮层可以有选择地对自己进行精致化改变，以使自己能更好地完成当前的相关任务。大脑不只是会学习，它还会学习如何学习。大脑不是一个没有生命、任由我们填充的容器，它其实是一个活生生的东西，有自己的胃口，有自己的喜好，只要有恰当的营养和练习，大脑就可以生长，就可以改变。所以，梅策尼希坚信，大脑终生都可塑，人的认知功能（包括学习、思考、记忆和知觉等）也终生都可改善。

5.1 大脑地图与外界呼应

梅策尼希虽不是第一个发现大脑可塑性的科学家，但确实是因他的巧妙实验，特别是关于大脑地图变化的实验，才使得主流的神经科学家接受了大脑可塑性理论。其实，大脑地图的概念早在20世纪30年代就被其他神经科学家提出了，当时人们想用大脑地图来标明大脑不同部位的表征和功能。比如，人们发现，额叶是大脑运动系统的所在地，它启动并协调了各种肌肉运动；颞叶、顶叶和枕叶则是大脑的感觉系统，它们负责处理眼睛、耳朵和触觉等受体传送到大脑的信息。

为了画出大脑处理感觉和运动的区域分布，医生在替脑癌和癫痫病人开刀时，做了详细记录。由于大脑没有痛觉，所以在手术中，病人的神智始终是清醒的，虽然他们的头盖骨已被打开；又由于运动和感觉区域都在大脑皮层上，所以很容易用探针来测量。比如，当用小电极来刺激病人的感觉皮层区时，病人的某个身体部位就会有所反应，而且病人还可以实时描述出相关的反应。根据病人的这些反应，就可以不断丰富、完善病人的大脑地图，即病人在实施每种功能时，其大脑皮层被活化的区域。

特别说明一下，用探针刺激大脑是当时开颅手术的必备程序，因为医生必须用探针来区分健康和病变的脑组织，并尽可能精准地切除脑部的肿瘤和病变脑组织。例如，当病人的手被触碰时，一个电信号（感觉信号）就会经脊椎进入大脑，并激活大脑皮层中某些区域的神经元，这相当于在向大脑地图中某个区域的神经元报告说“我的手被触碰了”；反过来，也可以通过刺激大脑地图中的某些区域，让病人的手部产生触碰感，虽然他的手其实并未真正被触碰。当医生刺激大脑地图的另一部分时，病人也许会感到手臂被触碰了；再刺激其他地方时，病人又感到脸被触碰了等。于是，只需地毯式地轻轻刺激病人的大脑皮层，并询问其感觉，医生便可在做手术的同时，顺便画出所需的大脑地图，发现身体各部分在大脑中的表征部位。经过多位患者的手术记录，神经生理学家就能比较准确地得到许多有用的大脑地图，比如，运动地图，它标明了人的手、脚、脸和其他肌肉运动所对应的大脑皮层区域等。又如，当刺激大脑皮层的某些区域时，病人甚至会想起自己的童年往事，其情境就像是在做梦一样，这表明，人的高层心智活动也是储存在大脑地图中的。

更让人意外的是，科学家发现，感觉和运动的大脑地图竟能与外界环境相呼应，它们竟然与真实的地理地图相类似，即在躯体上相接近的部件所对应的大脑地图的位置也是彼此相邻的。比如，拇指旁边是食指，食指旁边是中指，中指旁边是无名指，无名指旁边是小指，而在大脑地图中，对应于表征这五个指头活动的大脑皮层的排列次序也是一模一样的。当然，如果再进一步细分这样的大脑地图的话，同一个指头的不同部位，也都在其大脑地图中拥有自己不同的位置。所以，本章后面所指的大脑地图只是一个动态概念，其精确度可以适时调整；正如我们说中国地图时，并不限定其精确度，有的中国地图只精确到县级区域，有的则精确到具体的门牌号码等，所有这些精度不同的地图都称为中国地图。

可惜，在梅策尼希之前，虽然人们已通过外科手术得到了较全面的大脑地图，却误以为大脑地图是固定不变的、每个人都是一样的。幸好，梅策尼希颠覆了上述误解，也就是说，他借助更先进的检测仪器，用事实证明：每个人的大脑地图都是可变的，大脑地图还会因人而异、因时而异、因事而异等。

梅策尼希所借助的先进仪器，是其导师在 20 世纪 50 年代发明的一种微型电极，它非常精细，其电极像针尖一样小，甚至可以放在神经元内来检测单个神经元所发射的电脉冲。该电脉冲会通过微型电极传入一个放大器，然后清晰地显示在示波器的屏幕上，从而显示两个神经元之间的通信。

该微型电极所获得的大脑地图的精确度被上千倍地提高了，于是，为了找出大脑处理手部感觉的区域，梅策尼希先把猴子的感觉皮层区上的颅骨切除一小块，然后把微型电极插入感觉神经元旁边。手术后，他触碰猴子的手，直至碰到手的某一部分（比如，指尖）以引发大脑的神经元发射，然后，他精准地记下代表手指尖神经元的位置，并在大脑地图上绘出一个小点。接着，他再移动微型电极，把它插入另一个神经元旁，再轻拍猴子的手，找到激发那个神经元的位置，再把它记录下来；如此反复，直到绘出整个手掌的大脑地图。一般来说，一幅简单的大脑地图需要约500次的微型电极插入，需要数天时间。就这样，梅策尼希通过几千例手术，终于首次绘出了猴子的大脑地图。

在大脑地图的帮助下，神经科学家在20世纪60年代取得了一项重大成果。他们发现，在动物的生长过程中，存在一个“关键期”，在这个关键期中，大脑的可塑性极强；错过该关键期后，相关神经的发育将更加困难。原来，为了研究视觉信息的处理过程，科学家开始寻找视觉皮层的大脑地图。他们把微型电极插入小猫的视觉皮层后发现，不同的视觉区域负责处理不同的信息，有些负责处理直线，有些负责处理横线，还有些负责处理诸如角度及物体移动的动作和方向等。更有趣的是，他们发现，小猫的视觉皮层必须在出生时3至8周内受到刺激，否则，其视觉就不会正常发育，这便是小猫视觉发育的关键期。比如，在视觉关键期中，科学家把小猫的一只眼睛缝起来，使得这只眼睛不能接受外界的任何刺激，结果错过视觉关键期后，即使小猫这只眼睛的缝线已被拆除且能接受外界刺激，但这只眼睛的视觉后来未发育，导致这只小猫永久性地成了“独眼龙”。这表明，小猫的大脑在关键期有很强的可塑性，大脑的结构会因为经验和外界的刺激而改变。当科学家检测“独眼龙”小猫的那只报废眼睛的大脑地图时，又发现了一个意外的可塑性结果，原来，未受外界刺激的那只眼睛的大脑地图区域并未被闲置，它转而去处理另一只眼睛送来的信息了。换句话说，大脑神经回路被重建了，大脑并未浪费任何可用的地图区域，这又是大脑在关键期具有可塑性的另一种表征。

鹅的关键期是孵出后 15 至 72 小时期间，如果在这个关键期中它只看到过人类，它就会与人类形成终身的联结关系而不会再回归鹅群。实际上，许多驯养师就是利用这种关键期，使得自己圈养的鹅能与他们形影不离。

在 20 世纪下半叶，科学家发现，所有大脑系统都需要外界的环境刺激才能生长发育，而且每一种神经系统都有它自己的关键期。在关键期内，相应的神经系统对环境特别敏感，成长速度也很快，而且具有很强的可塑性。比如，语言发展的关键期始于刚刚出生，终止于 8 岁到青春期之间。过了青春期之后，当事者就很难不带口音地学习第二种语言了。实际上，青春期之后，大脑处理第二种语言的区域与其母语区域完全不同，通常情况下母语在左脑，外语在右脑。利用关键期的高度可塑性，人们拯救了天生就有白内障的孩子，使他们不再像过去那样终生致盲，因为医生可以在他们的婴儿期就做手术，并让相应的视觉神经得到足够的刺激，使视觉得以正常发育。

心理学上对关键期的看法始于弗洛伊德，他曾认为，人类发育的关键期很短，人们必须在这个关键期中掌握某些经验后才能正常发展，否则就错过了大好机会。微型电极的实验也已充分显示了童年时期的大脑可塑性，而且关键期几乎都在童年，延续时间通常很短。

关键期的存在，并不意味着过了关键期后大脑就被固定了，实际上，成人的大脑地图也具有可塑性。比如，人们很早就知道，假如某人不小心切断了手上的神经，它们其实是会重新长出新神经的，或者说，周边神经系统都具有可塑性。当一个较大的、具有很多轴突的周边神经被剪断后，它在重新生长的过程中，神经元的轴突可能会出现交叉。当轴突依附到错误的神经元时，当事者可能会感觉到错误的功能区域，比如，明明是食指被触碰了，却感到拇指被触碰。

针对这种奇怪的现象，在梅策尼希之前的科学家给出的解释是，在神经的生长过程中，神经被重新“洗牌”了，食指的信息被错误地传送到了大脑地图中本该是拇指的地盘上。但真相到底是什么呢？为了找出正确答案，梅策尼希仔细地用微型电极找出了好几只青春期猴子的手部大脑地图，然后剪断连接到手部的周边神经，再把断面缝合得很接近，但是并未真正密合，希望这条神经的许多轴突在神经重新生长时会交错连接。结果，7 个月后，当他们重新绘制这些猴子的大脑地图时，本以为能看到非常杂乱的大脑地图，但意外的是，新的大脑地图几乎完全正常，想象中的“触碰食指会引起大脑地图中拇指部位被激化”的现象并未出现，大脑好像又把交叉的神经信号重新整理回来了，仍然使得体外肢体与大脑地图一对一地呼应排列。

问题出在哪里呢？经过反复实验后，梅策尼希发现，原来大脑也是有弹性的，如同橡皮筋那样，虽然可以改变形状，但其拓扑结构基本不变，也就是说，大脑地图能够因异常输入而自动校正自己的结构，不会使该结构杂乱无章。那么，大脑地图又是如何改变的呢？原来，新旧大脑地图存在细微差别。比如，早在 1912 年，科学家就发现，刺激运动皮层的某一点既可能引起当事动物伸腿，也可能使它弯腿，即大脑的运动地图和某个动作之间并不存在一对一的机械关系，而是连贯性的迭代式的反馈和微调关系。形象地说，某一段时间的神经发射信号与它激发的肌肉连续动作之间基本上是彼此对应的，唯一的主要差别体现在微小的时延上。早在 1923 年，人们就发现，刺激猴子运动皮层的某处时，即使会观察到某个动作，但几个月后，若对同一只猴子做同样的刺激（即刺激同一个地方），则这只猴子产生的动作可能会完全不同。换句话说，可塑性可能是大脑的基本特质，大脑地图是动态的，今天的地图也许在明天就没用了，至少在细节上不再准确了。其实，人类大脑地图的复杂性和动态性比猴子更难以琢磨。比如，由不同的人刺激某人的同一个地方，经常会产生完全不同的反应，与情人拉手可能会使你热血沸腾，与警察拉手可能会使你胆战心惊，与陌生人握手可能只是出于礼貌，所以大脑地图的相关成果不可随意推广和应用，必须谨慎处理。

5.2　大脑内部的竞争法则

为了让学术界认可大脑的可塑性，梅策尼希可谓是费尽了九牛二虎之力。比如，他曾在 20 世纪 70 年代的前 5 年，全力以赴找出了不同动物听觉皮层上的大脑地图，然后以此为基础帮助其他研究者发明了耳蜗移植，并对它进行了改良和完善。从而以实际行动证明了大脑的可塑性，虽然他始终没敢明确提出“可塑性”这一术语，毕竟当时神经科学的主流并不承认甚至在嘲笑可塑性。

通过分析微型电极的大脑地图，梅策尼希发现，在听觉皮层上，声音也是按频率排列的，低频排在一端，频率依次上升，高频排在另一端，常见声音的大脑地图排在一起，就像钢琴的琴键那样整整齐齐。

在介绍梅策尼希的基于大脑地图可塑性的耳蜗移植前，先简要介绍一下耳蜗及其功能。耳蜗其实是耳朵中的扩音器，位于掌管平衡的前庭旁边。当外界的声音传进耳朵后，不同的声音频率会振动耳蜗中不同的毛细胞。人耳中大约有 3000 多个毛细胞，它们把声音转换成电流的形式，然后通过听觉神经把这些电信号传送到听觉皮层上去。

如果耳蜗还没彻底失灵，那就可以采用助听器将声音放大，使得当事者仍然能听到声音。但是，如果耳蜗彻底失灵了，再好的助听器、再大的声音也都不能传到听觉皮层上去了，当事者也就彻底失聪了，因为声能不再被转化为电脉冲。能否制造一种人工耳蜗，使它也能将声音转换成人工电脉冲，然后再将这些人工电脉冲送到大脑，使它们在听觉皮层上产生合适的刺激，从而让当事者听到声音呢？或者说，大脑是否可能去解读由某种非常简陋的仪器所产生的电脉冲呢？毕竟当时人工耳蜗的精度远远差于拥有3000个毛细胞的天然耳蜗。当时的人工耳蜗其实只包括一个接收器、一个小电极和一个能把声音转换成电脉冲的转换器。

如果人工耳蜗成功了，那就表示大脑的听觉皮层是可塑的，是有弹性的，即大脑皮层可以通过改变自己来适应人工电脉冲。第一代人工耳蜗产生于20世纪60年代，当时梅策尼希还没加入这个行列，许多科学家对人工耳蜗还持怀疑态度，有些患者也担心自己的耳朵会受到进一步伤害，而在许多志愿者身上试用后，早期人工耳蜗的效果确实也各不相同，有些人只能听到杂音，有些人只能听到“嘶嘶”声或无意义的声调，还有些人听到的声音会时断时续。而梅策尼希在人工耳蜗方面的巨大贡献在于，他根据自己对听觉大脑地图的知识，找到了电极应该正确插入的大脑皮层的位置，还找到了能被听觉神经解读的人工电脉冲的波形。于是，他在通信工程师的帮助下，将复杂的声音转换成了带宽很窄且能被神经细胞辨识的电脉冲，不但让听力障碍者听见了声音，更以铁的事实间接证明了大脑的可塑性。

为了更直接地证明大脑的可塑性，梅策尼希又设计了一个很巧妙的简单实验，他分阶段剪断猴子一只手上通往大脑的所有感觉输入神经，然后观察猴子大脑会怎么反应。猴子的手与人的手类似，也有3条主要神经，即桡骨神经、中神经和尺骨神经。其中，中神经主要传递手掌中间所送出的信息，桡骨神经和尺骨神经则主要负责传递手掌的外侧信息。梅策尼希首先剪断了一只猴子的中神经，然后又重新绘出了这只猴子的大脑地图。结果，一方面如他所料，手术前中神经的大脑地图区在他触碰猴子手掌的中间时，并没有任何反应；但另一方面出乎意料的是，当他触碰猴子手掌的外围区域时，手术前中神经的地图区竟然活化起来了。两个月后，梅策尼希发现，桡骨神经和尺骨神经的地图区域扩大了，变得几乎是术前的两倍大，侵占了原来中神经的势力范围。另外，此时新的大脑地图仍然与身体的各部分相呼应，即身体区域的排列与大脑中反应区域的排列次序相同。至此，"大脑可塑性"这一名词，终于正式出现在神经科学的学术刊物上了，因为这个实验充分证明了这样一个事实，中神经被剪断后，其他神经会把这个无用的区域占为己有，并用它来处理自己的信息输入。原来，当大脑在分配处理信息的资源时，大脑地图也遵循竞争法则。资源不足时，大家都会彼此争抢，"用进废退"这一原则在这里得到了直接体现。

大脑可塑性的竞争本质，影响着每个人的终生。在大脑中，每时每刻都在进行着资源争夺战，假如你停止使用某种心智技术，那么你不但会忘记如何运作它，甚至连它在大脑地图中的位置也会被常用的心智技术抢走。成人大脑中的可塑性竞争，圆满解释了为什么成人很难学会新语言，因为当我们的年龄越来越大后，使用母语的频率就会越来越高，母语占据的语言地图的空间就会越来越大，新语言能够抢到的地图空间就会越来越小，因此，成人就很难学会新语言。反过来，许多在国外的老华侨，由于几十年不使用家乡话，以至于其母语的大脑地图逐渐丢失，使得他的外语比母语更流利。当然，成人学习新语言的其他困难也不能忽略，比如，学习语言的关键期已过，大脑已相当僵硬，虽可微调，但很难大幅度更改。

你也许会问，为什么幼儿在学习第二语言时不难呢？难道那时的大脑地图就没有竞争吗？幼儿大脑中当然也有竞争，只不过当两种语言在几乎相同的时间学习时，能够独霸天下的“超级大国”还没形成，两种语言都能抢到自己的地盘，都能站稳脚跟，哪怕是母语的地图会大一些，外语的地图要小一些。事实上，用现在先进的大脑扫描仪可以发现，在使用双语的孩子身上，两种语言都共享了一个大的语言地图，形象地说，两种语言都存在于同一个图书馆中，只不过放在不同的书架上而已。

大脑可塑性的竞争本质，还能解释为什么人们很难戒掉自己的坏习惯。原来，当我们学会了一个坏习惯后，它就占据了大脑地图中的某个空间。每当我们重复这个坏习惯时，它占据的大脑地图就会扩大一点，从而使得好习惯更难立足。难怪俗话说，戒掉一个坏习惯，比起学会它要困难十倍。其实，前一章已经说过，“去学习”的难度比“学习”更大，戒掉一个坏习惯就是典型的一种“去学习”。因此，幼教非常重要，否则今后就很难纠正坏习惯。

最终让大脑可塑性一炮走红的实验，也归功于梅策尼希。这个实验巧妙又简单，原来，他找出了猴子手掌的大脑地图，然后切除猴子的中指。三个月后，他发现猴子中指的大脑地图消失了，食指和无名指已经抢占并瓜分了中指的地盘。因此，大脑地图确实是动态的，大脑资源的分配确实遵从了“用进废退”的原则。

一个更夸张的实验由另一批科学家完成了：他们先切断了猴子手部的所有感觉神经，然后，在 12 年后的 1990 年，他们揭开了猴子的头盖骨，在感觉皮层中有关手臂的区域植入了 124 个微电极。当他们触碰猴子的手臂时，正如所料，手臂未向大脑送出任何电脉冲，因为猴子手臂的感觉神经早在 12 年前就被切断了。但是，非常意外的是，当他们触碰猴子的脸部时，原来本该属于手部的大脑地图区域却开始发射了，即脸部的大脑地图大面积侵占了手部的大脑地图。因此，当大脑的神经元受损后，不但能在少数区域内长出新的分叉，而且大脑的重组甚至还可以跨越不同的区域，可以大面积侵占别人的大脑地图。

不同动物的大脑地图当然不同，同种动物的大脑地图也只是相似，从来没有两个动物的大脑地图完全相同，即使它们是双胞胎。更奇妙的是，正常身体的大脑地图会每隔几周就改变一次，所以，每次画出的同一只猴子的脸部大脑地图都会不一样，也就是说，可塑性是常态的，大脑地图一直都在不停地变化着。

5.3　一起发射便连在一起

虽然早在 1949 年，心理学家赫布就指出了“一起发射的神经元会连接在一起”，但直到梅策尼希的巧妙实验，这个结论才得到了全面而完美的阐述，因为梅策尼希证明了：神经网络的可塑性改变过程其实是一个渐进过程。

实际上，在 5.2 节所述的那个实验中，梅策尼希整整花费了好几个月的时间来连续绘制猴子手部的大脑地图，并比较这些大脑地图之间的差别。术后第一张地图绘制于中神经刚被切断时。如前所述，在第一张大脑地图中，当他触碰猴子的手掌中间部分时，大脑地图上的中神经区域完全没有任何反应，但触碰猴子手掌两侧时，原来没有反应的中神经地图区域现在就马上开始活化起来，即桡骨神经和尺骨神经已开始占据本该是中神经的地图区域了。第一张大脑地图的改变非常快，甚至会让人误以为它一直就存在，一直就被隐藏在某处，只是这时才突然现身而已。术后第 22 天的第二张大脑地图显示，桡骨神经和尺骨神经的地图此时已完全占据了原来中神经的地盘，而且地图的边界更清晰了。术后第 144 天的第三张大脑地图显示，猴子手掌的大脑地图此时已相当精致，所有细节都很清楚了，即原来中神经的地盘已被彻底瓜分，不再存在“领土纠纷”了。换句话说，大脑地图的变化过程其实是一个由粗到细的迁移过程，对那些暂时的无主领土（比如，剪断中神经后，原来属于手掌中部大脑地图的地盘），相关“邻国”（桡骨神经和尺骨神经）就会毫不客气地去侵占。刚开始时，可能会有一些共同占领之地，会有一些“主权”纷争；但最终，各自的地图疆界将非常清晰，既不会出现无主“领土”，也不允许“一地两主”。

因此，假如大脑地图中突然出现了一片全新的“国土”，那么，该“国土”当然是领土抢夺战的结果，且该“国土”对应的神经元一定刚刚经历了全新的连接，这正如现实世界中一个新国家的诞生一定意味着国土内居民产生了新的认同感一样。而这正是1949年赫布提出的观念，即学习会使神经元产生新的连接，当两个神经元持续同时发射（或是一个发射激发了另一个神经元也发射）时，这两个神经元都会有化学上的改变，使得这两个神经元会紧密地连接在一起，即属于地图上的同一个“国度”了。这便是前面已多次重复过的神经学上的名言“一起发射的神经元会连接在一起”，它的顺理成章的推论便是另一个名言“不在一起发射的神经元就不会连接在一起”。若用内涵型AI的话来说，只要你有本事让某些神经元持续地一起发射，那么，一段时间之后，你就能让这些神经元形成一个新“国度”，或者让某人拥有一项新的技能或知识，或者让某个平凡人成为某方面的天才，或者让某些天生大脑有问题的人（比如，有学习障碍的人、有心理疾病的人、中风的人和有脑伤的人等）康复。只要你有本事让本来一起发射的某些神经元中的一部分神经元不再一起发射，即让某些神经元抑制，你就能分裂某个“国家”并制造出新的“国度”。更形象地说，只要你有本事克隆某位音乐家的音乐大脑地图，你就能把常人改造成音乐家；更夸张地说，只要你有本事让某人的大脑地图转变成某个超人的大脑地图，那你就可以重新制造出一个新超人。

若想快速高效地改变大脑地图，还必须掌握许多技巧，时间性技巧便是其中之一。准确地说，只有在合适的时间正确操控信息输入或神经刺激，才能更高效地改变大脑地图，更清晰地形成新的地图疆域，才能让当事者更好地掌握相关知识或拥有相关功能。为此，梅策尼希又做了一个聪明的实验。他在绘出了正常猴子的手掌大脑地图后，把该猴子的两根指头缝在一起，使得它们只能同步活动。几个月后，在猴子的大脑地图中，这两根手指的地图边界就消失了，原来的两块“国土”融合成一块了。因此，对大脑来说，这两根指头变成一根了，当你触碰这两根手指中的任何一根，整个地图都会活化起来。由此可见，信息输入的时间很重要，由于两根手指被缝在了一起，它们就必须永远一起做同一件事，于是，“一起发射的神经元会连接在一起”的机理就使得它们的地图融合了。

上述时间技巧在人类身上也得到了充分证实。比如，有些人患有“蹼指征”，他们的手指天生就连在一起。结果，在对他们的大脑进行扫描后，他们的相关手指的大脑地图果然也是融合在一起的。当外科医生将他们的蹼指分开后，再对他们的大脑进行扫描时，地图分割的现象果然也出现了，而且地图的边界越来越清晰，最终每根指头都拥有了自己的大脑地图。这是因为，手指被分开后，各个手指都能独立活动了，神经元也就不再同步发射了，手指的边界也就分化出来了。这其实就显示了大脑可塑性的另一个原则，即假如在时间上分开输入神经元的电信号，便能创造出不同的大脑地图。换句话说，再次用实验而不是逻辑推理证实了“不在一起发射的神经元就不会连接在一起”，或者说，不同步发射的神经元无法彼此连接。

只要外部刺激操控得足够精准，你甚至可以欺骗大脑，让大脑以为你的躯体上长出了一个本来就不存在的新肢体，以至于大脑还会为该新肢体分化出一块新地图。比如，若将猴子的五根指头绑在一起使它们不能单独活动，然后，同步刺激这五根指头的指尖，每天500次，连续一个月。结果，猴子的大脑地图中就出现了一个椭圆形的新地图，而原来五根手指的地图区域也已融为一体了，再过一段时间后，手指的地图消失了，本来不存在的那个“新肢体”的椭圆形地图却越来越大，甚至占据了手指的地图。

证明“一起发射的神经元会连接在一起”的最聪明实验是这样的，若从猴子的食指上取下一小块皮肤，但仍保留这块皮肤上通往大脑的神经连接，然后，将这块皮肤移植到中指上。于是，每次中指活动时，这块皮肤也会被激活。一段时间后，当单独刺激这块皮肤时，被激活的神经元竟出现在了中指的大脑地图中，而不在原来的食指的大脑地图中了。换句话说，这块皮肤的大脑地图，从原来的食指大脑地图中迁移到了中指大脑地图中去了，这块皮肤对应的神经元也与中指对应的神经元连接在了一起，因为在过去一段时间内，这块皮肤与中指是同步发射的。

“一起发射的神经元会连接在一起”的原理，还可以揭示大脑地图的其他奥秘。比如，实验发现，中指的大脑地图位于食指和无名指的大脑地图之间，正如现实中无名指和食指之间确实夹着中指一样；更一般地说，大脑地图是按照躯体的真实部位排列的。为什么会这样呢？原来，这种排列的效率更高，因为日常生活经验早就告诉我们：彼此关联的东西放在邻近时用起来更顺手更方便，文房四宝最好别分家。所以，彼此关联的大脑地图部位也最好是彼此邻近的，以便节省神经信号的许多远程工作，使效率更高。实际上，我们在日常生活中的许多动作都具有重复性，而且它们的次序也基本固定。比如，当你拿起一只苹果时，通常先用大拇指和食指捡起苹果，然后再用其他手指来包住苹果，于是，大拇指和食指常常会一起行动，它们几乎会同时向大脑传送信号，所以大拇指和食指的大脑地图就会很靠近。当我们继续用其他指头去包住苹果时，中指可能会接触到食指，所以中指的大脑地图会在食指的旁边。一般地，我们抓握东西时，使用手指的顺序分别是大拇指第一，食指第二，中指第三。当这个日常动作被不断重复时，在大脑地图中，食指就自然靠近大拇指了，中指也自然靠近食指了，而那些不会同时到达的信号（比如大拇指和小指），在地图上的距离也自然较远了，因为不在一起发射的神经元是会被分开的。

最近的研究精确测定了“一起发射的神经元会连接在一起”中的“一起”的准确含义，它其实是一个不超过 20 毫秒的时间窗口。也就是说，如果两个神经元的发射时间之差（严格地说，就是突触输入与突触后神经元发射的时间间隔）不超过 20 毫秒，那么就会启动某些生化机制，使突触联系更强。增强后的突触在发射时，突触将在突触后神经元中引发更大的电压变化，因此会对突触后神经元产生更大影响。但是，若突触发射得较晚，也就是说，在突触后神经元发射神经冲动之后（神经电脉冲在 20 毫秒内就会结束）突触才发射的话，突触联系就会减弱。同样，过早发射突触输入也会减弱突触联系。这个增强和减弱突触很关键的 20 毫秒时间窗，就是“一起”的量化含义。

总之，从空间位置的角度来看，大脑地图中各分区的排列原则，基本上都是按照一起发射的概率来组织的，即发射的时间差越小的部位的大脑地图就越靠近，反之亦然。于是，这就可以解释为什么“听觉皮层大脑地图的组织方式很像钢琴，依频率排列，低频在一端，高频在另一端”的原因了。原来，在大自然中，低频的声音常在一起出现，当我们听到他人的话语很低沉时，我们自己也会无意识地用相对低沉的声音回应对方，所以听觉的“钢琴键”排列就出现了。

5.4　学习将改变大脑地图

至此我们已经知道，一个人的所有技能和知识都会在他的大脑地图中有所表示，或者说，若改变了他的大脑地图，就可能改变他的技能和知识。在基于中观大脑地图的内涵型AI取得突破性进展之前，或者说，在改变大脑地图的精准电刺激方法出现之前，最安全可靠的办法，可能当数众所周知的、最原始的、最保险的，当然也是最缓慢的各种巧妙学习和训练了。但是，关于学习和训练的效果，过去人们只知道一些定性结果（比如，熟能生巧等），本节将再给出一些定量结果，从而使大家对学习和训练有一个更清晰的认识。

（1）学习和训练能提高神经元的效率和速度。比如，若先绘出猴子的大脑地图，然后再训练猴子用指尖去轻轻触碰一个旋转着的圆盘，至少要触碰十秒钟，使得其触碰力度不能太重，否则圆盘本身的旋转就持续不到十秒钟。如果任务完成得很圆满，猴子将会得到一次香蕉奖励。在完成这个任务时，猴子必须全神贯注，既要确保动作很轻，又要判断时间是否超过了十秒。经过数千次训练后，再去重新检测猴子的大脑地图时竟发现，猴子指尖处的大脑地图变大了。由此可见，当带着动机去学习时，动物的大脑会有弹性地对学习的需求做出反应，比如，猴子必须学习如何巧妙用力和精准计时才能吃到香蕉。更神奇的是，若再继续训练猴子的这个动作，它的指尖大脑地图在增大到某个程度后将不再增大，只是地图中的神经元的效率更高了，也就是说，大脑调用了较少的神经元就能完成更多的工作，这便是另一种熟能生巧。

大脑地图的这种优化现象对人也照样适用。比如，小孩在初学钢琴时，他会用尽全身解数去弹奏每个音符，至少要动用手腕、手臂、肩膀等肢体，甚至连面部肌肉都要绷得很紧，这当然会大面积激活大脑地图。很快，小孩就会只用指尖去弹奏了，这时被激活的大脑地图的面积就会相对缩小。再后来，小孩又用优雅轻松的方式去轻触琴键，此时所调用的神经元数量会更小，被激活的大脑地图面积也会更小。一般来说，当我们对某项作业越来越精通时，神经元的效率也会越来越高，这也是为什么我们能不断学习新技能和新知识，而不必担心大脑地图会被占满的重要原因。或者说，你掌握的某项技能水平的高低，不在于该技能所对应的大脑地图的面积的大小，而在于该部分地图的精度和效率。

（2）学习和训练能提高神经元的发射精准度。比如，若只针对触觉，那么大脑触觉地图中的每个神经元都有它自己的“感受区”，这是皮肤表面的一小片地方。“感受区”所收到的外部刺激，将会优先传给那个专门管辖该感觉区的神经元。比如，当训练猴子轻触圆盘时，每个神经元的感受区只有在被碰触时，相应的神经元才会发射；所以，刚开始训练时，大脑地图区域虽然会扩张，但地图中的每个神经元其实只负责很小的皮肤表面，于是动物就可以训练出更精细的触觉分辨能力，从而使得整个作业的大脑地图变得更精确。这是因为感受区的面积越小，动作的精准度就越高。

（3）神经元经过训练后，不但能提高效率，还能提高速度，使得当事者能更快地完成相应任务，因此，我们的思考速度也是有弹性的，也是可塑的。支撑这一结论的实验是这样的，猴子可以被训练得能够分辨越来越短的声音，这意味着受到训练的神经元能够发射得越来越快，以便能够响应越来越短的声音，能够处理越来越快的声音刺激。通常，当不断训练动物的某项技能时，不但能使与这项技能有关的神经元发射得越来越快，也会使得相应的信号更清晰。这是因为，速度更快的神经元就更有可能彼此同步发射，从而连接得更紧密，使得彼此之间更有默契，于是，相关的神经元群落就会送出更清晰、更强烈的信号，从而使得相关的训练效果更好，相关的知识和技能掌握得越快。

实际上，大脑有一项名叫“时间处理”的重要能力，它能决定一件事情需要持续多长时间，以便做出恰当的动作，得到恰到好处的视听觉或做出恰当的预测。比如，若能训练某人成功分辨皮肤上只持续了 75 毫秒的快速震动刺激，那么这个人就能分辨出持续 75 毫秒的声音，或者说，他的一般性判断时间的能力也能达到 75 毫秒。这项训练手段（分辨快速震动刺激）显然有助于改进短跑运动员的成绩，使他们既不抢跑，也不输在起跑线上。

（4）学习和训练还能提高专注力。这是因为，专注力也与长期的大脑改变密切相关。比如，当猴子全神贯注地做一件事时，大脑地图中的长久改变效果才会出现；与此相反，当猴子漫不经心地做某件事时，它的大脑地图虽然也会改变，但这种改变并不能长久维持，更不稳固。可见，一心多用其实并不利于取得良好的学习和训练结果，这又与日常经验相吻合了。

学习能改变大脑地图的另一个很有启发性的例子是：有一位吉他手，经常用两根指头一起弹奏，久而久之，这两根指头的大脑地图就融合在一起了。当他想动一下其中一根指头时，另一根指头也会跟着动起来。他越是想要单独只动一根指头，另一个指头就越是要跟着一起动，于是，那个融合的地图反而被增强了。最终，他竟然患上了“局部肌张力不全症”，即他的那两根指头变成了逻辑上的一根指头。

为了使那位吉他手能正确区分自己的两根指头，康复医生绞尽脑汁，最后发现，关键是不要去刻意单独移动某根指头，而是要像婴儿那样，重新学习如何使用手指，就像 4.3 节中的那位孝子将瘫痪父亲当成婴儿来照顾一样。在一段时间内，康复医生先让患者不要再弹奏吉他，以便把已经融合在一起的地图闲置一段时间。接着，将一只没有弦的吉他交给患者玩几天，然后在吉他上只安装一根弦，让他像小孩一样，每次只用一根指头轮流拨动这根弦，并仔细体验与过去弹吉他完全不一样的感觉。又过了一段时间，医生给吉他装上第二根弦，让患者用两根指头去弹吉他。终于，融合在一起的大脑地图被分开了，患者的两根指头都有了各自的大脑地图，这两根指头可以自由活动了，吉他手也可以重新演奏了。

关于学习改变神经回路的最客观结果，来自神经生理学家对海蜗牛的实验。为什么要选用海蜗牛呢？因为这种动物的神经元特别大，其细胞竟有 1 毫米宽，连肉眼都能看得见；此外，它身上还有很简单的神经回路，以至于可以将这个神经回路剥离出来泡在海水中，让它继续活着，以便观察其变化情况。

海蜗牛的神经系统很简单，含有感觉细胞，可以将感觉到的危险信息传给运动神经元，然后，就会激活反射反应而做出保护性动作。比如，海蜗牛鳃外的感觉神经元侦察到陌生的刺激或危险，这些信息就会被送给 6 个运动神经元，让它们发射，同时使鳃旁肌肉收缩，将裸露的软体缩回硬壳中。科学家将微电极插入这些神经元中来探测神经回路，结果发现，海蜗牛能学会逃避电击，且其神经系统也被改变了，感觉和运动神经元之间的突触连接被强化了，送出的信号也被加强了。因此，学习确实能使神经元之间的连接产生神经可塑性的强化改变。

假如在短期内反复电击这只海蜗牛，它就会变得特别敏感，并发展出“习得性恐惧”，甚至对无害的刺激也会过度反应，这就像是人类的焦虑症一样，或者形象地说，就是“一朝被蛇咬，十年怕井绳”。当海蜗牛发展出“习得性恐惧”后，其突触前神经元会释放出更多的神经传导物质进入突触，从而产生更强烈的信号。当然，海蜗牛也能学会辨别无害刺激，比如，若只用棉签反复轻触，但并不追加电击后，这个刚开始会导致海蜗牛缩回硬壳的反应会变得越来越弱，最终，海蜗牛会忽略棉签的触碰。海蜗牛还可以学会将两种不同的事情联系在一起，并对相应的神经系统进行改变。比如，当给海蜗牛一个无害刺激，但紧接着就电击其尾巴时，海蜗牛的感觉神经元很快就会把无害刺激也当成危险刺激，并释放出非常强烈的警报信号，即使后来不再追加电击。

实验数据表明，如果海蜗牛在被轻触 10 次后缩回软体，它的神经元变化情况就能保持几分钟，这相当于短期记忆；如果让它缩回软体的触碰次数更多，相应的神经元变化情况就会保持更长时间，甚至能够达到三周，即海蜗牛此时发展出了原始的长期记忆，此时，神经元的突触连接数从原来的 1300 个，猛增到 2700 个。由此可见，神经可塑性的变化确实非常巨大。

其实，关于学习可以改变大脑的观点，早在 1783 年就由瑞士哲学家邦纳提出过了。他当时认为，神经组织对学习和训练的反应，可能就像肌肉那样越用越强。紧接着，另一位科学家马拉卡尼用实验证实了邦纳的理论。原来，马拉卡尼将同一窝的小鸟分开抚养，一半在具有丰富刺激的环境下养大，每天都接受训练；另一半则不接受任何训练。几年后，他比较它们的大脑容量，结果发现，接受过训练的小鸟的脑容量（特别是小脑部分）更大。他对狗也做了同样的实验，也得到了类似的结果。可惜，马拉卡尼的成果在当时被忽略了，直到 20 世纪有人重复了这些实验后，他的名字才再度被人提起。

5.5 大脑地图的改进训练

在第 4 章中，我们介绍了一位久病成医的“智障人士”巴巴拉，讲述了她如何通过不懈的学习和训练来改进大脑地图的故事。本节将介绍神经学权威梅策尼希在处理同类病患时所做的工作。两相对比，你将很明显地觉察到时代的进步，以及专家与自学成才者之间的区别，从而可以更深刻地理解大脑地图的可塑性理论和技巧。希望本节内容将有助于今后的、基于中观大脑地图的、内涵型AI的多途径发展，虽然这一天可能还相当遥远。

1. 失读症患者的大脑地图训练

在学龄前儿童中，大约有6%的孩子存在语言困难，称为失读症患者，他们在阅读、写作甚至是听从指示等方面都有困难。这主要是因为他们的听觉神经功能有问题，他们不能正确复制出哪怕是婴儿期所听到的最简单的发音，比如，mama（妈妈）和baba（爸爸）等。或者说，他们的听觉皮层神经元发射得太慢，无法分辨出两个非常相似或非常靠近的声音，比如，不知道哪个是第一个音，哪个是第二个音等。他们听不见一个音节开始时的那个音，或听不见音节中被改变了的那个音。具体来说，正常神经元在处理一个声音后，只需要约30毫秒的休息时间，便可以再次发射；但是，绝大部分的失语症患者的神经元休息时间会超过90毫秒，所以他们就在神经元的休息期间失去了很多语言信息，而且他们的神经元所发射的信号也含糊不清。形象地说，他们的语言信息是模糊地进入了大脑，然后又模糊地被送出大脑，以至于他们在词汇、理解、说话、阅读和书写等所有语言作业方面的能力都很弱。由于他们必须花费很多时间去解码词汇，甚至需要练习区分四个声调，所以他们只能讲很短的句子，没机会记忆长句子，这就又影响了他们的记忆力。

针对这样的病因，梅策尼希基于神经可塑性原理，设计了相应的课程，对失语症患者的大脑皮层进行全面训练，从语音解码开始，一直到理解能力的提高等，以便重塑他们的大脑地图。该课程由若干游戏组成，下面分别进行介绍。

游戏1，训练患者分辨短音和长音。让一头牛飞越计算机屏幕并发出“哞——”的叫声。患者必须在牛飞过屏幕前，用鼠标将它按住。突然间，牛叫声的长度改变了一丁点，这时患者就必须马上松开鼠标，让牛飞走。患者得分多少，将取决于他感觉到牛叫声变化后的延迟时间。延迟越短，说明他对短音和长音的分辨能力越强，得分也越高。

游戏 2，训练患者辨认某些很容易被混淆的发音，比如，ba（爸）、pa（怕）、da（大）等。刚开始时，计算机所发声音的语速会慢于正常语速，然后逐渐加快，得分也逐渐增加。

游戏 3，训练患者听懂越来越快的滑音，即由一个音转移到另一个音时，自然产生的某些轻音。

游戏 4，训练患者的声音记忆能力。

所有这些游戏的速度都由计算机控制，先慢后快，始终都要让患者听得明白（若听不明白，可将速度调得更慢），以便在其大脑地图中发展出清晰的语音地图。在所有这些游戏中，对患者的每次进步都要给予充分的得分回馈，这一点很重要，因为患者得到充分回馈后，他们的大脑会分泌出多巴胺等神经传导物质，这将有助于稳固他们刚刚被改变了的大脑地图。事实证明，这套课程非常有用，以至于梅策尼希的成果，在 1996 年 1 月被发表在了国际权威期刊《科学》杂志上。

2. 自闭症患者的大脑地图训练

自闭症的病因至今仍是一个谜，只知道它肯定与遗传有关，比如，在同卵双胞胎中，若一个是自闭症患者，另一个也是自闭症患者的可能性将超过 80%；在异卵双胞胎中，若一个是自闭症患者，则另一个也很有可能存在语言障碍或社交问题。自闭症患者不了解别人的心智情况，并在智力、知觉、语言、情绪和社会技能等方面都有不同程度的问题。比如，他们的智商一般都低于 70，而且一般都没法与他人进行交流，严重的自闭症患者甚至会把别人看成没生命的物体，更不会与别人打招呼。他们的知觉问题通常表现在对声音和触碰的超级敏感上，他们的感官负荷容量很小，一丁点信息就会让他们的感官超载，这也许就是他们避免与别人眼神接触的原因。来自人类感官的刺激对他们来说也许太强了，他们受不了，他们的神经回路太过活化，以至于许多自闭症患者也是癫痫病患者。

许多自闭症患者也有语言上的障碍，所以有些也接受了梅策尼希专为失语症患者设计的培训课程。但意外的是，有些患者不但语言障碍基本解决了，自闭症也明显好转了。比如，社交意愿增强了，幽默感增加了，开始与他人有眼神接触、能打招呼了，以及用名字称呼人了，甚至懂得跟人寒暄了，等等。虽然目前还无法解释这种意外疗效的原因，但梅策尼希的训练确实改变了许多当事者的大脑地图，大大地缓解了他们的疑难病情。既然本书不是医书，此处就不再介绍更多病例，也不再探讨相关医理了。

3. 大脑地图发育不全者的训练

婴儿刚出生时，他的大脑地图还只是一张很粗糙的、精度很差的简图或草稿，还没有细节，还未分化。到达关键期后，大脑地图的结构会因首次与外界接触而获得经验，并开始成形，即简图慢慢精致化，各种细节越来越丰富，并最终发育成正常的大脑。但是，如果因为各种原因（包括但不限于遗传因素、童年创伤和相关病症等）导致关键期提前关闭，那么当事者的大脑地图就会成为“半成品”，许多部分就无法清晰辨识，毕竟在关键期中，大脑地图的可塑性最强，大量的神经发育也在这期间完成。

为了探索关键期提前关闭的后果，梅策尼希充分利用微型电极来绘制刚出生的老鼠的大脑地图，并观察大脑地图在关键期的形成过程。结果发现，在关键期开始时，老鼠的听觉皮层地图确实还未分化，皮层上只有两大块区域，一半对所有高频声音做出反应，另一半对所有低频声音做出反应。当老鼠在关键期内听到某个特定频率的声音时，前面的那个简略地图就开始变化了。假若老鼠重复地听到了C音，不久后，它的几个神经元就被C音活化了，并变成了只对C音发生反应的神经元。同样地，当老鼠重复听到D音、E音和F音时，某些神经元也会逐渐变得只对这几个声音做出特别反应，于是，听觉的人脑地图就不再是两块了，而是很多块，且每一块都对不同的声音频率发生反应，或者说，地图被分化了。

关键期的大脑皮层很有弹性和可塑性，只要让它接触到新刺激，它的结构就可以改变。这种敏感性使得婴儿可以在语言关键期内，毫不费力地学习新的语音和词汇，他们只需聆听旁人说话，就可以学会相关语言（包括口音和含义等），从而也改变相关的大脑神经回路。这是因为在关键期内，学习机制一直是开放的，毕竟婴儿不知道什么东西将会有用，只好对所有东西都感兴趣。只有当大脑地图有一定的组织结构后，大脑才知道该注意什么，该忽略什么。

大脑可塑性的生物学基础是一种名叫“大脑衍生神经胜肽”的化学物质，简称BDNF。至于BDNF的化学实质等，这里就忽略了。为了更深刻地理解大脑地图的形成过程，下面只简介BDNF在关键期影响大脑可塑性的几种常见方式。

方式1，当某种行为需要特定的神经元一起发射时，这些神经元会分泌出BDNF，它使得神经元之间的连接被“固化”，帮助神经元连接在一起，以便它们在未来能更可靠地一起发射。BDNF也会促进每个神经元的外围生长出一层薄薄的脂肪，以便加速电流信号在神经上的传导速度。

方式 2，在关键期，BDNF 会启动大脑中的基底神经核，它使我们的注意力更专注，使大脑的相关区域一直活化到关键期结束。基底神经核一旦被活化，它们不但会使我们专注，还会使我们能记住相关经验，这就使得大脑地图得以不断分化，并有效改变地图形状。当神经基底核和注意力系统启动后，大脑就会保持在一个非常有弹性和可塑性的状态中。

方式 3，BDNF 还有另一项重要功能，当它帮助完成了重要神经连接的强化后，还会帮忙关掉关键期。一旦主要的神经回路连接完毕，就需要保持系统的稳定性，可塑性就得降低。当 BDNF 分泌得过多时，它会关掉基底神经核的“开关”，结束那个“不花力气就能轻松学习”的神奇学习期。此后，稳定的神经回路只有在特殊情况下，比如惊异或新奇的东西出现时，或我们努力用心专注地学习时，或今后内涵型 AI 发明的有效电刺激出来时，才可能再次被改变。

于是，因过早关闭关键期而导致的神经发育不健全的机理就清楚了。仍以某些自闭症的孩子为例，他们的神经元过度兴奋，分泌了太多 BDNF，导致关键期被过早关闭，许多还没有完全连接好的神经回路就被封闭了，以至于他们的许多大脑地图都还没有完成分化任务，从而造成全面性的发展失常。确实，自闭症的孩子都会过度兴奋、过度敏感，假如他们听到一个频率的声音，整个大脑的听觉皮层都会活化起来，哪怕仅仅是新衣服上的小小标签碰到了皮肤，他们甚至会觉得正在遭受酷刑。另外，自闭症患者中的高比例癫痫现象，也可以用 BDNF 来解释。实际上，由于 BDNF 的大量分泌，大脑地图的分化还未完成，许多大脑连接都还未区分好、增强好、固定好，一旦某几个神经元发射，将带动全脑的神经元都无序活化，从而导致癫痫发作。这也解释了为什么自闭症孩子的头会很大的原因，原来，他们的大脑中包裹神经元的那层脂肪太厚了。

对刚刚出生的婴儿来说，什么东西会使他们分泌过多的BDNF呢？梅策尼希发现，环境噪声是罪魁祸首之一。从统计数据看，在机场等嘈杂环境下长大的孩子的智商都会普遍偏低，性格也会很浮躁。尤其是某些天生就有基因缺陷的孩子，他们受噪声的伤害会更大，因为持续的背景噪声的频谱太宽，随时都会强烈刺激他们的听觉皮层。从实验结果看，若将刚出生的老鼠放在白噪声的环境中培养，直到关键期结束后才去检查它们的大脑皮层，结果它们的大脑地图严重失常。确实，每当老鼠听到一个声音，它的听觉皮层中就会有某些神经元开始兴奋，就会分泌出BDNF；长此以往，当然就会分泌过量的BDNF，并最终使老鼠的关键期提前关闭。这样的老鼠也会像自闭症孩子那样，比较容易罹患癫痫病，即使是正常的语言环境也可能引发他们的癫痫发作。

在关键期结束后，是否有可能将未分化的大脑地图正常化呢？为此，梅策尼希先使用白噪声来伤害老鼠的听觉皮层，使它们的大脑地图不再继续分化；然后再用单音，一次一个音地重新分化出了老鼠的听觉皮层地图，使它最终正常化。这说明，关键期被提前关闭所造成的某些损伤，也是有可能被逆转的，只要给予恰当的训练就行。当然，至于如何设计相关的训练课程，本书就不涉及了。

5.6 倒拨认知功能的时钟

既然关键期可以提前关闭，它是否可能被再次打开呢？比如，只要能再次重启语言学习的关键期，成年人是否也可以轻松学会任何外语了呢？由于大脑永远都具有可塑性，所以只要足够专心、足够努力，每个人都能重塑自己的大脑地图，但是这种“勤能补拙”的方式不是本书的重点所在。准确地说，我们只关心如何将“不费吹灰之力的学习关键期”延伸到成年。

关键期的学习之所以很轻松，是因为那时的基底神经核一直都是启动着的。因此，若想重启关键期，就必须想法让基底神经核处于启动状态。科学家将微型电极插入老鼠的基底神经核中，用电流使它活化，然后再把老鼠放入一个 9 赫兹的声音环境中，看看这只老鼠是否能轻松发展出 9 赫兹的大脑地图，就像它曾经在关键期的表现那样。一周以后，科学家发现，老鼠的 9 赫兹大脑地图确实被大幅度扩展了，这意味着确实存在某种人工刺激的方法可以重新打开成人的关键期。科学家用同样的电刺激方法也能加快老鼠的大脑处理速度。在正常情况下，老鼠对声音的最快反应速度是每秒 12 次发射，但是，若用电流刺激基底神经核后，他们可以训练老鼠，使它每秒能发射更多的神经反应。

以上实验使得成人可能重启关键期，实现终生高效学习的梦想，比如，用电极方式启动基底神经核后，你就能像小孩子那样轻松学会任何外语了，你就可以用最高效的方式学会任何新知识和新技能了，这难道不够诱人吗？当然，到底如何电击基底神经核，还有待认真研究，它也是内涵型 AI 的另一个关键难点和重点。即使取得了阶段性的成就，也不可轻易应用和推广，毕竟人命关天。

既然有可能重启关键期，当然也就有可能提高老年人大脑的可重塑性，延伸老年人的心智功能，比如，通过适当的大脑训练，提升老年人的记忆力、思想活跃度和处理问题的速度等，以此来抵抗认知功能的衰退。实际上，随着年龄的增大，人们都会有意无意地忽略专注性学习，这就使得大脑中负责调节和控制可塑性的系统被荒废。以记忆为例来看，老年人的记忆力之所以会衰退，是因为他们无法在神经系统中登记新的事件，当然也就无法在事后将该事件清晰地回忆出来。由于处理速度慢了，老年人在看东西和听东西时，其知觉处理的正确性、强度及清晰度等也都随之衰退了。

老年人之所以常会词不达意，是因为大脑的注意力系统在逐渐萎缩和退化，同理，与大脑可塑性有关的基底神经核也会萎缩和退化，使得老年人说话不流畅。由于声音和词汇的表征都不清楚，登记这些刺激的神经元也未协调好，更未被同步发射，无法很快送出强劲信号，所以老年人只好结结巴巴，含糊其词了。当代表口语的神经元送出了模糊不清的信息时，接收信息的下游神经元也就无法被精准活化了，所以，模糊的输入只能导致模糊的输出，最终形成恶性循环，使得大脑里一片混乱。当大脑很乱时，新的记忆信号就无法与大脑背景的电流信号竞争，从而使得信噪比过低。总之，大脑混乱的主要原因有两个：其一，当然是自然老化；其二，也是最关键的原因是，大脑没得到很好的训练，以至于帮助大脑集中注意力和形成清晰记忆的基底神经核被忽略了。

若回顾常人的一生，他的专注力的确在逐步下降：童年时，有一段密集的学习期，每天都会学到新东西；刚就业时，也会密集地学习新技能；但渐渐地步入中年后，基本的知识和技能等都已驾轻就熟，不再（或很少）学习新技能了，不再重视专注力的培养了（注意，平常的读报、上班、用母语等，其实都只是在使用已掌握的技能，而不是学习）。因此，对一个 70 岁的老人来说，他也许已有约 50 年的时间没有去系统化地动用自己的可塑性调节系统了。

学习新语言，是老年人增进并维持记忆力的好办法。因为这种学习需要全神贯注，它会重启可塑性的控制系统，并使之保持良好状态，对所有东西的记忆都能登记得很清楚。当然，任何需要全神贯注的事情都对老年人有利，比如，新技能、运动、舞蹈、字谜等都能慢慢重新磨砺老年人的所有能力。不过，若只是复习过去的已有技能，则不可能帮助大脑的运动皮层维持其活跃状态；要想使得心智长期活跃、永远年轻，就必须努力学习全新的、需要一门心思才能学会的东西，这不但能创造新的记忆，也能活化新的神经回路并保存旧的系统。

综合而言，老年人大脑训练的关键是适量的练习、正确的顺序和恰当的时机。良好的训练不但能促进大脑改变，甚至能倒拨老年人的认知功能时钟，使他们在认知功能方面越活越年轻。其实，年轻大脑能做的每一件事，老年大脑也都能做，但问题在于如何让老年人愿意集中注意力，愿意忍受相当无聊的训练过程。毕竟，年轻人都是在强大的生存和生活压力下，才不得不全力以赴地学习的；而老年人通常没有这种压力。

词汇和语言记忆对老年人的大脑训练最有效，因为大脑本身就具有处理声音的基本能力。这时，电脑游戏又能发挥独特作用了，它可让老人聆听缓慢且清晰的声音，采用循序渐进的节奏来逐步改进其记忆。老年人的学习要切忌操之过急，否则会适得其反。毕竟，虽然每个人在婴儿期都能把妈妈的声音从若干背景音中分离出来，但这种分辨能力在随后数十年的生活中就很少再被增强过了，甚至很少用过了。若能通过特殊练习增进大脑的处理速度，使得基本的语言信号更强、更清晰、更正确，就会刺激大脑增生多巴胺等化学物质来帮助改进大脑。在权威学术刊物《美国国家科学院院刊》（PNAS）上发表的实验报告表明，只要训练内容设计得当，只需经过每天 1 小时，每周 5 天，每个疗程 8 至 10 周的听觉记忆训练后，古稀老年人的记忆力，完全有可能提升到五六十岁人的记忆力的水平。或者说，许多人的记忆时钟能够回拨多达十年左右，效果最好者甚至能回拨 25 年，而且这种回拨效果至少能持续三个月。通过对大脑扫描证实，在接受培训期间，这些老年人的大脑并未像其他老年人的大脑那样退步，相反，他们的右顶叶及与记忆力和注意力相关的大脑区域甚至还不降反升。因此，适当的大脑训练不但能减缓与年龄有关的认知功能的退化，反而有可能增强某些认知能力，比如，记忆能力、语言能力和解决问题的能力等，而代价仅仅是约 50 小时的大脑练习而已，练习越多，效果可能越好。

适当训练也能改善老年人的视觉。实际上，随着年龄的增长，视力也会逐渐退化，这不只是与眼球有关，还归因于大脑视觉处理能力的下降，老年人容易分心，当然也就容易失去视觉的注意力。若能设计适当的电脑游戏，吸引老年人在屏幕上全神贯注地搜索不同的对象，就能在提升老年人的注意力的同时，也提升他们的视觉处理速度。

训练前额叶就能增强“执行力”，比如，锁定目标，把目标从背景中抽离并做出判断、决策等。此类游戏的设计目标是吸引老年人完成某些分类任务，将同类东西放到一起；或者让老年人在听到复杂指令后，按部就班地执行，从而加强他们的联结记忆能力，使他们能更有效地把人、事、物等放入正确的情境中去处理。

精细运动的控制对老人也是有用的训练。一般人在年龄较大后，都不再从事诸如绘画、绣花、织毛衣、弹钢琴等年轻时的活动了，这就使得他们的手变得不适应精细工作了。如果再重新捡起这些训练，将会使大脑地图中已经褪色的某些部分重新鲜明起来，使大脑在某种意义上重新恢复青春。

粗略的运动控制能力对老年人仍然重要，仍需训练。比如，老年人的平衡能力退化后，就容易摔跤，走路也不便。这个问题既归咎于前庭功能的失常，也归咎于老年人脚底感觉反馈系统的衰退。由于长期穿鞋，限制了从脚到大脑的感觉反馈，因为鞋底分解了地面刺激；再加上现在的路面越来越平整，使得大脑的脚底地图的分化越来越不显著，于是，为了保持平衡，老年人开始使用拐杖、走路器或其他有助于维持平衡的工具，而不是努力练习大脑的反馈系统，这就加速了平衡功能的衰退。老年人下楼梯时，之所以会盯住自己的脚，是因为他从脚底获得的反馈信息太少，必须借助于视觉来提供额外的反馈信息。

朋友别误会，上面虽然介绍了许多老年保健知识，但本书绝不是一本康复手册。实际上，我们的意图是想让大家明白，既然最难重塑的老年人的大脑都有可能被重塑，所有人类的大脑（特别是中、青年人的大脑）当然就更可能被重塑了，而且还可针对特殊的功能，对大脑地图的特殊部位进行重塑，甚至将普通人改造成超人。不过，遗憾的是，到目前为止人们还没能找到简易快捷的、能重塑大脑地图的办法（比如，电刺激方法等），这当然会严重影响内涵型 AI 在更高层次上的发展。下一章将介绍过去若干年来人类积累的、能够重塑大脑地图的有代表性的方法，其中许多方法也很古怪，由此可见，基于大脑地图的中观内涵型 AI 的研究还面临许多严峻挑战，这也意味着各位读者大有机会成为今后内涵型 AI 的鼻祖。

第 6 章
大脑地图怪事多

根据“神经简并原则”，任何特定的大脑结果，无论运动行为、知觉体验，甚至更为复杂的工作（比如唱歌或求解数学方程等），都可以由种类繁多的、不同的神经元时空活动模式产生。换句话说，思想和行动可以改变大脑地图，反过来，大脑地图也可以影响一个人的思想和行动。若能通过人工手段，特别是通过电刺激等手段来重塑某人的大脑地图，那就相当于重塑了他的人生，至少重塑了他的某种技能，这也是内涵型 AI 的难点和重点。本章将介绍几个基于大脑地图可塑性的疑难杂症医治方法。由于本书不是医学书，自然将去掉若干生物和医学等方面的内容，只重点关注可能用于内涵型 AI 方面的知识，毕竟在大脑地图这样的中观层次上，目前人类还没有比较成功的电刺激案例。

6.1 限制诱导法有多奇妙

朋友，若你上牙疼痛，医生却拔掉了你的下牙，那肯定是医生搞错了。但若你左手受损了不能动弹，医生却不理你的左手，反而将你健康的右手绑住不准动，你会怎么想？你也许以为这个医生太马虎了吧！其实不然，因为该医生可能正在使用他发明的名叫“限制 – 诱导运动疗法”的新技术来医治某些疑难杂症。你若不信，请接着往下看。

大约在 1895 年，诺贝尔生理学或医学奖得主谢灵顿做了一个非常著名的实验，他切断了猴子手臂上的感觉神经，但并未伤及猴子的任何其他部位，特别是并未剪断大脑到肌肉的运动神经，即从理论上说这只手臂还应该能动，但结果出人意料，因为手不能动弹了，手臂也不再具有触觉和痛觉了，猴子不知道自己的手臂在什么位置，甚至都不知道哪个才是自己的手臂，以至于经常狠咬这只手臂，还以为自己战胜了仇家。据此，谢灵顿提出了统治神经科学界近百年的著名的“运动反射反应理论”，即支配肌肉的神经含有感觉神经纤维与运动神经纤维，其中的感觉神经纤维将兴奋信息传至大脑，从而决定了肌肉的紧张度。

大约又过了 90 年，本章主角之一、名叫陶伯的年轻人，又重复了谢灵顿的这个著名实验。起初，他得到了与谢灵顿相同的结果，但接着他又向前多走了一步，他将猴子的另一只未被割断感觉神经的手用绷带绑了起来，使之不能动弹。结果，奇迹出现了，猴子的那只感觉神经被剪断了的且本来不会动的手，竟然又能动了！原来，猴子也不傻，它知道只有千方百计动用那只残手才能吃到食物，否则就会被活活饿死，于是，那只被剪断了感觉神经的手就真的能动了。这一发现当然石破天惊，因为猴子若能在不知不觉中动用残手，这就从实质上否定了谢灵顿的理论，说明在大脑中一定有某个独立的运动程序能启动自主的动作。在经历了该实验引发的轩然大波和处处刁难后，陶伯想到了一种新奇的治疗中风病人的方法——限制–诱导运动疗法。其初步原理可简述为：半边身体瘫痪了的中风病人，可能也会像那只猴子那样，他们只要有一只手还能动，就会下意识地忘掉自己的另一只已经失去感觉的手。如果严禁中风病人使用那只健康的手，也许他们的另一只本来以为已经残废了的手就能活动了。

限制－诱导运动疗法当然不可能在一夜之间就被发明出来，它实际上经历了一个漫长且艰难的过程。比如，为了证实上述初步想法，陶伯又做了一个更有说服力的实验，他将猴子两只手臂的感觉神经都剪断了，结果，更奇怪的事情发生了，猴子的两只手臂竟然都能动了！原来，假若猴子的一只手臂被剪断了感觉神经，它就会使用另一只手，同时废掉自己的残手；但若它的两只手臂都被剪断了感觉神经，在别无他法的情况下，为了生存，猴子只好动用自己的残手，结果它的两只手就都能活动了。

更进一步地，陶伯又把猴子的整个脊髓神经的输入神经全部剪断，于是猴子的所有脊椎反应都被废掉了，猴子不能再从四肢接收到任何感觉输入了，按过去的理论推断，猴子就该彻底瘫痪了；但是，情况刚好相反，为了维持生存，猴子必须动用自己的残废四肢，结果所有四肢竟然都能活动了。

在这些实验的启发下，陶伯认为，猴子在一只手的感觉神经被切断后，之所以不再使用这只残手，是因为它“学会”了不去用这只手，因为在手术刚刚做完时，会有半年左右的“脊髓神经休克期”。在休克期中，神经元不易发射，虽然猴子也曾多次想过要去动用它的这只残手，却屡试屡败，于是，猴子就会放弃使用这只手而改用另一只手来进食。它每多用一次好手，好手的大脑地图就会得到一次正反馈；当好手越用越频繁时，猴子大脑中关于手的地图就会改变，好手的地图会越来越大，残手的地图也会因长期不用而缩减，残手的神经也会萎缩，动用残手的程序也会变弱，这便是所谓的“习得性不用”。但是，如果猴子的两只手都被剪断了感觉神经，猴子就必须动用它的两只手，否则就会被活活饿死，或者说，猴子就没有“习得性不用”的机会了，故两只手又都能活动了。

为了更加直接地证明“习得性不用”的理论，陶伯又做了另一个更巧的实验来防止猴子“习得性不用”它的手。在切断了猴子一只手臂的感觉神经后，立即把这只残手包扎起来，让它一点也不能动弹，使得猴子在脊髓神经休克期内完全没机会去试图动用这只残手，也就是说，猴子没有机会知道它的这只手已经不能动了。结果，脊髓神经休克期结束后，奇迹又发生了，感觉神经被剪断的这只手竟然仍能动弹。后来，陶伯又用一系列实验证明，即使在猴子学会了“习得性不用”多年后，他也有办法克服猴子已经学会的“习得性不用”，让猴子的肢体重新动起来。终于，陶伯的限制–诱导运动疗法的理论比较完整了，可以开始用它来探讨如何康复中风病人瘫痪多年的残肢了，因为他只需要克服患者已经学会的“习得性不用”就行了。实际上，对许多中风病人来说，他们的运动系统并未被损坏，仍然保留在神经系统中，只是患者自己认为肢体已经残废了而已。克服病人的“习得性不用”当然不能像对待猴子那样以饿死相威胁，不过，仍然可以限制患者使用好手，强迫患者使用残手。

在实施限制–诱导运动疗法的过程中，“限制”部分比较容易，反正只要对患者严加看管，不允许他们偷懒动用自己的好手就行了；但是，如何“诱导”呢？这就很有讲究了，而且每个人的病情都不同，诱导的步骤自然也不同。陶伯发现，即使是对待猴子，也不能以“每动用一次残手就给予奖励”的简单办法，否则，进步就比较缓慢。这时必须采取某种“塑造”方法，一点一点地逐步引诱猴子做出合适的动作，哪怕这些动作很不明显、改进很小，但只要这些动作在向着有利的方向发展，猴子就会得到奖励。不过，诱导的原则还是很清晰的，那就是要将患者当婴儿看待，让他们从零起步，一点一点地朝着恢复正常这一目标前进，每天进步一点点，日积月累后就会产生明显效果。比如，让患者玩婴儿游戏，或将木棍插入有很多洞的板子中，或抛接皮球，或把硬币从碗中捡进捡出，或像婴儿那样爬行，总之，要想办法把患者大脑中的运动系统重新唤醒。

经过实践，陶伯发现，他的限制 – 诱导运动疗法几乎能使一半以上的中风病人获益，那些只要还有一点动手能力的病人几乎都可以在很大程度上康复，某些完全瘫痪的手指也能重新动起来，甚至某些中风四年以上的患者也会有显著进步。而且，在患者可承受的前提下，训练的密度越高、强度越大，效果就会越好，所以一般患者都会接受每天六小时、每天十余种作业、每个作业重复十余次、每个疗程半个月左右的严格训练。特别是有一位 53 岁的男性患者，在 7 岁那年读小学一年级时中风了，右边身体的感觉整体消失，不能抬起右脚或右手，右手虚弱无力，走路更是经常摔跤，40 岁后每年大约要摔跤 150 次，曾跌断过手、脚和骨盆等。就在他已经中风超过 45 年后，他接受了限制 – 诱导运动疗法，右手被训练了两周，右腿被训练了三周。结果，右手竟然能写出自己的名字了，身体平衡也得到大幅度改善，摔跤次数降低到每年不超过三次，而且还在不断改善。由此可见，大脑的可塑性和重组神经的能力是多么强大。

扫描结果显示，许多人中风后，受损手部的大脑地图萎缩了一半左右，或者说他们只有中风前的一半神经元可用，因此，刚刚康复的人在使用残肢时会比中风前更用力，这不仅因为肌肉萎缩使得行动困难，还因为大脑神经的萎缩。不过，当限制 – 诱导运动疗法重新恢复大脑中的运动皮层区域时，受损肢体的大脑地图也会逐渐恢复，也会使得受损肢体的运用不再那么吃力。当然，由大量循序渐进的练习所重塑的大脑地图肯定不会十全十美，毕竟大脑细胞曾大量死亡，新的神经元在刚刚接替工作时，不可能像中风前的神经元那样熟练高效。

由于限制 – 诱导运动疗法并无统一的细节，甚至都是为每个病人量身定制的，所以只好用一个比较具有代表性的病例来简要说明。有一位美女名叫鲁登，大约在 33 岁那年，她因脑部肿瘤的高强度放射治疗而中风，整个右半边身体瘫痪。当她开始接受限制 – 诱导运动疗法时，医生给她的正常左手戴上了厚厚的棉布手套，使她无法使用正常的左手。刚入院时，医生就给了她一个下马威，以使今后的“限制”部分能得到严格落实。原来，当天晚上，电话铃突然响起，鲁登习惯性地脱掉左手的棉手套去接听电话，结果被医生抓了个正着，接着就被臭骂了一通。从此以后，在治疗期间，哪怕是天塌地陷，鲁登也不敢动用其健康的左手了。后来，由于鲁登说话时喜欢手舞足蹈，医生干脆将她的左手用胶条固定在大腿上，使它完全不能动弹。就这样，她那只残疾的右手就被赶鸭子上架了：起初，她得将乒乓球放进大罐中；一周后，她又得将乒乓球放进小罐中；后来，她又开始像婴儿那样，用彩色圆环套柱子，把晒衣服的夹子夹在薄板上，再后来就是用右手写字或打字等。

每次开始新作业时，医生都会提供适当的帮助，但紧接着医生的任务就变成了掐表计时，看看她是否有进步，并给予适当的表扬和鼓励。每次鲁登以为自己已经到达极限时，医生总会说“不是的，你还会做得更好”，结果，她真的做得更好了。最具挑战的任务是单手扣纽扣，她刚开始时绝不相信自己能完成这样的艰巨任务，但两周后，竟真的能轻松地将扣子扣好又解开了。又过了两周后，她开始用右手煮咖啡，先是量咖啡并将咖啡放入壶中，接着再量水，按电钮等。待到咖啡煮好后，她已尝不出咖啡的味道了，因为她太高兴了，对自己的康复效果太震惊了。出院后，她那曾经被荒废了的右手基本上已能生活自理了，开冰箱、关电灯、关水龙头、抹洗发液、双手开汽车都不在话下，甚至还能游泳，并在电视台找到了一份全职工作。

除肢体有“习得性无用”外，语言也有“习得性无用”，而且限制 – 诱导运动疗法稍加调整后就能用于医治语言的“习得性无用”。原来，因中风而导致左脑受损者中，大约有 40% 的人会患上失语症，其中有些人可能只会说几个字，有些人虽能说很多词，但仍很难说出完整的句子。在语言的限制－诱导运动治疗方面，什么样的做法才相当于肢体康复中的“棉手套”呢？或者说，如何“限制”呢？办法很简单，那就是要求患者“动口不动手”。至于，“诱导”部分就很有讲究了。比如，设计一种由四人玩耍的具有治疗功能的128张纸牌，其中共有64种图片，每种图片各有两张，摸牌后每人各拿32张牌。轮流出牌时，如果某人只拿到一张画着石头的纸牌，他就必须向别人要一张同样花色的纸牌。第一阶段，对玩家的唯一要求是不能用手指的方法来向别人要牌，只要是语言描述就行，这主要是避免患者继续强化“习得性无用”。比如，若你不会说纸牌上的“太阳”，你可以用别人能懂的任何语言来描述它，可以说“我们所处星系中的那颗恒星”或“后羿射下来的那颗星球”等。一旦你凑齐了两张同花色的纸牌，便可将它们以出牌的方式扔掉。最后，谁的手上最先没牌了，谁就是赢家。第二阶段，要求玩家叫出纸牌上物体的名字，比如“我想要一张有狗的牌”。第三阶段，就要求玩家叫出其他玩家的名字，比如“张先生能给我一张有狗的牌吗？”在训练的后期，纸牌会变得更复杂，包括颜色和数字等都会出现在牌中，比如三只黑狗、两座大山等。刚开始时，患者只要有进步就会得到称赞，后来，必须完成很困难的作业后才能得到称赞。实际效果表明，只要经过大约十天的训练，患者的语言能力就会得到明显改善。

综合来说，有效的限制－诱导运动疗法需要遵守如下一些原则：训练的项目越贴近日常生活，效果就越好；训练越是循序渐进，效果就越好；训练应该集中在很短的时间内完成，或者说，短时间的大量练习好于延续时间很长但不够频繁的练习。这些原则其实也适用于学习外语，比如，每天一小时的数年外语练习，其效果远不如干脆到外国去生活几个月。

6.2 重塑强迫症患者大脑

有一位强迫症患者，因为忍受不了长期的强迫性担心和行为，最后把枪捅进嘴里，饮弹自尽。结果，子弹穿透了额叶，急救大夫不得不切除了他的额叶，哪知，他不但活了下来，强迫症还被意外治好了，当然就再也不会自杀了。原来，当时根治强迫症的主要办法，正是这种粗鲁的额叶切除手术。当然，这个办法在今天早已被淘汰，因为后来人们又研制出了许多有效的药物疗法。

本节当然不想全面讨论强迫症的治疗问题，而是想介绍一种由神经生理学家施瓦茨发明的、以大脑可塑性为基础的、非药物和非手术类的、重塑强迫症患者大脑的有效办法，它不但能帮助强迫症患者，也能帮助那些经常无故担忧者，希望它能有助于今后内涵型 AI 的研究，毕竟，内涵型 AI 的核心就是如何重塑当事者大脑。让人更意外的是，施瓦茨的这种新办法其实只是谈话而已，看来，大脑的可塑性之大，远远超过了普通人的想象，竟然只需谈话，就能改变大脑结构。

普通人与强迫症患者的区别至少有：普通人犯错后，会有三件事发生。首先，会有挥之不去的犯错感；其次，会变得焦虑，且这种焦虑会促使他改正错误；最后，当改正了错误后，大脑会自动换挡，将注意力转向别的事情，同时，前面的犯错感和焦虑感也都会随之消失。但是，强迫症患者的大脑不会自动换挡，即使他已经改正了错误（而且有时也可能是自己虚拟的、根本就不曾犯过的错误），他还是无法从错误中解脱出来，以至于不断地重复性纠错，犯错感和焦虑感不但不会消失或减弱，反而会逐渐增强。

从大脑扫描结果可知，至少有三个部位与强迫症相关：

第一，强迫性行为越厉害的人，其眼眶额叶皮层的活化程度就越高。

第二，眼眶皮层不断将“犯错感觉”的信息发往扣带回，而扣带回的活化就会使人产生焦虑感，总觉得会发生不测，除非马上纠错。焦虑感又会向肠胃和心脏发送信息，使它们抽搐或狂跳，产生害怕的生理感觉。

第三，位于大脑深处的尾状核负责注意力的自动换挡，它使正常人能够转换其注意力，但对强迫症之类的患者，他们的尾状核好像被“卡”住了，始终保持着活化状态。

由于尾状核没有换挡，眼眶皮层和扣带回就继续发射信号，这又增强了患者的犯错感和焦虑感；其实，错误已被纠正了，所有这些信息都是假警报。换句话说，若能改变眼眶皮层和扣带回的神经回路，使尾状核的换挡功能正常化，强迫症患者便有机会跳出恶性循环。如何才能改变这些神经回路呢？充分利用大脑的可塑性，也许可以帮助我们找到可行的思路。比如，转移患者的注意力，用另一个新的、有趣的、可以带来快乐的活动去吸引患者，激发其多巴胺的释放，并以此固化新的神经连接，让新连接与旧连接在用进废退的原则下竞争，最终用好的行为或想法去代替坏的东西，以缓解强迫症状。

施瓦茨的谈话疗法分为多个阶段，其要点步骤有两个：

第一步，努力使患者在强迫症发作时，对其所担心的事情重新贴上标签。比如，让他知道，自己正在经历的恐惧并不是来自所担心的事情而是强迫症的症状，自己大脑中的三个部位被“卡”住了。又如，鼓励那些总担心自己忘记锁门的患者大声说出：“是的，我现在真的有大问题，但它不是我忘记锁门，而是我的强迫症！”这个新标签有助于患者抽离偏执的内容，跳出病情，以旁观者的角度来重新看待问题。

第二步，还要让患者记住，自己的那个挥之不去的念头其实是大脑回路的问题，而这样的问题是可以通过重塑大脑来解决的。比如，患者甚至可以干脆对比查看相关的大脑扫描图，分析强迫症的大脑扫描图和经治疗恢复正常后的大脑扫描图之间的差异。

用谈话疗法重塑强迫症（特别是重度强迫症）患者的大脑时，务必不要去关注所偏执的内容（比如，忘记关门等），否则，情况就会越来越糟。其实，在患者承认了自己的强迫症状后，关键的第二步就是要让患者重新聚焦于一个正向的、有意义的、可以带来快乐的事情。只要患者感到自己的强迫症又发作了，就该马上将注意力转移到新目标上，比如，听音乐、参加聚会或体育运动等。患者的尾状核每次想换挡，大脑就会努力生长新的回路来修理有问题的“排挡箱”，即改变尾状核。用重新聚焦的方式让患者不再困于偏执内容中，并且绕过它，避开它，慢慢地不搭理它，自然就能换挡成功了。简言之，强迫症是“你越做就越想做，越不做就越不想做”，所以患者挣扎的不是如何让感觉走开，而是如何干脆地忽略它。

用谈话疗法对付强迫症当然不可能马上见效，毕竟，重塑神经回路是需要时间的。若从大脑可塑性角度来看，施瓦茨的方法与陶伯的限制－诱导运动疗法异曲同工，“让患者换挡重新聚焦于新目标”相当于陶伯的棉手套，然后再对患者进行循序渐进的诱导。既然“一起发射的神经元会连接在一起”，当患者想做强迫性的行为时，若用愉快的新行为去替代，患者就会形成新的神经回路，并取代旧的回路；既然“不在一起发射的神经元将不连接在一起”，当患者不去做强迫性的行为时，原来的那个行为与念头之间的病症联结就会变弱，并最终被切断，焦虑也会减少甚至消失。大脑的扫描结果证实，经过施瓦茨的谈话疗法后，患者的大脑确实被重塑了，眼眶皮层、扣带回和尾状核都不再过度活化了。

6.3　重塑幻肢的疼痛感觉

大脑不仅可用谈话疗法来重塑，也可以用想象力和知觉来重塑。比如，很早以前人们就发现，有一种非常奇怪的疼痛，名叫“幻痛”，即本来已经被切除了的肢体也会有存在感，也会疼痛。甚至古人将这种现象当成“灵魂存在的直接证据”，以此证明形体消失后，灵魂依然可以存在，因为幻肢的存在感很真实。比如，某些手臂被切除的人，在听到电话铃时，竟然会伸出不存在的那只手去接听电话。其实，统计数据显示，大约 95% 的人在切除了四肢后，都会有四肢部位长期疼痛的感觉；许多妇女在子宫被切除后，仍然会痛经和产痛；许多人在胃、直肠或膀胱等器官被切除后，仍然会产生这些器官的病痛，这种幻痛甚至可能终生都挥之不去。如何缓解本不存在的肢体或器官的疼痛呢？这是一个问题，而且还是一个曾经不知该从何处下手的大问题，毕竟幻肢压根儿就不存在。

其实，疼痛主要有两类，一是生理性的疼痛，此时受损部位会向大脑发出真实的警告；二是神经性的疼痛，此时并无生理性的原因，可能只因大脑的疼痛地图受到损坏，它就一直发射疼痛的虚假信息，让当事者非常痛苦但又无计可施。

幸好，大脑的可塑性帮助人们找到了解决办法。比如，一位司机在一次车祸中失去了双手，但一个月后他开始感觉到了自己的幻肢。摔倒时，幻肢会不由自主地伸出来支撑身体；儿子跑过来时，他会下意识地伸出双手去拥抱。最令他抓狂的是，他的幻肢还会发痒，特别痒，但又根本不知道去哪里挠痒。针对这个病例，医生从陶伯的猴子实验中得到启发，既然陶伯已发现猴子手臂的大脑地图紧邻于脸部的大脑地图，那么，人类的情况是否也类似呢？于是，医生蒙住断臂司机的眼睛，然后用棉签在他身体的各部位轻轻划过，并寻问其感觉。当触碰到脸颊时，司机突然报告说，他的脸颊和幻肢都有感觉；当触碰到上唇时，司机说他的上唇和食指也有感觉。就这样，医生终于找到了给司机幻肢挠痒的办法，那就是：幻肢手臂发痒时就挠脸，幻肢食指发痒时就挠上唇，等等。

大脑扫描的结果显示，幻肢的症状之所以会千奇百怪，是因为幻肢的大脑地图是动态的，一直都在不停变化，毕竟，曾经的病肢是被突然切断了的，它经历了剧烈改变。之所以会有幻痛，是因为截肢后，肢体原来的大脑地图不但会缩小，还会分崩离析，无法正常运作，自然就会发出故障信息，以至于产生幻痛。比如，手臂幻痛者一般都有这样的类似经历，他们的手臂是在上了夹板好几个月后才被切除的；在上夹板期间，他们的大脑记录了手臂在截肢前的摆放位置，甚至在大脑地图中已发展出了手臂不能动弹的表征。当手臂被突然截肢后，并没有新的输入来改变原先的大脑地图，所以，这只手臂的心智表征就一直停留在被夹板夹住不能动弹的时期。此时，若大脑的运动中枢向手臂肌肉发出某种收缩命令，但由于手臂已被切除，手臂就不能再向大脑回复是否执行了该命令的反馈信息，于是，大脑在没有收到反馈的情况下，就只好重新再向手臂肌肉发一次收缩命令，并且命令的强度还会加大，甚至大到收缩的力度会引起疼痛。比如，大脑本来是命令手臂紧握拳头，结果因为手掌已被切掉，大脑还以为命令未被执行，便再次命令更用力地握紧拳头，直至患者觉得指甲已经插入了掌心，并引起了莫须有的疼痛。

原来，幻痛是因错觉而起的！找到病因后，医治办法就不难找到了。既然是错觉让患者疼痛，那就只需要再制造相反的错觉就可以止痛了嘛。比如，仍然是面对前面那个因紧握拳头而引起的幻痛，医生就可以让患者的另一只好手（如果患者只是切除了一只手的话）来制造一个假象，来欺骗患者的大脑，让那只虚幻的拳头逐渐舒展开来，从而消除相应的幻痛。具体做法很简单：让患者将其好手伸入一个装有镜子的纸箱，再让患者死死盯住纸箱中的那面镜子所产生的好手的镜像，一段时间后，患者的大脑自然会误以为已被切除的那只手臂又复活了。于是，患者再让自己的好手慢慢松开，再慢慢握紧，如此反复多次，最后将手掌慢慢松开，至此，患者的大脑就被彻底欺骗了（实际上，用视觉欺骗大脑非常简单，比如，游客明明知道半空中的玻璃桥非常结实，但仍然会被吓得大喊大叫），因紧握拳头而引起的幻痛也就消失了。当然，这里的镜子和纸箱的摆放位置也有讲究，不能让患者的视觉看出任何破绽，比如，不能有其他能让视觉看出另一只手其实是镜像的参照物等。当然，用镜像来欺骗大脑的治疗方法会有反复，即患者不看镜像时，幻痛可能又会重现。但是，若经多次长期观察和放松镜箱中的镜像拳头后，再经过一段时间的适应，幻痛就会彻底消失，因为这时的大脑地图已被重塑，因截肢而产生的地图萎缩状况也已逆转，感觉和运动的地图终于正常化了。

如今，镜箱疗法已被人们改进为虚拟现实疗法，此时的医治原理没变，只不过是用沉浸式三维仿真的虚幻影像代替了镜箱中的虚幻影像而已，这样对大脑的欺骗性更强，疗效更好，哪怕是双手都被截肢的人，也可得到治疗。实际上，当患者戴上眼罩后，他就进入了一个非常逼真的虚拟环境中，甚至能看见自己的完整身体（包括已被切除的肢体），就像它们完好如初一样。在这个虚拟环境中，患者健康肢体的运动，就会自动转换到已被切除的虚拟肢体上，让患者产生错觉，误以为自己的所有肢体都能随意动作，于是，患者只需要将残肢的幻象摆放到舒适的位置后，就能有效减轻幻痛。经多次重复后，幻痛就能最终被治愈。

镜箱疗法也让我们知道了心智的运作方式，明白了疼痛的机理。原来，我们的疼痛感觉并非来自身体，也不是来自痛觉系统，而是来自大脑。所以，若从感觉角度来看，人类其实不能区分身体及其影像，或者说，身体只是一个幻象，是大脑为了方便起见而构造出来的东西，以便我们描述出“左手痛或鼻子痒”等事情。比如，若给你穿上一件特制的衣服，上面有一只很逼真的裸露假手，而你的真手却被隐藏在袖筒中。让真手和那只假手都平放在面前，这时你只能看见假手，但看不见你的真手。然后，当着你的面，用棉签同时触碰假手和真手的若干相同部位，并让你紧盯住假手。如此反复多次后，突然间你就会觉得自己的真手不见了，而那只假手才是你的手，因为你会很清晰地觉得，随后的触碰感分明是来自于那只假手，至此，那只假手就变成了你的身体影像了。

其实，即使那只假手很不逼真，甚至根本没有手形，人的大脑照样也会被欺骗。比如，你将一只手放到桌下你看不见的地方并慢慢移动，然后，另一个人开始轻轻敲击桌面，同时也轻轻敲击你在桌下的手，且在桌面敲击的位置始终保持在你手臂被敲的同一点的上方。很神奇的是，如果你死死盯住桌面，那么几分钟后，你就不会再觉得对方是在敲击你在桌下的那只手，而是觉得你的身体已经与桌子融合在一起了，你会觉得敲击的感觉是来自桌面，即你的身体影像已扩展到家具上去了。此时如果对方突然在桌面上扎一刀，你将会惊出一身冷汗，以为自己被人捅了一刀，甚至可能惊叫起来。

疼痛就好像身体的影像，它是大脑制造出来的，然后才被投射到身体上。你到底痛不痛，其实并不是受伤处说了算，而是大脑说了算。比如，在激烈的战场上，许多人血流如注，却一点也不觉得痛，只有当他被抬到后方医院时，才开始痛得哇哇大叫。原来在战场上，大脑不允许产生痛感，以便让战士集中精力打仗，直到放松后，大脑才开始处理疼痛信息。有一种“疼痛闸门控制理论”认为，从受伤处到大脑之间，有一连串的控制器或“闸门”，当疼痛信息从受伤处由神经系统向中枢神经传送时，从脊髓开始，这些信息就必须在得到大脑的许可后，才能通过层层关口，最终到达目的地。比如，大脑必须首先确定这些疼痛信息够不够分量，重不重要，然后才能决定是否放行。如果疼痛信息拿到了“许可证”，这道“闸门”才会开启，才会让某些神经元活化，并将疼痛信息传到下一道“闸门”，等待获取下一道关口的许可证。在每一道“闸门”处，大脑既可以放行，也可以关掉“闸门”用释放脑内啡（一种止痛剂）的方式来阻止疼痛信息继续传播。确实，疼痛的感觉在很大程度上是由我们的大脑和心智决定的。

疼痛系统的神经元具有很强的可塑性，比如，脊髓的疼痛地图在受伤后可以改变，长期受伤会使疼痛系统的细胞更容易发射，从而使得当事者对疼痛更敏感。疼痛地图也可以扩大它的感觉区域，以便处理身体表面的更多信息，增加疼痛的敏感度。当疼痛地图变化时，疼痛信息会扩散到邻近的疼痛地图上，从而产生牵连式的疼痛，即一个地方受伤却引发另一个地方的疼痛。有时候，单一的疼痛信息会在大脑中反射回响，即使原始的疼痛刺激已经停止，疼痛感仍会持续下去。

前面介绍的那个镜箱疗法也有缺陷，如果幻痛的发作时间未超过两个月，镜箱疗法的疗效当天就能显现，而且一个月后就能彻底治愈；如果幻痛的发作时间已持续了 5 个月以上，镜箱疗法的效果就有限了，虽然可以大幅度降低疼痛感，却无法根治；如果幻痛的发作时间已持续了 2 年以上，那么镜箱疗法就无效了。令人非常意外的是，此时人们又想到了另一个更简单，甚至连镜箱都不需要的有效方法，即只需要患者动用自己的想象力就行了。原来，手臂长期幻痛者的手臂大脑地图早已因用进废退而退化了，只剩下少量的神经连接。而这些连接，很不幸的是，恰恰就是截肢前最后一刻用到的那些疼痛连接，或者说正是造成疼痛的连接。如何缓解这种本不存在的疼痛连接呢？当然就是要改变患者当前幻肢手臂的大脑地图。但手臂早已被切除了，如何改变手臂的大脑地图呢？有办法，那就是全凭空想，使劲地空想，使劲想象着去运动那只本来就不存在的手臂，想象它正在进行着各种各样的手势，以此活化大脑的运动回路。经过每天三次，每次 15 分钟，持续 12 周的疯狂想象后，竟然真的就有约半数患者的幻痛感消失了。看来，空想的力量还真是惊人呀！

疼痛地图的发现，为我们提供了充足的理论依据，使我们能从源头上避免幻肢疼痛。如今，若要对某人进行截肢，最好在对患者进行全身麻醉前，先在伤口处使用止痛药，再在残肢处进行局部麻醉，以此避免患者将肢体的疼痛感保留在大脑地图中而为今后的幻痛埋下祸根。镜箱疗法、空想法和陶伯的限制－诱导运动疗法表面上看起来完全不同，其实它们都是异曲同工，都是要改变患者的大脑地图，只不过具体的技术细节不同而已。

更一般地说，所有感觉都会在大脑皮层中引发相应的神经发射，反过来，只要刺激合适的神经回路，当事者就会产生相应的感觉。因此，几年前我们在《通信简史》中提出的“全感觉通信”就不再是空想了。实际上，从理论上看，只需将发信方的感觉电波注入收信方大脑的相关神经回路中去，便可以让收信方也能获得各种感觉（如味觉、触觉和嗅觉等。听觉和视觉在这里反而不是重点，因为今天的可视电话系统已具备了这些功能），这显然也是内涵型 AI 的另一个课题。也就是说，今后打电话时，双方可以真切地体会到对方的五官感觉；今后看电影时，观众也可以现场亲自体验相应的五官感觉。

6.4　意念的力量能有多大

通过阅读本书 6.3 节可以知道，意念（空想）竟能改变人类的疼痛地图，其实，意念的本领还远不止这些。本节就来介绍一些真实且严肃的奇闻怪事，若不是出自权威的神经科学家之口，以及客观的实验结果，你可能会以为我们在杜撰呢！

在本节中，科学家所使用的主要仪器是所谓的经颅磁刺激仪，简称经颅仪。在前面的相关章节中我们已经说过，该仪器可以通过释放电磁刺激，以非接触方式来改变我们的行为。比如，它产生的电磁场会透过颅骨刺激相关神经元的轴突，并从那里进入手部的运动地图，然后让被刺激者的手指无意识地扣动扳机发射子弹等。经颅仪可以无痛无害地激活或抑制相关神经元的发射，可以帮助寻找人类的大脑地图，也可以启动一个大脑区域或阻止该区域发挥作用。比如，用强磁暂时阻挡某个区域发挥作用，然后观察受试者失去了什么功能；或用高频去强烈活化某个区域，然后观察发生了什么新现象。经颅仪还可用于治疗某些神经性疾病，比如，某些抑郁症患者的前额叶活化不够，这时就可用经颅仪去活化该区域。

在经颅仪的帮助下，人类首次看到了自己到底是如何学会新技能的。比如，科学家在对盲人学习点字（盲文）的大脑地图进行了长期观察后发现，这些大脑地图竟然是周期循环的。原来，这些盲人每周学习 5 天，每天学习 3 小时，共学习了一年。在学习点字时，盲人用食指轻轻扫过一堆隆起的小点，通过手指所感受到的隆起的小点排列来辨认盲文的内容，因此，他们指尖的运动皮层的大脑地图就会随时发生变化。食指的地图区域明显大于其他指尖，而且随着盲人阅读速度的提高，他们的食指地图区域也会同比增大，但最让人意外的是，这些大脑地图是以一个星期为周期循环的。具体来说，每周五的地图与本周一的地图差别较大，实际上，从周一至周五，大脑地图每天都在快速而富有戏剧性地扩张，但是周末回家休息且下周一又回校后，本周一的大脑地图面积又基本恢复到上个周一的情况了。如此循环了半年后，怪事又发生了：一是从周一到周五，地图面积的扩张速度不如前半年了；二是每周一的地图面积开始慢慢变大了，一直到10个月后达到高峰，此后周一的地图面积基本维持不变。因此，周一地图的改变不像周五地图那样富有戏剧性，但盲人的阅读速度与周一地图的相关性更高。在学习了10个月后，盲人休息了两个月。当他们重回校时，他们的周一大脑地图基本上与两个月前相同，换句话说，他们每天的练习虽然可以致使大脑地图短期改变，但永久性的改变只能在周一的地图中见到。

周一和周五的大脑地图的差别，说明了二者有不同的可塑性机制，即变化较快的周五地图强化了现存的神经回路连接，恢复了过去被遗忘的途径；变化较慢且永久性较强的周一地图，显示了刚形成的全新大脑结构，可能是新神经元连接的分叉和新突触的形成，或者说，它是刚长出的突触新芽，而不是强化了的已有旧枝。看来，若想真正掌握新技能，还真不能靠“临时抱佛脚”，因为它只是强化了现有的神经连接，很快就会忘记，来得快的神经连接也很容易去得快，即来得快的连接很容易解体成其他新的连接。若想永远掌握某项新技能，就必须持续努力，最终形成新连接。

盲人学点字的案例还揭示了许多别的秘密，比如，若用经颅仪去刺激干扰盲人的视觉皮层，阻止视觉皮层的活化，则盲人阅读点字的效率将受到影响，或者无法阅读点字，或者感到读点字的那个指尖的触觉受到了影响，这就说明，盲人的视觉皮层已被大脑征用于帮助处理触觉信息了。这再一次说明，大脑用来处理某一感官的部分，也可以用来处理其他感官。但是，若用经颅仪去干扰正常人的视觉皮层，他们的指尖触觉却几乎不受影响，或者说，正常人的视觉皮层未被触觉征用。测试结果还表明，一个盲人的点字读得越好，他所借用的视觉皮层区域就越多。

新技能的学习确实可以改变我们的大脑，但是，什么才算是学习呢？按传统的观念，动手当然是学习，但出乎意料的是，经颅仪的测试结果表明，空想竟然也是一种学习，而且其效果与动手的学习几乎没啥区别，由此可见，意念的力量是多么大！比如，科学家对两组从未接触过钢琴的人做了一个有趣的实验。首先制定规则，让他们用统一的指法来弹奏一段曲谱，并认真聆听自己弹出的声音。接着，要求第一组人员坐在钢琴前想象自己在弹钢琴，也想象自己听到了自己弹出的琴声，但并不做任何实际动作；要求第二组人员真的动手弹琴。第一组的空想时间与第二组的弹奏时间完全相同，都是每天两小时，每周五天，而且每天开始训练前和结束训练后大家都要接受经颅仪的大脑地图检测。最后，当这两组人员都学会了（想象）弹奏给定的曲谱后，又对他们的大脑地图进行检测，结果很令人惊讶：两组人员的大脑地图都在变化，特别是空想组的大脑运动系统竟然也产生了生理上的变化；到了第三天时，空想组的想象弹奏水平已与实操组大致相当了；到了第五天时，两组人员送往肌肉的运动信息的改变也是一样的，但空想组的进步程度就明显不如实操组了。不过，若允许空想组再进行两小时的实际动手后，空想组的整体水平将迅速提高，并达到实操组训练五天的水平；换句话说，空想组动手两小时就相当于实操组动手五天，因此空想练习能用最少的实操来学习和掌握新技能。如果这段空想练习的手法来自某位大师，而且这段手法可由电刺激方式来代替空想的话，那么，是否意味着经过短期的实操，就有可能让普通人变成钢琴大师呢！这显然又是内涵型AI需要努力研究的课题之一。

用空想改变大脑结构的最具说服力的真实案例之一，出现在20

世纪80年代的苏联。当时有一位政治人士被囚禁了九年，其中有400天被单独关在一个窄小的黑洞中。若普通人被这样囚禁肯定会精神失常，因为遵循用进废退原则的大脑需要外界信息的刺激来维持其大脑地图。但这位政治人士是一个棋迷，还善于下盲棋（在没有棋盘和棋子的情况下，在头脑中与对方博弈），于是，在被囚禁的那段感觉被极端剥夺的时期，他在黑暗的牢笼中开始闭着眼睛自己跟自己下盲棋，这又比普通盲棋的难度更大了，因为他得不断转换角色和思路来努力战胜另一个自己。出狱后，奇迹发生了，他不但没疯，大脑也没有退化，棋艺还大增，以至于战胜了他入狱前的所有对手。至此，终于可以解释许多高僧为什么能面壁数十年而不疯的原因了，原来，表面平静的他们，大脑中的意念正在飞速转动呢！须知，高僧要想保持头脑中的所谓“空灵”状态，其实必须特别不空；正如太极要保持不动，就必须要进行特别的动一样。所谓“特别的动”，是指“反馈+微调+迭代”式的运动，只不过其微调太微，迭代和反馈太快，以至于肉眼根本看不出来而已，否则，太极动作就不会那么累人了，因为当事者需要耗费大量精力去实施反馈、微调和迭代。

若说“空想能改变大脑的神经回路结构”还不够奇怪的话，那就肯定还有更奇怪的事情了，比如，空想也能增强肌肉。其实，从神经科学的角度来看，用意念想象一个动作，跟实际执行这个动作没啥本质差别。当你闭上眼睛，想象一个东西，比如看见了某个字母，那么，你的视觉皮层区域就会亮起来，好像你真的在看这个字母。大脑扫描的结果显示，执行某个动作和想象这个动作所激活的大脑部位有许多重叠，这就是为什么可视化会增进表现能力的原因。有人用一个神奇的实验证明了这样的事实：如果某人想象他正在使用自己的肌肉，则他真的就能增强其肌肉。这个实验是这样的：有两组人同时练习手指头的肌肉，其中一组在做实际的运动，而另一组只是在想象做这种运动。该练习共持续一个月，每周五天。做实际运动这一组（实操组）

每天做 15 次强烈的手指伸缩，每次中间休息 20 秒；想象做运动这一组（想象组）则每天想象他们进行了 15 次强烈伸缩，每次中间也休息 20 秒，同时还要想象一个教练的声音在对着他们狂吼："用力，用力，再用力！"实验结束后，实操组人员的肌肉增强了 30%，这应该是在意料之中；但意外的是，想象组人员的肌肉竟然也增强了 22%！原来，这是因为大脑中负责计划动作的神经元在想象做这些动作时，负责把伸缩动作串在一起的神经元不但被激活了，还被加强了，所以当肌肉真的收缩时，它们的强度就增加了 22%。

其实，想象与实操本来就密切相关，只是过去人们有意无意地夸大了它俩的区别，误认为它们是完全不同的东西，遵守不同的规范而已。实际上，你若能很快地想象某件事，就意味着你对这件事情会越来越熟悉，你也能很快地将这件事做出来。比如，你可以做这样几个简单实验：测量一下你在纸上写出自己名字的时间，然后再测量一下你用想象力写出名字的时间，你会发现，这两个时间几乎完全相同！你还可以测量一下，你若想象用左手写出你的名字的时间，该时间一定会长于你想象用右手写出名字的时间；当然，左撇子的情况会刚好相反。对半边身体瘫痪的中风病人来说，他想象用残手写出自己名字的时间，也会长于想象用自己的好手写出名字的时间。总之，心智的想象几乎与实际的执行一样快，因为它们都是大脑中同一个运动程序的产品，想象的速度也遵守运动程序中神经元发射速度的规范。

既然意念与实际执行的差别是这么微不足道，既然每次想象都会留下物质痕迹（改变大脑突触的生理状态），那么，用意念来代替实际操作也就该大有可为，而这正是今后涉及肌肉功能的内涵式 AI 需要努力的另一个方向，比如，教练用意念来教会学员迅速掌握某种肢体技能等。此时的教学效果肯定好于现在的传统方法，因为教练不必将自己的经验转换成语言，避免了不必要的因不善表达而引起的失真等。当然，用意念来教学的重点和难点仍然是神经回路电模式的更精准的检测、复制、输入和输出等。

6.5 半个脑子也活得很好

本章前面几节已介绍了许多有关大脑的怪事，但最怪的事可能还属本节所介绍的，而且还是真人真事。有一位生于 1973 年 11 月 9 日的名叫米歇尔的女人竟然只有半个脑子，准确地说，在她的头颅内只有右脑半球，左边的颅腔空无一物，左脑压根儿就没有发育出来。出生后，医生经过常规检查后，竟认为她是个正常婴儿，因为那时的大脑扫描仪还很罕见，且谁也不会想到要去扫描一个正常婴儿的大脑，所以，父母也认为女儿没问题。后来她的综合表现也无太多问题，不但谈吐没毛病，还喜欢看电影、看球赛、听新闻、看体育节目、追星和读书，甚至还有一份不错的工作，足够自食其力。她有超强的计算能力，可以闪电般地算出多位数的算术运算结果；她的内心生活很丰富，很有爱心和责任心，经常为别人祈祷，每次选举时都一定会去投票，行使自己的公民权；除非受挫时，平常的口语表达都很流利。

如果非要找出她的某些问题的话，那就是，她不喜欢旅行，因为她在不熟悉的环境中很容易迷路，是一个典型的路盲；她的右手腕是弯的，有点扭曲，但不影响生活，而且她的左手很正常，是一个灵活的左撇子；她的右腿也短一截，不得不穿上一只厚底鞋；她很难理解某些抽象的句子或想法。当然，她最明显的问题是，她看不到来自右边的东西（这可能是因为她没有左脑），所以，小时候弟弟常常从右边偷吃她的薯条，但有时也会被抓，因为她的听觉很好，比常人还好。当然，她的这种超常听力有时也会带来麻烦，比如，在马路上，若有人按喇叭，她就会立即双手捂耳，以避免感官负荷过量；在教堂中，每当管风琴响起，她就得立即逃到门外；学校的消防演习更会使她难受，一来是她受不了强烈的噪声，二来是她受不了人群移动时所造成的视觉混乱。另外，她的触觉也超级敏感，以至于妈妈必须将新衣服上的标签剪掉，使她不至于觉得这些标签刺背。

当然，还在很小的时候，细心的妈妈就发现了米歇尔身上的某些异常情况，比如，女儿始终很瘦小，不像其他小孩那样到处乱爬，她总喜欢安静地坐着，不会用眼睛去追踪移动物体。半岁时，开始有医生怀疑米歇尔的大脑受伤了，而妈妈则以为女儿的眼球肌肉有问题，致使不能追踪移动目标，所以妈妈经常带女儿去看眼科，结果证实，米歇尔两眼的视神经确实都受损了，其视力也因此受到影响。据此，眼科医生也认为米歇尔的大脑有问题，而且大脑病变还造成了视神经萎缩。再后来，妈妈又注意到女儿不会自己翻身，右手无法伸直，经医生反复检查后认为米歇尔是偏瘫，即右半边的身体是部分瘫痪的。虽然米歇尔不属于当时已知的任何疾病，但为了便于后续医治，医生还是勉强给她开出了“比尔综合征”的残疾诊断证明，以使她可以得到残障补贴和医疗照顾等。

后来，也不知何故，米歇尔的情况又开始好转了。首先，妈妈发现，女儿能够追踪移动物体了，这说明米歇尔的视力并未完全丧失；大约 1 岁时，她一直紧握在胸前的右拳松开了，可以正常握拳了；2 岁时，过去不爱说话的她，突然对语言有兴趣了，而且没有学习障碍，智力也很正常；2 岁半时，虽然她仍然不喜欢爬行，但有时在父母的鼓励和引诱下，也能爬得很远了；3 岁时，米歇尔被送到一家医治脑性麻痹的专科医院接受治疗，虽然她并不是脑性麻痹。总之，在后来的若干年中，米歇尔总是能莫名其妙地不断超越自我，不断撞过医生断定的不可逾越的界线，让专家百思不得其解。

1977 年，米歇尔 4 岁时，计算机断层扫描技术取得了实质性进步。这一年，医生对米歇尔的大脑进行了一次整体扫描。天啦，医生惊呼道："她一边有脑，一半没脑！"米歇尔的妈妈承认，如果再早几年知道女儿的大脑状态，全家一定会崩溃。幸好，现在女儿已经不小了，而且病情还在莫名其妙地逐渐好转，这让全家看到了希望，也增强了信心。

如今回头再看时，米歇尔的情况几乎完全颠覆了当时已经盛行百余年的大脑功能区域特定论，因为该理论认为"每个脑半球先天就设定了它的机制和功能，且终生不变"，还认为"左脑是语言区域，负责处理语言和算术等与符号相关的活动；右脑负责非语言功能，包括阅读地图和空间导航时的视觉－空间活动，以及一些需要想象力和艺术能力的活动等"。但是，在米歇尔的头颅中，右脑接管了左脑的全部工作，包括说话和语言等过去断定是左脑专利的心智功能，这表明神经可塑性太神奇了，它竟然能实现最大程度的大脑重组。米歇尔的右脑不但要承担左脑的主要功能，同时也得完成自身的本职工作，而且综合表现还很不错，心智能力基本正常。在普通的大脑中，左脑和右脑会相互帮助，努力将对方的发育协调到最佳状态；它们利用脑电信号来与对方沟通，彼此协调，一起共事。但在米歇尔的头颅中，右脑孤立无助，只能自力更生，自己发展，自己完成所有的神经连接回路。

米歇尔的情况几乎让神经学专家蒙了，既然只需一半的大脑就能生存，人类何必又要进化出特别消耗能量的两个大脑半球呢？为了发展必需的品位、机智、同理心、见微知著等精神需求的能力，我们至少需要多少大脑呢？如果只是为了能够生存下去，我们又至少需要多少大脑呢？假如左右半球中只能保留一个，到底又该牺牲掉哪一个呢？当两个半球的功能必须相互竞争同一块大脑区域时，情况又会怎样呢？仅仅依靠米歇尔这一个特殊案例，在可见的将来，当然不可能知道以上问题的全部答案，但让人类提出了重要问题，它们也是今后发展内涵型 AI 所需要回答的问题，比如，内涵型 AI 的功能极限到底在哪里？正常的大脑到底还有多少潜力？正常的大脑能否容得下人类已有的全部知识？等等。

米歇尔的病例至少让部分神经生理学家相信，只要给予适当的外界帮助，大脑就可以不断发展和改变，直到躯体死亡。于是，在米歇尔 25 岁那年，一位名叫格拉夫曼的医生决定对米歇尔进行深入研究，以帮助她不断改进心智状态。医生决定，首先让米歇尔了解自己的真实情况，要让她学会控制自己的情绪，因为过去她的情绪确实不太稳定，只要没达到目的就会大吵大闹，特别是在遭受挫折后，她的脾气会更坏。

很快，米歇尔就养成了较好的脾气，而且相信，自己仅有的半个脑子将足以应付未来的生活。实际上，米歇尔对具体事件拥有超强的记忆力，她能记得所有细节，所以拼字能力很强，甚至能记住字母在页面上的排列方式，是因为她可以将整个事件记忆在大脑中，并长期维持它们的鲜明程度和生动程度，使得她随时都像是刚刚经历过这些事件一样。她在日期记忆方面绝对是天才，比如，她能随口说出诸如“三年前的 6 月 4 日是星期几？”，或者“1902 年的第一个星期天是几号？”等普通人根本回答不上来的问题。她对许多重复性的事情很着迷，比如，特别喜欢接龙游戏，还玩得特别好；特别喜欢输入数据，甚至将 5000 多个亲朋好友的详细通讯录都输入到自己的计算机中；特别喜欢折纸鹤，能在半小时内折出上千只纸鹤，而且只需用一只手。

但是，她的抽象思维有问题（这也许是因为她右脑太过拥挤的原因吧），无法理解潜在的观念和主题，无法归纳相关事物的重点，比如，无法理解“闭月羞花，沉鱼落雁”或“强扭的瓜不甜”等句子的意思，更学不懂代数等数学内容，所以，她只好将抽象符号具体化，比如，将星期五具体化为煎锅等。

虽然到目前为止，人们还不能圆满解释米歇尔身上发生的奇怪事件，但是，还是有神经生理学家给出了一个比较初步的分析结果。这也许对我们了解大脑有一定帮助，至少知道，虽然每个脑半球都有其专长，但脑半球的专长其实并不是先天固定的。由于米歇尔的左脑组织在她的右脑承担任何功能之前就已丧失了，甚至可能是在妈妈的子宫中时，右脑就已开始“穷人的孩子早当家了”，所以米歇尔并没有早期夭折，是因为大脑在幼年时可塑性最强，因此右脑便能及时替补左脑的相关功能，以至于保住了米歇尔的小命。比如，本来用于处理视觉－空间的右脑，现在也被用于处理语言了。由于她小时候是半盲，又不会爬行，所以她在学会走路和看东西之前就先学会了语言，使得语言在竞争中胜过了视觉－空间。由于在生命的早期，大脑的两个半球很相似，所以她的心智功能就可以迁移到另一边的大脑半球，假如米歇尔的左脑在两岁后才受损，那她的语言等心智能力可能就会很糟。

实际上，学习某项心智能力的年龄，会强烈影响大脑中处理它的区域。在婴儿期，小宝宝是慢慢接触外界事物的，所以当婴儿学习新技能时，那些未被使用的大脑区域，都有可能被派上用场。因此，每个大脑的同一个地方，可能都负责不同的功能；由于米歇尔的左脑不可用，所以右脑的某些区域便被那些本该由左脑完成的技能征用了，而且还是强行征用的。另外，米歇尔之所以不能抓住重点，不能了解格言，不能读懂隐喻，不能掌握抽象概念，缺乏远见等，是因为她的右脑前额叶的功能不健全，或右脑太拥挤，任务太重，忙不过来；米歇尔之所以拥有若干“白痴天才”的能力，那是因为她的左前额叶受损了，实际上她根本就没有左前额叶；米歇尔之所以容易情绪冲动，是因为她对远见的缺乏而增加了焦虑感；米歇尔之所以不会提取事件的主题，是因为她的事件细节记录功能抢先占据了她的右前额叶，使得主题的提取功能根本没机会发展。米歇尔之所以有超强的事件记忆能力，是因为她只有一个脑半球。因为若有两个脑半球，它们就会不停地沟通，不但告诉对方自己在做什么，还会纠正对方的错误，规范对方的行为，使任何一方都不要过于特殊，保持双方的基本平衡。但是，假若只有一个大脑半球，那么这个大脑半球的发展就不会受到抑制，以至于出现畸形发展，比如，米歇尔的事件记忆能力就畸形地超过了普通水平。至此，米歇尔的部分谜底终于有了阶段性答案。

6.6　塑造大脑的四种规则

重塑大脑的本质就是重塑大脑内的神经连接，可大脑的可塑性却一次次地突破人类认知底线。6.5 节中米歇尔的故事告诉我们，半个脑子也能坐稳江山；而本节的一位名叫蕾内塔的非裔美籍妇女的真实故事则告诉我们，死亡后的神经细胞也能奇迹般地恢复。原来，蕾内塔在纽约中央公园被勒颈窒息，其大脑因缺氧太久而造成颅内神经细胞死亡。虽经过了五年多的抢救和医治，她的运动皮层区所遭受的严重伤害仍未好转，全身几乎不能动弹。由于长期困在轮椅中，她的肌肉已萎缩。由于她的海马回也受伤了，记忆有困难，只能阅读简单资料。总之，过去大家都一致认为，一旦大脑细胞死亡，大脑就永远无法恢复了。

可是，格拉夫曼（6.5 节中拯救米歇尔的那位医生）却在大脑可塑性理论的指导下，为蕾内塔设计了一套密集的训练课程，让她接受了大量的记忆、阅读和思考练习（至于训练细节，这里就不赘述了），于是，她开始慢慢地动起来了，也愿意与别人沟通了，还能集中注意力思考问题了，更能记得当天发生的事情了。最后，她竟然回到学校念完了书，毕业后还找到了一份工作，重新进入了社会。虽然她并未完全康复，但是，大脑可塑性练习使她康复到如此地步，已经非常令人震惊了，甚至达到不可思议的地步。

另一个富有启发性的病例发生在一位名叫保罗的17岁少年身上。大约在半岁时，保罗的头部在一场车祸中受到重击，头骨碎片插入了右脑顶叶，计算机断层扫描的结果显示，保罗的右脑中有一个胞囊，但他的左脑并未受到明显伤害。奇怪的现象发生了，既然保罗的左脑顶叶是正常的，既然常规的观点认为左脑顶叶是储存数学知识和做计算的地方，可为什么保罗在计算和数字处理等方面却出现了严重问题呢？而且，当保罗在做简单的数学题时，大脑扫描的结果显示，他的左脑顶叶确实几乎没有被激发，也就是说，左脑顶叶并未承担它自己的本职工作。既然保罗的右脑顶叶受损了，既然常规的观点认为右脑顶叶负责处理视觉－空间问题，可为什么保罗的视觉－空间能力却基本正常呢？而且，大脑扫描结果显示，保罗在看东西时，他的左脑顶叶被激发了，也就是说，左脑不务正业，竟然承接了本该是右脑的工作。这到底是为什么呢？原来，保罗出车祸时只有半岁，当时他还没有接触到数学，因此左脑的相关区域在当时还是空闲的。但是，视觉－空间的处理任务刻不容缓，而当时负责该任务的右脑又已受损，所以，左脑顶叶区域就被提前抢走了，其情形与米歇尔的情形相似。

由于格拉夫曼曾是越南战争时期头伤研究所神经心理研究室的主任，所以他接触了大量的额叶受伤的士兵，得到了他们康复情况的详细资料，当然也知道他们在受伤前的身体情况，因为入伍新兵都得进行例行的体检嘛。由于额叶是大脑中的重要协调中心，它能使心智聚焦于当前事件的重点，能帮助大脑形成目标，快速做出决定等，所以格拉夫曼不但要研究如何对伤兵进行康复训练，还要对伤兵的康复情况进行总结和预测。结果他发现，在受伤部位和伤情相似的情况下，智商越高的士兵，受伤后好像就越能重组他们的认知能力来支持受损部位的功能，或者说，智商越高的大脑，就具有越强的可塑性，就越能塑造出新的神经回路结构来代替旧的、已受损的结构。其实，这主要是因为用进废退原则在大脑神经连接中扮演着关键角色。比如，在记忆功能中，用进废退表现得最明显，某个词若使用得越频繁，它就越容易被提取出来，即使是文字处理区域受损的伤兵，他提取受伤前的常用词的速度，也快于生僻词的速度；智商高（频繁用词更多）的伤兵，比本来识字不多（智商低）的伤兵，当然就更容易提取出更多的词汇，从而显得康复效果更佳。

将大脑的可塑性理论与传统的大脑功能区域特定论融合改进后，许多神经学家认为，大脑可以分成好几个区域，在发育的时候，每个区域都有自己主要负责处理的某种心智活动。若这是复杂的心智活动，就得有好几个区域来相互沟通，彼此协调。比如，当我们阅读一段文字时，词语的意义存储在大脑的一个区，字形存储在另一个区，发音存储于其他区等。每个区域都有神经网络彼此连接，所以，当我们遇到一个词时，我们便可以看见它、听到它、了解它。每个区域的神经元都必须同时被激活，这样就能使我们能同时看得见、听得到，还能明白它的含义等。

大脑在对任何类型的信息进行加工时，都要征召分布广泛的神经元集群，这便是所谓的“神经元的分布编码原则”。具体来说，在负责处理某个行为的大脑区域中，位于中心的神经元是完成该行为的主力，在区域边缘的其他神经元则是“增援部队”，甚至只是“兼职人员”。所以，相邻的大脑区域就会相互竞争，相互抢夺这些位于边界的神经元，以至于在每一个活动中，边缘神经元的作用可能都不相同，边缘争夺战的局部战果也不同。脑造影的胶片显示，边缘神经元的新知识可以快速扩展（或缩小），甚至在几分钟之内，相邻大脑地图的“边疆”都会改变。当然，如果因为外伤或天生缺陷等原因造成了某个行为的大脑神经"主力部队"被灭，那么，"增援部队"或"兼职人员"则可能充当替补，甚至最终转正为新的"主力部队"，从而创造出像米歇尔或蕾内塔那样的奇迹。

归纳而言，大脑神经的可塑性主要遵守如下四项规则：

规则一，大脑地图的扩张。大脑地图之所以要扩张，是因为要想满足日常生活的需要，各功能边界的神经元将会实时改变自己的角色和工作性质，以便处理更多种类的工作。

规则二，感官的重新分配。当一种感官被阻挡了，另一种感官可能就会给受阻感官的大脑地图分配新的工作任务，而不是让它永远闲着。比如，当视觉皮层没有正常的刺激进来时（这就是盲人的情况），它就可以接收其他感官（比如触觉或听觉）送进来的新信息。这也是盲人的听力或触感通常会更好的原因之一。

规则三，补偿性欺骗。这种可塑性主要来自大脑工作方式的灵活性，即大脑可用多种方式来完成同一种任务。比如，普通人可以凭方向感来认路，如果他因脑伤而失去了方向感，那他也可以凭路标来认路，或直接请教周边居民等。又如，阅读有困难的人，可以改用聆听录音的方式来学习。

规则四，相对应区域的帮忙。当一个脑半球的某些区域不能正常工作或应接不暇时，另一个脑半球的相应区域便可以优先出手帮忙，甚至将该工作接过来自己做，哪怕可能做得不如原来那么好，但它可以逐步适应，以便做得越来越好。

大脑可塑性的另一个不可思议的事实是，它不但能重塑自己肢体的大脑地图，甚至能将体外的许多东西，特别是各种工具，同化为自己身体的一部分，使外界工具成为与身体无缝对接的真实外延，甚至为这些工具分配必要的大脑地图。比如，某人成为杰出的钢琴家和骑手的过程，其实就是他与钢琴和马匹逐渐融合的过程，最终，钢琴和马匹就像他的手、脚和胳膊那样，变成了大脑中的神经表征附属体。更一般地说，每个人的大脑，随时都在不断地同化身边的一切事物，并根据周围的信息，来永不停息地更改自我形象，所以，大脑一直在把我们的衣服、手表、鞋子、汽车、鼠标、餐具等日常用品加入我们不断扩展及收缩的身体表征中。有证据显示，在热恋中，情人的大脑，会把对方的气味、声音、味道和触感等与自己融为一体，把对方的一切都转化为自己热情而生的附加物。难怪失恋的人会很痛苦，因为对大脑来说，失去爱人就等于失去了自己身体的一部分，而且还是最重要的那部分。

总而言之，玄妙莫测的所谓脑机接口其实并不神秘，我们的大脑早就在与外界的所有东西进行主动的无线连接了，只是过去我们没意识到而已。

|下 篇|

基于微观神经脉冲的机会

细心的读者也许已经注意到，本书的副标题是“基于脑机接口的超人制造愿景”，换句话说，本书的目的是要制造超人，即在某些方面的智能和技能超强之人，甚至各方面的能力都超强之人，当然，这种超人状态也许只需维持很短一段时间，然后再恢复正常，毕竟超人状态需要耗费太多的能量或需要牺牲其他方面的一些能力。本书制造超人所希望使用的手段主要是脑机接口，即利用输入或输出的电子接口将大脑或神经系统的潜能长期或短期地发挥到极致。

既然是接口，就必须考虑相反的两个方面，即输出和输入。

第一，关于输出。若将大脑看成一个黑箱系统的话，该系统的输入渠道有很多，包括但不限于听、看、触、尝、嗅等；但输出渠道很少，几乎只有言和行。而“言”又受限于文字，经常会出现“只可意会不能言传”的情况；“行”也受到肉胎凡体的限制，经常会出现“力不从心”的情况。因此，若想更有效地打造超人，就必须开通大脑的更多输出渠道，特别是要全面而精准地获取或检测神经元发射时所释放的电脉冲。在宏观情况下，这些电脉冲将以脑电波或脑电图的形式被获取或检测。在本书的上篇中，我们已经介绍了许多基于宏观输出的内涵型AI应用，比如，命令个数不多的意念控制系统，内容受限的意念通信系统，给定候选集合的读心术，认定犯罪嫌疑人的超级测谎仪等。在中观情况下，脑电脉冲将以大脑地图的形式被获取或检测。在本书的中篇中，大脑地图虽然主要被用于治病救人，但若从纯理论角度来看，这些治病救人的方法完全可用于制造超人，或在某方面能力特别强的偏科超人。比如，若需要临时制造一只具有超强嗅觉的警犬，便可在继续保持其现有嗅觉系统的前提下，经过简单手术，将它的嗅觉信息同时搭线到视觉大脑地图、听觉大脑地图等所有五官感觉的大脑地图上，于是该犬就能动用它的所有感觉神经（而不只是过去惯用的嗅觉神经）来处理嗅觉信息了，这当然会大幅度提升它的嗅觉；实际上，病态情况下的“白痴天才”就是这样被“制造”出来的，只可惜他们身上的那些天生就搭错了的连线不容易被剪断和恢复到正常状态而已，但由人工在警犬身上临时搭建的连线却可以轻松复原。在微观情况下，脑电脉冲将以神经回路电活动的形式被获取或检测。若从纯理论上看，只要能解决微观情况下的脑电输出问题，中观和宏观的脑电输出问题也都会迎刃而解，基于中观和宏观的内涵型AI应用也几乎都能照搬到微观的情况下，只是这时的精度更高而已。比如，意念控制将更加随心所欲，不再受到命令个数的限制，甚至可以用一个人的意念去控制另一个人的意念，即一个人只需通过意念便能给另一个人传授某些知识和技能等。

第二，关于输入。虽然脑机接口的快速简捷输入很困难，但非常有趣的是，在宏观和中观情况下，大脑的输入问题却很简单。比如，我们从小到大的所有学习和训练过程，以及本书前面所介绍的许多医疗过程，其实都是在有意或无意地向大脑输入脑电信号，而且还是可以精细到中观层次的脑电信号，其结果就是改变了相关的大脑地图或脑电图。但在微观情况下，脑电信号的输入是脑机接口的难点和重点，因为人类至今也不知道大脑到底是如何对脑电信号进行编码和解码的，所以，很难制造一段人工电信号让大脑读懂，当然也就很难控制大脑了。但是，“不能制造人工信号”并不意味着无计可施，比如，从理论上看，我们可以将天才的某段脑电信号，在微观情况下，照搬到普通人身上，从而将后者打造成天才。如果在大脑里动手术太危险的话，也可以先在某些肢体上想办法，这也是微观层次上内涵型AI可能会优先考虑的课题。比如，钢琴家在弹奏某段曲谱时，他的大脑会向手部肌肉发出一系列神经电信号，若能将这一系列的神经电信号同时也搭接到另一个人的手部，那么这个人也将不由自主地开始弹奏钢琴（当然也可能有一丁点时延和走样）。钢琴在后者手上产生的感觉信息，将通过他自己天生的神经通道上传到大脑中，这当然可视为钢琴家的脑电信号被间接而精准地输入到了另一个人的大脑中。其结果就是，后者也许很快就能学会弹钢琴，并在自己的大脑中形成新的表征钢琴技能的神经回路。肯定还有许多其他可能的办法能将一个人的天然脑电信号精准而快速地输入另一人的大脑中，并将前者的某些知识和技能传授给后者，或者说，一个超人能很快地将其他普通人打造成超人。当然，这些思想实验还有待检验，毕竟，当前的工艺水平等还远远不能如意。

我们一直在纠结这样的问题，目前在微观层次上谈论内涵型 AI 是否太早。坦率地说，若从实际操作角度看，确实太早，甚至目前都不知该从哪里入手。但是，若从理论上来看，可能就不算太早了，因为通过本篇后面的介绍，我们将知道，在输出方面，目前人类已经可以检测到单个神经元的放电情况了，甚至可以检测到单个神经元的局部放电情况。在输入方面，也已经可以激发某个或某几个特定的神经元或抑制某个或某几个神经元的发射了。换句话说，对于任何给定的神经元集群，只要所含的神经元数量不太多，我们都能将它们连接成一个神经回路，而办法只是反复不断地同时激发它们（或者说，使它们的激发时间差前后不超过 20 毫秒），因为“同时发射的神经元会连接在一起”。另外，对于任意给定的神经回路，我们也可以从中摘除指定的神经元集群，只要该集群中的神经元个数不太多，而办法只是在其他神经元同时发射时，抑制该集群中的所有神经元（或者说，让待摘除的神经元集群的发射时间与其他神经元的发射时间差超过 20 毫秒），因为“不同时发射的神经元就不会连接在一起”。于是，只需合适的发射或抑制动作，我们便可以在大脑中随意形成所需的神经回路（等价于形成相应的知识和技能），只要所涉及的神经元个数不太多。

针对少量的神经元，既然我们已能将它们搭建或擦除成任意神经电路，或者说已经可以输入和输出相关的知识和技能，那么当前在微观层次上的内涵型AI所处的状态，就很像是“晶体管计算机已经诞生，但集成电路还没出现”的那个年代了。那时，人们从理论上也已搞清大型计算机的原理，即只需将足够多的晶体管搭建成所需的电路就行了；但是，在实际操作中如何才能将晶体管足够小型化并将它们搭建成所需的电路呢？终于，借助半导体的“通电”和“断电”特性（单向导电性），基尔比等人克服了这个难题，发明了集成电路。如今，若仅限于理论推导，只考虑“克隆”天才的大脑（或大脑的一部分），那么神经元的发射就相当于半导体的“通电”，神经元的抑制就相当于半导体的“断电”，甚至重塑大脑的工艺难度还有可能会小于高精度的芯片光刻机，因为大脑雕刻错了后还可以“擦除”，而芯片雕刻错了就只能报废，神经元的大小也与大规模集成电路的精度相当，甚至神经元的个头还更大，别忘了某些神经元长达约1米。总之，但愿内涵型AI领域中的“基尔比”能早日诞生，没准那个“基尔比”就是未来的你。

至于微观层次上的神经元“半导体特性”到底都有些什么呢？本篇将详细介绍。再次强调，所有与大脑相关的想法都不可轻易拿人体做实验，本书绝不鼓励任何人在未经严格论证的情况下草率行事。再次重申，本书不是医书，更不是像给予本篇众多启发的《神经生物学》那样的权威神经学专著，我们只聚焦于《神经生物学》之类的著作所述的神经元电学性能，无意追求它们的生物学严谨性和全面性，当然，在此我们必须真诚地感谢于龙川教授等《神经生物学》的数十位作者。为什么《神经生物学》竟有数十位作者呢？我们也不知具体答案，但这至少说明一个事实，即使是在神经科学领域，本书微观篇中所涉及的神经知识也是大跨度的，也需要数十位更细分领域的神经科学家才能讲得清楚，而且本篇内容当然不只涉及《神经生物学》。由此可见，本书要在这么多神经学的“太岁”头上“动土”是多么不易，其难度和风险又是多么巨大。幸好，事实即将证明，以下各章仍能让你轻松读懂，而仅有的门槛是你要掌握初中物理电学部分的基础知识。

本篇的主要目的只是想启发 IT 人士，让大家在内涵型 AI 的科研领域内大胆假设，小心求证，毕竟，意念控制和意念通信等宏观和中观的已有成果足以证明，该领域确实是一个有待开发的“大金矿”，确实是“应用无限，想象无限”。

第 7 章

神经元的电特性

神经元和神经系统的前世演化史已在本书第 1 章中介绍过了，下面将介绍它们的今生和来世，当然仍然聚焦于它们的电学特性。实际上，神经系统是生物感知外界、形成与保存记忆、决策判断和指导行为的生理系统，是意识和智慧的物质基础，是生物的信息处理中心。神经系统主要包括两大类细胞：神经元（又称神经细胞）和神经胶质细胞，比如，在人的大脑中约有 1000 亿个神经元和 1 万亿至 5 万亿个神经胶质细胞，而且神经胶质细胞约占大脑质量的一半。这两类细胞的结构和功能各异，只有两者相互协调，神经系统才能正常发挥作用。不过，本章只重点从电学角度来介绍神经元，而几乎忽略神经胶质细胞。

7.1 神经元的一般结构

神经元是神经系统最基本的结构和功能单位，准确地说，神经系统通过神经元来形成、接收、加工和传递信息（包括电信息和化学信息），或者说，每个神经元都是一个最小的信息处理单元，相当于集成电路中的一个二极管。

神经元的发现，得益于人们发明并改进了细胞染色法，该法可以将神经元的细胞核、核周的一些斑块，甚至整个神经元都染成深色。

于是，借助显微镜，人们才真正看清了神经元的完整形态，以及各脑区的许多神经回路。为此，相关的科学家还获得了 1906 年的诺贝尔医学或生物学奖。

从细胞学的角度来看，神经元与其他细胞一样，也是由细胞核、细胞质和细胞膜组成的。其中，细胞核是由双层的核膜包裹而成的球体，位于细胞体的中心位置，核内有保存遗传信息的染色体。细胞质是细胞膜内除细胞核以外的其他部分，主要包括富含钾离子的细胞内液、纤维状的细胞骨架和各种细胞器。细胞膜是厚度约为 5 纳米的脂质双层膜，膜上嵌有膜蛋白。细胞膜包裹了整个神经元，将神经元与外界分隔开来。

从外形结构上来看，神经元的结构分为细胞体和神经突起（或突出），神经突起又可细分为树突和轴突。具体来说，细胞体是神经元的代谢中心，主要负责蛋白质的合成和能量代谢，以维持细胞的生存。细胞体可接受外界的信号传入，它的体积只占神经元总体积的很小一部分，约十分之一。不同神经元的细胞体的个头相差很大，其直径在 5 到 150 微米，其形状也千差万别，有的呈圆形，有的呈锥形，还有的呈多角形。

树突是神经元接受外界信号的主要部位。从外形上看，树突是神经元细胞体向外的发散和延伸，不同神经元的树突形状和大小各不相同。树突与细胞体的界限有时很难区分，以至于树突近端的细胞器都可以直接从细胞体进入树突。一个神经元可以有很多树突，树突在向外延伸的过程中还可以再生长出新的分支，所以有时也将神经元的树突称为树突树，因为它们的外形确实很像一棵树。树突可以与其他神经元的轴突末梢形成突触，以便接收其他神经元传入的信号，因此，树突是神经元接收信号传入的主要部位。树突表面可以长出一些称为树突棘的小突起，数目不等，比如，大脑皮层中最大的锥体细胞的树突棘的数目可高达 3 万至 4 万个，小脑皮层的浦肯野细胞的树突棘的数目甚至可以达到 10 万个以上，当然，也并不是所有神经元的树突都会长出树突棘。树突棘上分布有多种受体的离子通道，它们是树突形成突触的重要位点。树突棘分为简单和复杂两种类型，前者是中枢神经系统中常见的形式，它由一个泡状的头通过一根细茎与树突相连，呈棒槌状。后者（复杂树突棘）呈多叶的瘤状，常可以参与形成多个突触。树突棘的形状、大小和数量与神经元的发育和功能密切相关，当神经元处于发射状态时，树突棘的数量和形状可能在短短的几分钟之内就发生可塑性变化。

每个神经元都有细长、分支少、精细均匀、表面光滑的轴突，它主要负责神经信号的向外传导。不同类别神经元的轴突长短不一，长的可达 1 米，短的不足 1 毫米。有的轴突在延伸过程中会产生分支，称为轴突侧支，它们往往在远离细胞体的轴突上从轴突垂直发出，粗细也与主干基本相同。轴突内不含用于合成蛋白质的细胞器（这也是区分树突和轴突的主要依据），却含有大量平行排列的微管和神经丝等细胞骨架，它们在轴突的形成和维持以及轴突物质运输方面具有重要作用。轴突从神经元细胞体上的呈锥状隆起的部位（轴丘）发出，轴丘逐渐变细形成轴突的起始段。在该起始段处，细胞膜上的离子通道分布奇特，以至于该处细胞膜的兴奋阈值很低，从而成了神经元兴奋的发起部位。神经元产生兴奋时的电压，称为动作电压，它使得电信号可沿着轴突传导。

被髓鞘包裹着的神经元轴突称为有髓纤维，它能以每秒 5 至 30 米的速度传递信号，大部分轴突都是这类情况；未被髓鞘包裹着的轴突称为无髓纤维，它只能以每秒 0.5 至 1 米的速度传递信号。髓鞘并不会将轴突完全包裹，而是分段包裹，髓鞘之间轴突裸露的地方称为郎飞结，此处的细胞膜上含有丰富的电压门控钠离子通道，膜下有丰富的膜内颗粒。郎飞结易于激活，以便动作电压在此处再生。带有神经信号的动作电压在有髓纤维上跳跃性地传递，因此，有髓纤维的传递速度快于无髓纤维。在一般情况下，轴突较短的神经元（如抑制性的中间神经元）没有髓鞘包裹，轴突较长的神经元（如连接神经系统不同区域的神经元）均有髓鞘包裹。

轴突的末端膨大，称为轴突终末，这里常会发出许多细小分支，它们没有髓鞘包裹，称为终末树。轴突终末与接收信号的另一个神经元或效应细胞（如肌肉细胞等）进行细胞间的信息传递。该信息传递的接触点称为突触，该信息的连接称为突触连接。有关突触的更详细的内容，将在本书 8.2 节中做介绍，这主要是因为突触实在太重要了，不可马虎。不过，简单来说，突触主要由三部分组成，分别是突触前神经元的轴突末梢（又称突触前成分）、神经元之间突触间隙和突触后神经元的树突末梢（又称突触后成分）。根据其结构和电生理特性，突触可分为两大类：化学突触和电突触。其中，化学突触是哺乳动物突触的主要类型，它由参与突触形成的两个神经元相应部位细胞膜的特化增厚区及其之间的约 20 至 40 纳米的间隙组成。当信息从一个神经元传递到另一个神经元时，突触前成分释放神经递质，作用于突触后成分的神经递质受体，将信号传入突触后神经元。电突触的本质是缝隙连接，此时，突触前膜和突触后膜之间的间隙很小，只有约 3 纳米。实现两个神经元之间的电连接的东西称为连接子，它的中间管道允许带电离子自由通过，使得电信号可以快速地从一个神经元传递到另一个神经元。

神经元的种类很多，若根据细胞位置来分类，便有中枢神经元和外周神经元两大类。中枢神经元又可按照它所处脑区的不同，分为大脑皮层神经元、海马神经元和小脑神经元等。若根据细胞形态来分类，便有单极神经元、双极神经元、假单极神经元和多极神经元等。其中，单极神经元是最简单的神经元，它只从细胞体延伸出一个突起。该突起可以产生不同的分支，有的分支充当轴突，有的分支则具有树突的功能。在非脊椎动物的神经系统中，单极神经元占主要地位；在脊椎动物中，单极神经元只存在于自主神经系统中。双极神经元含有两个突起，一个是接收信号的树突，另一个是发出信号的轴突，比如，视网膜的投射神经元就是典型的双极神经元。假单极神经元也只从细胞体上伸出一个突起，但与单极神经元不同的是，它的突起在离细胞体很近的地方一分为二，比如，背根神经节的感觉神经元就是一类典型的假单极神经元，它们的外周端分布到体表等各个组织，以接收从中枢端到脊髓背角的外界信息。多极神经元是哺乳动物神经系统中最主要的神经元类型，它具有一个轴突和多个树突，比如，脊髓的运动神经元、海马的锥体细胞和小脑的浦肯野细胞等都是典型的多极神经元。

若根据细胞的功能来分类，神经元又可分为感觉神经元、运动神经元和中间神经元三大类。其中，感觉神经元的细胞体位于背根神经节中，其神经突起延伸到身体的各种感觉器官上，它们从外界获取各种感觉信息，然后将这些信息传递到中枢神经组织内。感觉神经元是传入神经系统的信息起点，所以又称为初级感觉神经元，它们属于假单极神经元。运动神经元的轴突与骨骼肌纤维形成突触，将中枢神经系统的信息传递给肌肉组织。运动神经元的细胞体位于脊髓的腹角，具有许多根树突，属于多极神经元。中间神经元的数量最多，它们只与其他神经元建立联结，它们的体积通常较小，主要功能是进行反馈调控。

若根据树突棘来分类，神经元可分为有棘神经元（比如锥体神经元）和无棘神经元（比如大多数中间神经元）两大类。

若根据轴突的长度来分类，神经元又可以分为两类，分别是高尔基 I 型神经元和高尔基 II 型神经元。其中，高尔基 I 型神经元又称为投射神经元，它有很长的轴突，可以从一个脑区投射到另一个脑区，比如，大脑皮层的锥体细胞就属此类，它可以从大脑皮层延伸到脑白质。高尔基II型神经元又称为局部环路神经元，它的轴突较短，只延伸到胞体周围，可以相互作用形成局部神经回路。比如，大脑皮层中的星形细胞就是高尔基Ⅱ型神经元，它的轴突很短，不会从皮层中投射出去。

若根据神经递质来分类，神经元又可分为许多种类，比如，γ-氨基丁酸能神经元、谷氨酸能神经元、胆碱能神经元、肾上腺素能神经元、多巴胺能神经元和肽能神经元等。顾名思义，它们传递信息的能量主要来自不同的化合物，所以，为降低阅读难度，这里就不细述了。不过，现在已经发现，神经元中其实可以有多种神经递质共存，所以此处的分类也不够严谨，幸好这不是本书的重点。

在神经元的结构中，还有一个重要东西必须介绍，那就是细胞骨架，它的作用是维持神经元的形态、结构和功能，参与细胞膜形状的改变和分泌活动，还参与细胞器和蛋白质的转运与区域化。细胞骨架由细胞内部的微管、微丝和神经丝等复杂的纤维状网络结构组成，它所含的蛋白占到神经元蛋白总量的四分之一。这里的微管是一端为正极另一端为负极的、直径约 24 纳米的极性空心管状纤维，贯穿于整个神经元的内部，不仅具有机械支撑作用，还有运输、定位和组织的作用。特别是扮演运输作用的那类微管被形象地称为分子马达，其中，从微管的负极向正极移动的分子马达，称为驱动蛋白；反过来，从微管的正极向负极移动的分子马达，称为动力蛋白。微管在神经元形态的形成和维持、神经突起的形成和延伸以及轴浆的运输等方面都很重要。微丝是一些直径为 4 至 6 纳米的细丝，它们在神经元细胞膜的内侧形成一张致密网络，以维持和改变细胞膜的形状，参与突触前膜和突触后膜特殊结构的形成与维持，参与引导神经突起的形成与延伸，参与囊泡分泌等重要的生理过程。最后，神经丝是神经元的中间丝，直径约为 10 纳米，它是三类细胞骨架中最为坚韧和稳定者，也是含量最多者，比如，它在轴突中的含量是微管的 3 至 10 倍，对维持轴突的形态非常重要。

在许多长轴突的神经元中，轴突占细胞总体积的大部分，但由于轴突中没有合成蛋白质的细胞器，所以轴突中所需的这些细胞器就必须从细胞体中运送过来；一些轴突终末所需的细胞器（比如线粒体等）也要从细胞体中运输到轴突终末；某些轴突末梢的内吞体，也得从轴突末梢运输到细胞体等。总之，所有这些在轴突中的运输，都统称为轴浆运输。根据运输的方向，轴浆运输可分为两类：从细胞体到轴突终末的顺行轴浆运输，以及与之方向相反的逆行轴浆运输；根据运输的速度，轴浆运输又可分为每天运输几百甚至上千毫米的快速轴浆运输，以及每天运输速度低于 10 毫米的慢速轴浆运输。快速轴浆运输的对象一般为膜性细胞器，运输的途径是极性一致的微管，其正端指向轴突终末，负端指向细胞体，快速轴浆运输的方向既可以是顺行（此时以驱动蛋白为运输载体），也可以是逆行（此时以动力蛋白为运输载体）。慢速轴浆运输的对象一般为胞浆蛋白和细胞骨架成分，运输的方向是从细胞体到轴突终末，即只有顺行移动没有逆行移动。轴浆运输的停顿会导致轴突远端的功能丧失，比如，阿尔茨海默病和肌萎缩脊髓侧索硬化症等的病因之一，就是因轴浆运输障碍而引发的神经退行性问题。

神经系统的主要功能是在神经元之间传递信息，而且在不同种类的神经元之间的信号传递方式都大同小异，都遵循“化学—电学—化学”的传递模式。比如，神经元通过有髓纤维传递信号的过程可简述为，突触前神经元向突触后释放化学信号（作为带电离子的神经递质），神经递质引起突触后神经元产生突触电压；突触电压在轴丘或轴突起始段积累，达到阈值后就引发动作电压；动作电压沿着轴突向下传递至轴突末端，引发神经递质的释放，从而将信息传递给突触后神经元。

至此，神经元作为神经系统结构和功能的基本单位，我们已从电学角度，对它进行了比较全面而直观的介绍，当然也忽略了许多无关的内容，比如，总质量占到大脑一半的神经胶质细胞以及一大堆化合物的含义等，毕竟本书不是生物学著作。形象地说，大脑和神经系统就是一个复杂的电信号网络系统，其中各段电路的通断由相关突触的导电性决定。

7.2 神经元的信息通道

从内涵型 AI 的角度来看，神经系统的最重要功能就是传递信息。若想实现信息在神经元之间的传递，就必须先搞清相关的信息如何在神经元内部，以电压、电子或物质为载体进行传递，即信息如何从神经元的一处传递到另一处，这便是本节的任务，毕竟，神经纤维并不只是一根简单的纤细导线。

神经元的边界是它的细胞膜，以下简称为神经膜，它使神经元相对独立地存在于环境中。透过神经膜，神经元可以获得外界的营养物质，并排出代谢产物；可以接受环境变化的刺激、产生反应和传递信息等。神经膜主要以裸露在膜外的糖链和液态的脂质双分子层等脂类为基本架构，其中，糖链起着类似于信号识别的作用（或表达某种免疫信息，或与某种递质、激素或其他信号分子相结合等），而脂质双分子层则使得神经膜既有较好的流动性（因为脂质双分子层是液态的），也有较好的稳定性，即神经细胞可以承受相当大的张力和外形改变而不破裂，即使神经膜结构有时发生一些较小的断裂，它也能通过自动融合而修复，并且仍能保持连续的双分子层的结构形式。这主要是因为，在脂质双分子层中嵌有不同分子结构和功能的蛋白质分子，一端为磷脂分子组成的亲水极，朝向神经膜的内外表面；另一端为疏水极，朝向双分子层的内部且两两相对排列。为了有利于神经元内的信息传递，在不同的神经元中，或在同一个神经元的不同部位的膜结构中，脂质双分子层的脂质成分和含量也各不相同，即使在双分子层的内外两层中，所含的脂质也有区别，所以它们的流动性和稳定也各不相同。

神经元与周围环境之间的物质和能量交换以及信息交流等，都离不开神经膜上的蛋白质分子。这些蛋白质分子的作用主要包括：

（1）参与神经膜的物质转运与信息交流；

（2）完成信息识别功能，比如，识别异体细胞的蛋白质或癌细胞等；

（3）扮演受体蛋白的角色，能与传递信息的载体（比如激素或递质等）进行特异性结合，并激活细胞内的信号传导通路；

（4）具有酶的特性，催化神经元内外的化学反应；

（5）形成神经元的骨架蛋白，使神经膜附着在神经元内外的某种物质上，从而实现诸如递质的分泌或再摄取、受体的内吞、突触功能的可塑性等。

神经元在膜内外的信息传递主要以物质转运的形式完成，常见的方式主要有被动转运、主动转运、胞吐和胞吞式转运。下面就来逐一介绍这几种转运方式。

1. 被动转运

被动转运就是神经膜两侧的溶质分子顺着化学梯度（包括浓度和电压差等）的方向而产生的净流动，比如，从高电压向低电压方向流动，因此它不需要额外能量，此时，某一物质穿越神经膜通量的大小，主要取决于该物质在膜两侧的浓度梯度差，以及神经膜对该物质的通透性，此外，离子的移动还取决于它们所受到的电场力的驱动等。

被动运转主要有单纯扩散和易化扩散两类，其中，单纯扩散是一种单纯的物理过程，比如，脂溶性的小分子顺着浓度差或电压差的方向，直接穿过神经膜。由于神经膜主要由脂质双分子层构成，而体液中脂溶性的物质并不多，所以，透过单纯扩散而跨膜转运的物质较少，主要有氧气、二氧化碳和氮气等。易化扩散是脂溶性很小或非脂溶性的小分子，在神经膜上某些特殊蛋白质的协助下，由高浓度侧向低浓度侧的移动过程，因而也不需要额外的能量。易化扩散有以下三个特点。

（1）与单纯扩散不同，它需要神经膜上特殊蛋白质提供帮助，故具有特殊性；

（2）该转运主要受到膜外环境因素的调节，由膜脂质上的特殊蛋白质决定；

（3）转运结果可以使被转运的物质在神经膜两侧达到平衡。

透过易化扩散方式进行跨膜转运的物质主要有葡萄糖、氨基酸，以及带正电的钾、钠和钙等。易化扩散所依赖的神经膜蛋白分子主要有两种：基于载体的易化扩散和基于离子通道的易化扩散。

第一种，基于载体的易化扩散。此时，所用载体主要是分布在神经膜上的某些特殊功能蛋白质，其上有一个或数个能与某种转运物相结合的位点；当转运物与这些位点结合后，载体蛋白就发生构型改变，将转运物输送到神经膜的另一侧，然后，转运物与载体分离，从而完成转运。此时，载体又重新恢复到原来的构型，以便重复使用。形象地说，载体蛋白就像是一只渡船，被转运的物质通过该渡船由神经膜的一侧转运到另一侧。载体转运具有如下几个特点：

（1）高度的特定性，即一种载体只能转运某种特定物质；

（2）饱和现象，即当被转运物的浓度增加到一定值时，即使继续增加其浓度，也不能增加该物质的转运通量；

（3）竞争性抑制，若某一载体对两种以上的转运物都有转运能力，当其中一种转运物的浓度增加时，其他转运物的转运通量就会减少。

第二种，基于离子通道的易化扩散。此时，离子通道也是分布在神经膜上的某些特殊功能的蛋白质。对于带正电的钠、钾和钙等不同的离子的转运，神经元都是通过其膜上某些结构特殊的通道蛋白来完成任务的，所以相关的蛋白通道就分别称为正钠通道、正钾通道和正钙通道等。对同一种离子通道，在不同的神经膜上，甚至在同一个神经膜上的不同位置处，其膜上都可能存在结构和功能不同的通道亚型，比如，至少有 10 种正钠通道、7 种正钾通道和 5 种正钙通道等。当通道蛋白开放时，在通道蛋白的内部将出现一条贯穿内外的水性孔道，使相应的水溶性离子能够顺着其浓度差或电压差迅速通过这个孔道，因而其移动的速度远超载体蛋白的转运速度。当通道处于开放（激活）状态时，有关的离子可以快速地由膜的高浓度侧转移到低浓度侧；当通道处于关闭（失活）状态时，此时的快速离子运动又能迅速停止。通道蛋白对离子的选择性不如载体蛋白那样严格，实际上，此时对离子的选择性主要取决于通道开放时其水性孔道的大小和孔道壁的带电情况。此外，大多数离子通道的开放时间都很短，一般只有几毫秒或几十毫秒，然后就很快进入关闭或失活状态。在通道蛋白的结构中，存在一种类似于“闸门”的功能基因，离子通道的开放或关闭等功能状态，就是由这些闸门性的功能基因来控制的。

一般来说，不同的离子由各自特殊的通道来转运，但是有些离子也可以通过结构和功能不同的多种通道来转运，正钙通道就可以通过多种不同的非选择性阳离子。此外，由于离子通道具有激活和失活等不同的功能状态，若通道处于激活状态，有关离子就可以顺着浓度差或电压差的方向快速穿越通道，进出神经元；若通道处于失活状态，则有关离子进出该通道的移动就会被阻断。离子通道就是通过这种开、关方式来调控各种离子在神经元中的进出的。

2. 主动转运

所谓主动转运，就是要借助神经膜上的某些功能特殊的蛋白质，通过某种耗能过程来实现非脂溶性物质逆着化学梯度（浓度差或电压差）的跨膜转运过程。根据所消耗的能量是否来自新陈代谢，又可以将主动转运分为两种：原发性主动转运和继发性主动转运。

第一种，原发性主动转运。此时，神经元将直接利用新陈代谢所产生的能量，将带电离子逆着浓度梯度或电压梯度的方向进行跨膜转运。实现此种转运的膜蛋白称为离子泵，比如，钠－钾泵，它可以依靠分解新陈代谢的能量来转运正钠离子和正钾离子。具体地说，钠－钾泵主要是将神经元内的正钠泵出到神经元外，并将神经元外的正钾泵入神经元内。而这里的泵出和泵入过程是彼此关联的，比如，每分解一个新陈代谢分子，便可将 3 个正钠泵出膜外，同时将 2 个正钾泵入膜内。钠－钾泵具有重要的生理学意义，比如，它造成的神经元内高浓度正钾离子就成了许多新陈代谢过程的必需条件；神经元内高浓度的正钾离子和低浓度的正钠离子，将阻止神经元外的水分大量进入膜内，以维持神经元的必要结构和功能；将建立必要的势能储备，以积累生物电能，为随后的继发性主动转运过程提供能量。

第二种，继发性主动转运。继发性主动转运也是一种逆着浓度梯度或电压梯度进行的跨膜物质转运过程，只不过，此时的耗能并不直接伴随新陈代谢或其他供能物质。这种转运过程通常需要与钠 - 钾泵协同进行，其消耗的能量只间接地来源于钠 - 钾泵活动时对新陈代谢的分解。在此时的运转过程中，若被转运的分子与正钠离子扩散的方向相同，就称为同向转运，否则就称为逆向转运。

3．胞吐和胞吞式转运

除前面介绍的被动转运和主动转运外，物质穿越神经膜的转运方式还有胞吐和胞吞式转运，它们是某些大分子物质或物质团块出入神经膜的另一种方式。顾名思义，所谓胞吐过程就是指神经元将物质吐出膜外，其基本方式是，由于膜外的某些特殊化学信号或膜两侧的电压变化，引起局部膜结构中的正钙通道开放，使正钙离子内流，从而激发膜内的囊泡发生移动和破裂等反应，最终造成囊泡内的物质全部被释放，被吐出到膜外的液体中。胞吐时，囊泡内的物质是一种“量子”式的释放，即一次胞吐会将该囊泡内的物质全部释放，比如，神经元突触末梢对递质的释放过程，就是胞吐转运。

与胞吐相反，胞吞过程就是指神经元将大分子物质或某些物质团块吞进膜内的过程。此时，神经元环境中的某些物质与膜接触，引起该处的质膜发生内陷并包裹该异物，然后与质膜结构离析，使得异物连同包裹它的那部分质膜被一起吞入细胞质中。此外，还有另一种受体引导式的胞吞，其过程是：首先，被吞物质先被神经膜表面的某种特殊受体所识别，并与之发生特定性的结合；结合后所形成的复合物通过膜表面的横向运动聚焦于膜上的某处（称为“有被小窝”），进而导致此处的神经膜凹陷并发生离断，于是，那个有被小窝包裹着的复合物就被吞入神经元；进入胞浆的吞噬物进而与胞浆内的球状或管状膜性结构相融合，形成胞内体，即受体与被转运物分离。分离后的被转运物最终被转运到相应的细胞器中；而留在胞体内的受体则重新与另一部分膜性结构形成较小的循环小泡，再移回到细胞膜中并与膜融合，使受体和膜结构可以重复使用。这种循环的意义在于，它不仅维持了神经膜的总面积相对稳定，也使相应的受体可以重复使用。

朋友，如果你觉得阅读此节不够形象的话，建议你再复习一下本书第 1 章的 1.4 节、1.5 节和 1.6 节中的神经系统演化史，这样，相关信息通道的来龙去脉就清楚了，而且你也可以更轻松地阅读下面几节了。

7.3 神经膜的离子通道

所谓离子通道，就是神经膜上的一类微型孔道，它们被各种离子等水溶性物质用于快速进出神经元，它们是神经元获得生物电的物质基础，也是神经元接收周围信息、彼此通信和交流的必要条件。神经膜上的离子通道的种类很多，每种离子通道又有许多亚型。根据控制通道开关（或称为“门控”）机制的不同，离子通道可分为三大类：电压门控离子通道、配体门控离子通道、机械 / 容量门控离子通道等。与内涵型 AI 最相关的是电压门控离子通道，它的开门或关门动作受控于膜电压，若再细分的话，又有正钾离子通道、正钠离子通道、正钙离子通道和负氯离子通道等四种主要家族，其中每个家族的离子通道又有许多亚型，比如，正钠离子通道就至少有十种亚型。

离子通道是神经元实现其功能的物质基础，比如，神经递质的释放、神经元对外界刺激的反应、神经元之间的通信和交流，以及神经元的可塑性变化等都少不了离子通道。离子通道的功能主要有四点：

（1）控制神经元的兴奋性，其中，正钠离子通道和正钙离子通道主要调控神经膜电压的去极化（使静息电压的膜内负值减小的过程），正钾离子通道主要维持静息电压和控制神经膜电压的复极化（恢复正常静息电压的过程），从而决定神经元是否发射。

（2）正钙离子通道被激活后，可以提高膜内的正钙离子浓度，进而激发膜内许多信号传输通路，引起神经元发射。

（3）参与神经元的突触传递过程，其中，正钾离子通道、正钠离子通道、正钙离子通道、负氯离子通道和某些非选择性阳离子通道是突触传递的主力。

（4）维持神经元的正常体积。在高度渗透的环境中，离子通道和转运系统被激活后，就能使正钠离子和负氯离子等有机溶液和水分子进入神经元，从而使神经元的体积增大，此时的主力通道包括正钠离子通道、正钾离子通道等。在低度渗透环境中，正钠离子和负氯离子等又会流出神经元，引起神经元的体积减小。

下面简要介绍正钾离子通道、正钠离子通道、正钙离子通道等最常见的三种电压门控离子通道。

先看正钠离子通道。它的全称是电压门控正钠离子通道，以下简称钠通道，它是产生和传播神经元动作电压的物质基础，它由若干带正电的氨基酸组成。在神经膜去极化时，这些带正电的氨基酸在膜电场力的作用下移动，导致通道的构象发生变化，引起通道的激活（开放）；此后，在神经膜持续去极化的过程中，膜内的一种名叫“短襻”的东西会扮演失活门的角色，它将堵住开放的通道，致使通道关闭（失活）。钠通道的基因突变可导致通道的稳态失活过程发生改变，延缓或加速带正电的钠离子的内向流动，导致通道的内在特性发生变化，从而使神经元产生异常放电，并引发相应的离子通道疾病。

再看正钾离子通道。它的全称是电压门控正钾离子通道，以下简称钾通道。若根据其结构、功能和药理特性的不同，钾通道可分为四大家族，分别是最常见的普通电压门控钾通道、内向整流性钾通道、钙依赖性钾通道和双孔钾通道等。若根据其生理和功能特性的不同，钾通道又可分为以下三大类。

第一类，延迟整流性钾通道。这是一种外向整流钾通道，它在神经元去极化时，需要经过一段时间的延迟才能被激活，其失活的过程也非常缓慢。

第二类，A 型瞬时钾通道。它的激活和失活都非常迅速，是一种快速通道。

第三类，钙激活钾通道。它同时受控于电压和钙离子。

钾通道主要参与静息电压的维持和动作电压的发生与发展过程，在神经元的维持和调节过程中扮演重要角色。钾通道由四个离子孔道组成，孔道呈桶柱状，其中充满了水分子；孔道中还有离子的“选择性过滤器”，它决定到底允许哪些离子通过，从而也决定了离子选择的特异性。带正电荷的钾离子在进入离子孔道前，通常被 8 个水分子包裹着；但在进入离子孔道后，每个正钾离子首先要经过一次过滤处理，包裹它的 8 个水分子将被 8 个氧原子替代和重新包裹。脱水后的正钾离子，沿着孔道从上一个部位移到下一个结合位点，直到通过整个离子孔道。一旦正钾离子通过选择性过滤器后，它又重新被水分子包裹，这样就既能降低静电排斥力的作用，又能为正钾的高效转运提供基础，使带正电荷的钾离子的转运过程不断重复。钾通道的门控机制之一是所谓的“球 – 链”学说，即在通道的末端有一个“球 – 链”状结构，在通道从关闭到迅速开放的同时，这个末端的“球 – 链”结构也随即发生快速摆动并将通道的内侧堵塞，导致正在开放的通道关闭，这就像宾馆入口处的旋转门一样。

在决定钾通道的开关过程中，有一种膜电压感受器特别重要，它由许多带正电的精氨酸组成。在神经元去极化时，这些带正电的精氨酸受到神经膜巨大电力场的排斥，被推向神经膜之外。在这个过程中，由于正电荷的移动，引起了通道蛋白质在构象上的改变，导致通道开放。有一种名叫“船桨”学说的理论比较形象地解释了膜电压感受器的工作过程，即由 α 螺旋组成的“船桨”平时平卧并埋置在脂膜内，当通道开放时，两个带正电荷的精氨酸面对脂膜表面，另外两个精氨酸则埋在膜电压感受器的内部。在电场力的作用下，这段“船桨”就可以由膜内向膜外的上方摆渡，最终导致通道开放。

最后再看正钙离子通道。它的全称是电压门控正钙离子通道，以下简称钙通道。根据通道调控因素的不同，钙通道可分为五大类，它们分别是最常见的普通电压门控钙通道、配体门控钙通道、第二信使门控钙通道、机械门控钙通道、漏流钙通道等。神经元的钙离子通道参与许多生理功能的调节，比如，神经递质的释放，神经元的发射和可塑性调节，基因的表达等。根据其激活电压的不同，钙通道可分为高压激活型和低压激活型两类。

特别需要强调的是，过去许多人都以为神经元太小，没法对单个神经元进行研究，其实不然。对内涵型 AI 最有启发的离子通道技术，可能要算是一种名叫膜片钳的技术，它利用一个玻璃微电极完成对微小膜片或整个神经膜的钳制和监测来记录膜电流，并通过观测膜电流的变化来分析通道个体或群体的活动以及离子通道的内在膜特性等。不过，在介绍膜片钳技术之前，先得铺垫一下电压钳和电流钳的技术。

既然神经膜离子通道的开放会产生带电离子的移动，而带电离子的移动又会引起神经膜电压的变化，因此，为了更好地研究神经膜上离子通道的开放和关闭等功能特性，就必须设法保证在通道开放或关闭时神经膜电压的稳定。所谓电压钳技术，就是首先设定一个目标电压水平，然后利用反馈电路，通过向神经元内注入电流的方式，人为地将神经膜电压“钳制”在目标电压水平上；通过电流检测装置，记录到注入神经元内的电流，使得这个电流刚好等于离子电流的反向电流，这样就可以测定不同膜电压的离子电流，从而了解离子通道的电导及功能活动。若将上面的“钳制”手段由电压变为电流，便得到了所谓的电流钳技术。

借助上述电压或电流钳制技术，膜片钳技术就可登场了。其实，膜片钳技术就是采用微电极与神经膜紧密接触，通过给予一定的负压使两者间形成一个高阻抗（通常达到兆欧级）的密封区，这样就使密封区内的那个微小膜片在电学上与周围绝缘，然后通过电压钳制或电流钳制方式，观测微电极下单个或极少数几个离子通道的电学特性。膜片钳不仅可以观察单个离子通道的电流，还可以通过多种模式对神经元进行电压钳制和电流钳制，以便观察各种离子通道的电流活动及调控机制。

膜片钳的基本原理就是利用负反馈电路，将微电极尖端所吸附的神经元膜电压“钳制”在一个指令电压的水平上，并对进出离子通道的微小离子电流进行动态或静态的观察。如果实施电流钳制，膜片钳技术可以检测到神经膜电压的变化，如自发性突触后电压、微小突触后电压以及动作电压的爆发等。膜片钳技术记录神经元电学指标的方式主要有以下四种。

（1）细胞吸附式记录。这是膜片钳记录中最基本的模式，其主要操作过程是：将微电极置于清洁的神经膜表面，通过施加一定的负压形成高电阻封接，这样就在神经膜表面“隔离”出一个微小的膜片，进而通过微电极对高电阻封接区的膜片进行电压钳制，记录膜片内一个或极少数几个离子通道的膜电流。从膜片离子通道的活动来看，这种方式的膜片记录非常稳定，因为神经元骨架及有关代谢过程是完整的，所受的干扰较小。

（2）内面向外式记录。在高电阻封接区形成后，将微电极迅速提起并使之与神经元分离，此时吸附在微电极端下面的那部分膜片也将脱离神经元，并随着微电极一起被提起。由于神经膜具有流动性，黏着在微电极尖端的微小神经膜片会自动融合形成密封小泡。如果将电极提出浴液液面并在空中短暂暴露几秒钟后，小泡的外表面就会在空气压力的作用下破裂，从而使膜片的内表面朝外。此时，若重新将电极连同其尖端所吸附的膜片一起放回浴液，就形成了内面向外的记录模式。

（3）外面向外式记录。高电阻封接区形成后，如果继续施加负压抽吸并打破神经膜，然后将微电极慢慢从神经元表面垂直提起，使其逐渐脱离神经元，这样吸附在微电极尖端的游离部分膜片就会自行融合形成脂质双层，使神经膜片的外面朝向浴液。由于此时高电阻封接区仍然存在，这就形成了外面向外的记录模式。

（4）全细胞式记录。高电阻封接区形成后，若继续施加负压抽吸造成封接区的神经膜破裂，此时电极内液就与整个神经元内液直接相通而与浴液绝缘，如果对神经元进行电压钳制，就可记录到整个神经元的电流活动，因此，这种形式的记录就称为全细胞记录模式。当全细胞形成后，来自电极的电阻、破裂神经膜的膜片电阻和神经元内部的电阻等，就在电学上与神经膜电阻串联在一起形成了所谓的“串联电阻”。在全细胞记录时，经过串联电阻的电流可以形成一个很大的电压降幅，因此，对整个神经元电流的影响很大，必须进行适当补偿。

膜片钳技术的发展使得离子通道的研究得以从宏观深入到微观，使人们对膜通道的认识不断深入。此外，人们还发展出了荧光探针钙图像分析技术，并用它来实现神经元的光电联合检测。

此处为什么要花费这么多篇幅来介绍膜片钳技术呢？其实，我们只是想提醒IT界的人士，神经元的电学研究早就开始了，基于神经元微观电学特性的内涵型AI也已有相当的基础了。如果你觉得上面有关膜片钳技术的介绍太过详细的话，你也可以忽略细节，但需注意这样的事实：在电压钳技术中若将目标电压设置成神经元的运动电压，那么就可以人为地发射该神经元；相反，若将目标电压设置成远低于动作电压，那就可以人为地抑制即将发射的神经元，延缓它的发射。既然能对选定的神经元进行人为控制的激发和抑制，当然也就可以随意连接和擦除相关的神经回路了。这再一次说明，微观层次的内涵型AI的原理已经没问题了，关键是如何在工艺水平上加以实现。

下一节将更详细地介绍神经元的兴奋和抑制，而与本节类似，所用到的电学知识几乎都来自中学物理课本，所以我们也就直接描述相关结果了。

7.4 神经元的兴奋特性

神经元的基本特性就是它具有兴奋性，或称为发射性、激活性、活化性、冲动性、激发性等，从而使得神经元能通过产生动作电压的方式，对外界的刺激发生反应，并在神经元之间或神经元与其他细胞之间进行通信和交流。因此，神经元的兴奋性也可理解为神经细胞在受到刺激时产生动作电压的能力。

神经元产生兴奋的基本表现方式就是在感受到刺激时可以发生反应，这里的刺激可以泛指神经元所处环境因素的任何改变。从理论上来说，各种能量形式的理化因素的改变，都可能对神经元形成刺激，但实验表明，一个刺激若要引起神经元的兴奋，还必须同时具备三个条件：一定的刺激强度、一定的刺激持续时间、一定的“强度－时间”变化率。刺激的形式可多种多样，比如，电刺激、机械刺激、化学刺激、温度刺激等，其中，最容易控制且速度很快的刺激是电刺激，所以，今后的内涵型 AI 中激活或抑制神经元的刺激将主要是电刺激。

人们通过实验发现，在一定范围内，引起神经元兴奋所需的刺激强度与该刺激的持续时间呈反比关系。也就是说，当刺激的强度较大时，它只需较短的持续时间就可以引起神经元的兴奋；相反，当刺激的强度较小时，就需要较长的持续时间才能引起该神经元的兴奋。

为了便于定量描述神经元的兴奋性，还需要先介绍几个重要概念。在刺激的持续时间保持不变的情况下，能引起神经元兴奋的最小刺激强度，称为阈强度；在刺激的强度保持不变的情况下，能引起神经元兴奋的最短持续时间，称为时间阈值。所有低于阈强度或时间阈值的刺激，均不能引起神经元的兴奋，即不能产生神经元的动作电压。因此，从理论上说，阈强度可以作为衡量神经元兴奋性高低的指标：引起神经元兴奋所需的阈强度愈小，该神经元的兴奋性就愈高；反之，阈强度愈大，兴奋性就愈低。

与兴奋性相反的是神经元的“不应期”，即当神经元在接受一个阈上刺激而发生兴奋后，在其后一个较短的时间内，无论该神经元再受到多么强大的刺激，它都不会再次发生兴奋。也就是说，在“不应期”内，神经元的兴奋性几乎为零，这一时期称为“绝对不应期”。之后，经过一段时间的“休息”后，神经元才会恢复对刺激的兴奋，但需要的刺激强度必须远远大于阈强度，以显示在这段时期内，神经元的兴奋性正在逐渐恢复中，但其兴奋性仍低于正常值，这一时期称为“相对不应期”。在“相对不应期”后，再过一段时间，神经元就可出现一个短暂的兴奋性稍高于正常水平的时期，称为“超常期”，此时，低于正常阈值的刺激就能引起神经元的兴奋，因此，这时神经元的兴奋仍属不正常。最后，神经元进入兴奋性低于正常的时期，即需要较强的刺激才能引起兴奋，故称为“低常期”。过了“低常期”后，再过一段时间，神经元的兴奋性才完全恢复正常。由此可见，当神经元在接受一个刺激而发生兴奋后的一段时间内，该神经元的兴奋性需要经历“绝对不应期”“相对不应期”“超常期”“低常期”的变化过程，然后才能逐渐恢复到正常情况，并开始准备下一次的兴奋。

好了，现在可以介绍神经元兴奋的膜电学基础了。其实，神经元发生兴奋的基本表现形式是爆发可扩展的动作电压，这也是为啥有时也称之为神经元发射的原因。之所以会产生动作电压，是因为神经膜离子通道开放时引起了离子流的出入，从而引起膜内外的电压差的变化。在神经膜上，脂质双分子层构成了膜电容器，蛋白质离子通道构成了膜电阻，分隔和储存在膜电容器两侧极板的正负离子则形成跨膜电压差，这其实就意味着神经膜形成了一个完整的等效电路。

具体来说，在神经膜脂质双分子层构成的膜电容中，导体就是神经膜两侧的细胞内液和细胞外液（有时统称浴液），绝缘体就是神经膜本身，特别是膜的脂质双分子层。神经膜电容其实是一个标准的平板电容器，根据中学物理的基本常识可知：该平板电容器的电容值与神经膜的面积成正比，与膜的厚度成反比。由于神经膜电容器的作用，神经膜两侧的正、负电荷被分隔，将产生一个跨膜的电势差，并且被分隔的电量（电容器的储电量）等于膜电容乘以跨膜电势差。另外，神经膜的脂质双分子层构成了对跨膜离子流的阻力，形成了膜电阻；而神经膜上的跨膜离子通道提供了离子穿越细胞膜的途径，构成了膜电导，其量值等于膜电阻的倒数。当神经膜上的离子通道开放时，膜电阻会大幅度降低，同时膜电导增加；反之，当神经膜上的离子通道关闭时，膜电阻则会大幅度增加，同时膜电导降低。因此，膜电导取决于离子通道的电导与开放的通道数目。由于神经膜的脂质双分子层的绝缘性，以及神经膜离子通道对带电离子出入的选择性，造成了在开放的通道两端带电离子分布的不均匀性，从而就产生了跨膜电势差。比如，带正电荷的钾离子在神经元内外分布的不均匀性，膜内高浓度的带正电的钾离子就可以通过开放的钾通道向膜外扩散而引起正、负电荷的净分隔，即膜外分布了较多的正电荷，膜内分布了较多的负电荷，从而在钾通道的两端形成了“内负外正”的跨膜电势差，这就阻碍了带正电荷的钾离子的继续外流。随着电荷分隔程度的加大，跨膜电势差也随之加大，最终达到与膜两侧的正钾离子浓度势能差相等，于是，就不能再有正钾离子的跨膜净移动，从而形成了正钾的平衡电压。由此可见，神经膜两侧的正钾浓度差决定了正钾平衡电压的大小。在生物物理学上，将这种作为跨膜电压差恒定来源的电荷分隔称为电动势或电池。正钾分隔所致的电动势就是正钾的平衡电压，它一般为 -90 至 -60 毫伏；类似地，正钠离子通道和负氯离子通道的平衡电压分别约为 55 毫伏和 -60 毫伏。

由于神经元的膜电容来自脂质双分子层，而膜电阻来自离子通道，再由于化学梯度和电学梯度导致了离子的重新分布和电荷分离，所以神经膜在没有外加刺激和外加电场的情况下，也存在电势差。在静息状态下，神经膜的电压差称为静息电压，它与膜电阻和膜电容器一起构成了神经膜的等效电路，该电路包括了不同类型离子通道所产生的所有膜电阻和膜电池。由此可知，通过等效电路中神经膜导电部分的电流值等于电导乘以驱动力，其中驱动力等于膜电压减去离子通道的反转电压。如果通道只对一种离子具有选择性，则其反转电压就是该离子的平衡电压；但在一般情况下，一个神经膜上存在多种类型的离子通道，因此，膜电导就等于所有相关离子通道的电导之和。

在静息神经膜上，跨膜电压是恒定的，此时神经膜上没有净的电流出入。神经元静息膜电压主要是由那些对正钾离子、负氯离子和正钠离子具有选择性的离子通道所决定的。在静息状态时，由于神经膜对正钾离子的通透性较高等原因，神经膜的静息电压通常近似于正钾离子的平衡电压，它由神经膜两侧原先存在的正钾离子浓度差的大小所决定。在正常情况下，神经元的静息电压表现为膜内较膜外为负，若膜外电压为 0，则神经元的膜内电压为 -90 至 -60 毫伏。只要神经元未受到外来刺激且保持着正常的新陈代谢，那么静息电压就会稳定在一个相对恒定的水平上。在这种静息状态下，神经膜两侧所保持的“内负外正”的状态，被称为膜的“极化”；在某种因素的影响下，使静息电压的数值向膜内负值减小的方向变化，就被称为膜的“去极化”；反之，使膜内电压向负值增大的方向变化，就被称为膜的“超极化”；神经膜先发生去极化，然后向正常静息膜电压的负值恢复的过程，就被称为“复极化”。

7.5 神经元的动作电压

当神经元受到一个阈上刺激而发生兴奋时，神经膜将在静息电压的基础上发生一次迅速而短暂的、可以向远距离扩散的电压波动，此时的电压称为动作电压，它其实是一条电压脉冲曲线。实验发现，当神经元在静息状态下受到一次阈上刺激时，膜内的负电压会迅速减小甚至消失，进而变成正电压，即神经膜电压由原来的“内负外正”迅速变为“内正外负”。一般情况下，膜内电压在短时间内可由原来的 -90 至 -60 毫伏变为 +20 至 +40 毫伏，这样在整个神经膜内、外电压变化的幅度值就是 80 至 130 毫伏，于是就构成了动作电压曲线的上升分支，称为“去极相”。其中，动作电压曲线的上升分支中的零位线以上的部分（超出静息电压的部分），称为“超射值”，为 20 至 40 毫伏。然而，在神经元中，这种由刺激所引起的膜内外电压的迅速倒转只是暂时性的。当超射出现后，膜内正电压很快就会减小并发展到刺激前原有的负电压状态，这就构成了动作电压曲线的下降分支，称为“复极相”。由此可见，动作电压实际上是神经膜受到刺激后，在原有的静息膜电压基础上发生的一次膜两侧电压的快速而可逆的倒转和复原；在神经纤维中，该过程会在 0.5 至 2.0 毫秒内完成，因此，动作电压曲线会呈现出一个尖峰状态，故称为“峰电压”曲线。

动作电压或峰电压的产生是神经元兴奋的标志。神经元只在外加刺激达到一定强度（阈强度）时才会兴奋。对于单个神经元，其动作电压的产生具有两个重要特征：一是只要刺激强度达到了阈强度，再继续增加刺激强度则不能使动作电压的幅度有所增加，也就是说，动作电压虽可因刺激的强度过弱而不出现，但当刺激强度达到阈值后，就不再随着刺激的强弱而改变其固有的大小和波形了；二是动作电压在神经膜上的受刺激部位产生后，可以沿着神经膜向周围传播，直到整个神经膜都依次发生兴奋并产生一次同样大小和波形的动作电压，即动作电压在神经膜上传播的范围和距离并不因原先刺激的强弱而有所不同。这种在同一个神经元上动作电压的大小不随刺激强度和传导距离而改变的现象，称为“全或无”，这也是动作电压的一个标志性特点。

在静息状态下，神经元的正钠离子分布特点是：膜外浓度远远大于膜内。因此，正钠离子有向膜内扩散的趋势，此时，膜内还存在着相当数量的负电压（如前所述，这主要是由正钾离子在神经元内外的不均匀分布所造成的），这种电场力也吸引正钠离子向膜内移动。但是，由于在静息状态时神经膜上钠通道多数处于关闭状态，此时神经膜对正钠离子相对不够通透，因此正钠离子并不能大量内流。但当神经元受到一个阈上刺激时，电压门控钠通道将快速开放，神经膜对正钠离子的通透性会突然大增，正钠离子将迅速大量内流，导致膜内负电压因带正电荷的钠离子的增加而迅速消失；同时，由于膜外高浓度正钠离子所形成的浓度势能，使得正钠离子在膜内负电压减小到零电压时仍可继续内流，进而出现正电压，直到膜内正电压增大到足以阻止由浓度差所引起的正钠离子内流为止。这时，膜两侧的电压差称为正钠离子的平衡电压，它构成了动作电压的上升分支。在形成超射后，膜内电压很快出现由正电压向负电压方向的变化，形成动作电压的复极相，这主要是由产生动作电压的钠通道的特性所决定的。由于这类电压门控钠通道的开放时间很短，它在激活后很快就进入失活状态，从而导致神经膜对正钙离子的通透性的迅速降低；与此同时，电压门控钾通道开放，膜内正钾离子在浓度差和电压差的推动下又向膜外扩散。这就使得膜内电压由正值又向负值发展，直至恢复到静息膜电压的水平，即复极化。

在动作电压爆发的过程中，神经膜离子电导的变化与动作电压的变化几乎并行发展，这表明在动作电压产生的过程中，一定伴随着神经膜离子通道的开放与关闭。随着细胞外正钠浓度的逐渐降低，动作电压的幅度也随之减小，它显示了正钠离子内流在动作电压上升分支中所发挥的作用。钾电导的延迟增加，也会在动作电压的下降分支中发挥一定作用。

总之，钠电导和钾电导确实是动作电压产生的基础。随着膜片钳技术的发展，人们通过对神经膜上单一离子通道的研究，加深了对动作电压产生机制的了解和认识，比如，人们已知知道：

（1）当神经膜电压在静息电压的基础上向去极化方向改变时，神经膜上的电压门控钠通道将会开放，并出现快速、大量的正钠离子内流；

（2）通道蛋白质分子的构型变化决定钠通道的激活、失活与恢复；

（3）几乎在钠通道失活的同时，电压门控钾通道开放，出现正钾离子的外流。

因此，钠通道和钾通道的开放与关闭是神经元动作电压产生的基础。

综上所述，动作电压去极相（上升分支）的产生，主要是由神经膜上电压门控通道的开放所引起的大量正钠离子的快速内流所形成的；动作电压复极相（下降分支）的产生，主要是由钠通道的快速关闭，以及神经膜上钾通道的开放，从而引起的正钾离子外流所形成的。动作电压去极相发展的最高水平，即动作电压的幅度，接近于静息电压的绝对值与正钠平衡电压的绝对值之和。尽管神经元每兴奋一次或每产生一次动作电压，神经元内正钠离子浓度的增加以及神经元外正钾浓度的增加都十分微小，但这种微小的变化也足以激活神经膜上的“钠 - 钾泵”，促使它逆着浓度差将神经元内多余的正钠离子运输至神经元外面，同时将神经元外面多余的正钾离子运输到神经元内，从而使神经元内外的离子分布恢复到原先的静息电压。

7.6　动作电压的传导性

当神经元受到一个阈上刺激时，将引起神经膜上钠通道的开放，然后导致大量正钠离子的快速内流，并最终形成神经元的动作电压。而神经膜上钠通道开放的条件是膜电压的水平，即只有当膜电压由静息电压去极化达到一定的临界值时，才能激活神经膜上的钠通道并导致其开放。这种引起神经膜上钠通道开放而爆发动作电压的膜电压临界值，称为阈电压，它是神经元的内在膜特性。阈电压的大小也可直接反映出神经元兴奋性的高低。阈电压的大小与静息膜电压的大小愈接近，神经元就越容易兴奋，这也表明神经元的兴奋性越高。

阈电压可以用这样的实验来测量：将双极刺激电极中的一极刺入神经元内，另一极置于神经元外，两极分别与电源的正、负极相连。同时，将另一个记录微电极也刺入神经元内，用以记录神经内膜电压的变化。结果发现，若将膜内的刺激电极与电源的负极相连时（通电时向神经元内输入负向电流），不同强度的电流刺激只能引起膜内原有的负电压出现不同程度的增大（出现超极化）。此时，即使刺激电流的强度很大，也不能引起神经元产生动作电压。反之，若将膜内的刺激电极与电源的正极相连（通电时向神经元内输入正向电流），随着刺激强度的增大，将会使神经膜产生不同程度的去极化。当膜的去极化达到某一临界值时，就会引起神经膜上一定数量的钠通道开放，使得膜内开始迅速、自动地去极化，从而爆发动作电压。若从内涵型AI的角度来看，这就意味着，只需要向相关的神经元内输入正向电流，我们就可以很容易地让单个或众多神经元同时兴奋（发射）了，因此，反复让它们同时发射几次后，它们就自然连接在一起，形成了一个新的神经回路。反过来，面对一个已经连接在一起的神经回路，若想将其中某个或某几个神经元从该回路中“摘除”，那么就只需要在这几个选定的神经元内插入电源的负极，而其他神经元内都插入电源的正极，于是，反复同时通电并让插入正极的神经元同时兴奋并继续保持连接在一起，但那些被插入了负极的神经元将多次被抑制，它们就不能与其他神经元一同发射，自然也就不再连接在一起了。至此，从理论上说，我们能对神经元回路进行任何的连接和摘除了，这也再一次意味着，微观层次的内涵型AI已经不存在理论上的可行性问题了，而只是一个具体实现的工艺问题，虽然它仍然十分困难。

上述实验中的那种能够引起神经膜上钠通道快速开放，导致神经膜对正钠离子通透性突然大增的最低膜电压，就是前面提到过的阈电压，它是反映神经元兴奋性的一个重要指标。若运用阈电压的概念，则阈刺激（或阈强度）也可以理解为：能够引起静息膜电压降低到阈电压的水平而爆发动作电压的最小刺激强度。因此，低于阈强度的阈下刺激只能引起膜电压产生在阈电压水平以下的去极化，而不能产生动作电压。然后，当刺激强度超过阈强度以后，动作电压的上升速度以及所能达到的最大幅值，就不再依赖于所给刺激强度的大小了。

由于阈下刺激只能使受刺激局部膜上的钠通道少量开放，引起少量的正钠离子内流，导致局部膜电压出现较小的去极化，但并不能达到阈电压的水平，因此不能爆发动作电压。由于阈下刺激所引起的这种膜电压变化只局限于受刺激的局部而不能向远处扩散，所以被称为“局部兴奋”。虽然局部兴奋不能引起动作电压的爆发，但它可减小膜电压与阈电压的差距。如果此时神经膜再受到其他适当的刺激，就有可能使膜电压去极化达到阈电压的水平并爆发动作电压，所以局部兴奋可以提高神经膜的兴奋性。

与神经元兴奋不同，局部兴奋具有自身的特点，比如：

（1）局部兴奋不是“全或无”，它可以随着刺激强度的增大而增大，持续时间也会随着刺激强度的增强而延长。

（2）局部兴奋在神经膜上向四周扩展时会逐渐衰减，随着扩展距离的增加，其去极化的幅度也会迅速减小甚至消失，所以局部兴奋不能在神经膜上进行远距离传播。

（3）局部兴奋没有不应期，所以几个阈下刺激所引起的局部兴奋可以相互叠加。其叠加的方式主要有两种：一是时间性叠加，即神经膜的同一部位可以先后接受两个阈下刺激，在前一个阈下刺激所引起的局部兴奋消失之前，紧接着由后一个阈下刺激所引起的局部兴奋可以叠加在一起；二是空间性叠加，若在神经膜上的邻近部位同时给予两个阈下刺激，由此所产生的两个局部兴奋也可以相互叠加。对于局部兴奋，无论是时间性叠加或空间性叠加，只要使神经膜电压去极化达到阈电压的水平，就可以爆发动作电压。

总之，引发神经元兴奋的途径无非以下两条。

一是给予一次阈刺激或阈上刺激，就能使静息膜电压去极化达到阈电压而爆发动作电压。

二是给予多个阈下刺激，使局部兴奋发生叠加，也可使静息膜电压去极化达到阈电压，从而使局部兴奋转化为可以远距离传播的动作电压。

当神经膜上任何一处受到阈上刺激而产生兴奋时，动作电压都可以沿神经膜向邻近传播，使整个神经膜都经历一次兴奋过程，从而完成兴奋性在同一神经元上的传导。具体的传导机制是这样的：在静息状态下，神经膜电压处于“内负外正”的极化状态。若给神经膜施加一个阈刺激或阈上刺激，就可以引起受刺激的局部膜发生去极化达到阈电压水平而产生兴奋，由此爆发的动作电压使局部神经膜发生短暂的电压倒转，导致兴奋部位的膜电压变成“内正外负”。而此时与之相邻的未兴奋部位的神经膜仍是“内负外正”，由此造成兴奋部位和相邻静息部位之间的神经膜产生电压差。由于膜两侧的细胞内液和外液都是导电的，都允许电荷移动，因此，膜外的正电荷就可以从静息部位移向兴奋部位；而膜内的正电荷则由兴奋部位移向静息部位，从而产生局部电流。在该局部电流的作用下，静息部位产生局部兴奋。当这种局部兴奋所引起的神经膜去极化达到阈电压时，静息部位就可以爆发动作电压，于是，动作电压就由兴奋部位传导到相邻的静息部位。这样的过程可以沿着神经膜连续进行下去，很快就使全部神经膜都依次爆发动作电压，表现为兴奋性在整个神经膜上的传导。换句话说，兴奋性在同一神经元上的传导，是由兴奋部位和静息部位之间产生的局部电流构成了对静息部位的有效刺激所致的。

当兴奋性在同一个神经元上传导时，这种局部电流会不会使已兴奋过的部位再次产生局部兴奋而爆发第二次的动作电压呢？不会的！因为已兴奋的膜部位在兴奋后具有一段时间的不应期，因此，后续的局部电流就不可能再次引起重复的局部兴奋。所以，在正常情况下，一次有效的刺激仅能使神经元产生一次兴奋。

由于在有髓神经纤维轴突的外面，包有一层相当厚的、由脂质组成的绝缘性髓鞘，它不能让带电离子通过。只有在无髓鞘的郎飞结处，轴突膜才能与细胞外液接触，跨膜离子才能移动。因此，当有髓神经纤维兴奋时，动作电位只能在郎飞结处产生，而且只能在发生兴奋的郎飞结与相邻静息的郎飞结之间形成局部电流。所以，有髓神经纤维的兴奋性传导是跳跃式传导的，即从一个郎飞结跳跃到下一个郎飞结。跳跃式传导的速度很快，所以有髓神经纤维兴奋性的传导速度通常要快于无髓神经纤维。

归纳而言，兴奋在同一个神经元上的传导具有以下特点：

（1）完整性。兴奋能够在同一个神经元上进行传导，必须依赖于神经膜本身在结构和功能上的完整性。如果神经膜的结构发生了损伤，或人工阻断了局部电流的产生，兴奋性在神经元上的传导将会受阻。

（2）安全性。由于神经元在受到一个阈刺激或阈上刺激后所爆发的动作电压的幅度和电压变化的速度都很大，而且神经膜两侧溶液的导电性能也非常不好，所以形成局部电流的强度会很大，通常超过引起兴奋所必需的刺激阈值的许多倍。因此，以局部电流为基础的兴奋传导是相当安全的，不会因为局部电流太小而不足以致使相邻神经膜兴奋，更不会出现传导阻滞现象。

（3）双向传导。当神经膜上某点受到刺激而兴奋时，局部电流可以向所有方向的邻近神经膜传导，因而动作电压很快就会传遍整个神经膜，使整个神经元产生一次兴奋。在神经纤维中，局部电流可出现于兴奋部位的两侧，使动作电压表现出“双向传导”的特点。

（4）不衰减传导。动作电压在同一个神经元上的传导过程中，其幅度和波形不会因为传导距离的增加而减少。这是因为，只要刺激能使静息电压减小到阈电压，神经膜就能爆发动作电压；而产生的动作电压，其幅度、波形以及在膜上的传导情况等，只取决于当时神经元本身的内在膜特性和神经膜内外离子的分布情况。由于这些因素在一般情况下都非常稳定，所以动作电压也不会随传导距离的增加而衰减。

第 8 章 神经电路的突触连接机会

第 7 章主要聚焦于单个神经元的电学特性，本章重点考虑神经元之间如何传递信息，以及众多神经元如何组成网络，用生物学的术语来说就是如何组成神经回路。由于神经回路是以动作电压的形式将信息传给所有相互连接的目标细胞的，这些目标细胞既可以是其他神经元，也可以是肌肉细胞或外分泌腺细胞等，因此，从电学角度来看，神经回路其实就是由众多神经元搭建而成的一种特殊的“半导体电路”，所以为了突出内涵型 AI 的意境，本章经常将神经回路称为神经电路，以便为今后微观层次的内涵型 AI 所需要的各种神经电路连接提供参考，毕竟内涵型 AI 的核心，其实就是克隆以往天才的相关神经电路或电路的一部分。

多细胞生物为了保持个体的体内平衡，便在体内的所有细胞（包括神经元）之间遍布了多种复杂的信号传递系统，使得既能在细胞之间传递信号，也能在细胞内传递信号。为此，每个细胞都具有精确的信息处理能力，包括正确接收和传递信号的能力等，而神经系统的基本功能就是信号的接收、整合和传递，包括神经元之间的传递和神经元之内的传递等。形象地说，神经元之间的信息传递和胞内的信号传导是多细胞生物的最基本生命活动，它在生物的个体发育和新陈代谢等过程中起着决定性作用。

神经元之间或神经元与其他细胞之间传递信息的关键部件是什么呢？结论可能会出乎许多IT人士的意料，原来，它竟是一个非常微小的名叫“突触”的特殊结构，它是一个神经元将兴奋性传递给另一个细胞时相互联系的结构，也是中枢神经系统中任何反射活动都不可缺少的东西。突触在传递信息的过程中，先是通过神经递质与不同的受体相结合，进而通过膜关联信使或胞内第二信使间接影响离子通道和离子泵，并最终实现突触间的传递。形象地说，若能控制突触就能控制两个神经元之间的通信，也就能搭建或摘除任何一个神经电路，从而解决内涵型AI的关键难题。

由于突触传递是神经信号传递的关键，虽然本书7.1节已经简要介绍过突触的一些基本情况，但本章仍将花费多达四节的篇幅（8.1节至8.4节）再对突触及其信息传递进行更详细而全面的介绍，从而为今后内涵型AI的微观层次脑机接口做好准备工作。

8.1 神经元连接的突触

前面已经说过，突触是神经元传递信息的关键部件，它是将一个神经元的冲动（兴奋）传到另一个神经元（或细胞）的相互联系的结构，是神经元之间在功能上发生作用的部位，也是信息传递的核心组织。突触非常微小，不但肉眼不可见，即使在普通显微镜下，它也隐藏得无影无形。必须借助光学显微镜，才能顺着神经元的轴突末梢，经多次分支，最后在每一小支的末端，勉强看到一些膨大成杯状或球状的东西，它们叫作突触小体。这些突触小体可与多个神经元的细胞体或树突相接触，以形成突触。

突触是由突触前膜、突触间隙和突触后膜三部分构成的。其中，突触前膜和突触后膜比普通神经膜稍微厚一点，约为7.5纳米，它是特质化的神经膜。突触前膜和突触后膜之间，存在的突触间隙宽度约为 30 纳米。在间隙中充满了细胞外液和胞外蛋白基质，它们的功能是使突触前膜和后膜相互黏附。在突触小体的轴浆内，含有许多线粒体和大量聚集的、像囊泡一样的突触小泡。不同神经元的突触小泡的形态和大小不完全相同，所含递质也不相同：有些是兴奋性的，有些是抑制性的。根据所含递质的不同，突触小泡可分为三类：球形小泡，是直径为 40 至 50 纳米的小而清亮的透明小泡，内含乙酰胆碱或氨基酸等兴奋性递质；颗粒小泡，是小且有致密中心的小泡，内含电荷密度很高的颗粒，如儿茶酚类等递质；扁平小泡，直径为 100 至 200 纳米的扁平圆形小泡，内含神经肽类等抑制性递质。

沿突触前膜内侧有一个突出的锥形区域，与其结合的膜是神经递质释放的位点，称为活性带。突触小泡一般就聚焦在与活性带相邻的胞浆内，它们是从活性带下方的膜中释放到突触间隙中来的。在中枢神经系统中，大多数突触都仅有一个活性带，但偶尔也有多达 10 至 20 个活性带的突触。聚集在突触后膜下方的蛋白质形成突触后致密带，其中存在一些名叫“受体”的特殊蛋白质结构。此外，在后膜上还存在能分解递质使其失活的酶。

经典的突触传递程序，是一个“电学→化学→电学”的复杂过程，而且还是一个单向的传递过程，其主要步骤可简述为七步。

第一步，神经递质分子被包装进突触的小泡内；

第二步，来自突触前神经元的动作电压到达最远端的突触前终末；

第三步，突触前终末去极化引起电压门控钙通道的开放，使得神经膜外带正电的钙离子内流进入突触前终末；

第四步，膜内正钙离子的浓度迅速增加，导致突触小泡和突触前膜融合，小泡中的递质被释放到突触间隙中；

第五步，递质分子扩散穿越突触间隙，并与突触后膜上的特异受体结合；

第六步，递质与受体的结合，激活了突触后神经元，也可能是其他细胞；

第七步，存在于突触后膜附近的乙酰胆碱酯酶终止该传递过程。

被分解的递质再次被突触前膜重新吸收，或通过基于正钠离子的转运系统进入其他神经元或细胞。有些递质分子会扩散到突触的周围区域。在突触传递过程中，神经递质与突触后膜上的特殊受体结合后，与受体偶联的通道被打开或伴有第二信使系统的激活，完成了整个突触传递过程。此处的第二信使是指在神经元内产生的非蛋白类小分子，它们通过浓度变化（增加或减少）来应答神经元外信号与神经膜表面受体的结合，调节神经元内酶的活性和非酶蛋白的活性，从而在神经信号传导过程中行使携带和放大信号的功能。

突触有两类：一类是电突触，另一类是化学突触。

先看电突触，它的突触前神经元将借助电信号来传递信息，它允许离子电流从一个神经元直接流入另一个神经元，它的传导速度快且传导方向大多是扩散而不定的，它的结构基础也是缝隙连接。这种缝隙连接为神经元之间的化学通信和电信号偶联提供了通路。在缝隙连接部位，两个相邻神经膜之间的距离特别小，只有约 3 纳米，每侧的神经膜上都规则地排列着一些贯穿质膜的蛋白质颗粒，称为连接子。每个连接子由 6 个结构相同的称为连接蛋白的跨膜蛋白质亚单位组成，它们相互对接，形成一个六角形的、直径为 1.2 至 2 纳米的、中间有孔的水性通道。

电突触在神经元之间形成了一个低电阻区，电流可从一个神经元直接传播到另一个神经元。当突触一侧的膜去极化时，突触另一侧的膜也同时去极化。由于从一个神经元流出的电流与进入另一个神经元的电流完全相同，所以在两个神经元中记录的电流波动将形成完全的镜像关系。此外，缝隙连接门控通道也受制于神经元之间的电压差或磷酸化状态。与化学突触不同的是，电突触可双向传递，因此，无突触前膜和突触后膜之分，所以，本章中所有涉及“前”和“后”的描述都只是针对化学突触的或只是为了说清信息传递的方向，但另一方面，所有突触传递信息的本质却都是电信号的传递，这也是本节之所以要介绍化学突触的原因。

实际上，在化学突触中，突触前神经元借助化学信号，即化学递质（简称递质），将信息转送到突触后神经元，这也是它被称为化学突触的原因。具体来说，化学突触通过突触前神经元释放的化学递质与突触后神经膜上特殊受体的相互作用来完成信息的传递。在中枢神经系统中，大多数突触传递都是化学性的。与电突触相比，在化学突触中，两个相对神经元之间的距离要大得多，约为 30 纳米；在脊椎动物的神经肌肉接头中，该距离甚至可达 50 纳米。

神经元之间的化学突触（或称突触小体）的直径只有约 1 微米，以至于一个神经元的轴突末梢可分出许多末梢突触小体，以便与多个神经元的胞体或树突形成突触。比如，一个脊髓前角运动神经元表面就可容纳 100 万个突触，因此一个神经元可通过突触传递的方式，影响多个神经元的活动；同时，一个神经元的胞体或树突也可通过突触，接受多个神经元传来的信息。突触可形成于神经元的任何部位（包括轴突、树突和胞体等部位），因此，若从连接部位的角度来看，突触又可分为以下三类。

（1）轴突→轴突型突触，即一个神经元的轴突末梢与下一个神经元的轴丘或轴突末梢相接触。

（2）轴突→胞体型突触，即一个神经元的轴突末梢与下一个神经元的胞体相接触。

（3）轴突→树突型突触，即一个神经元的轴突末梢与下一个神经元的树突相接触。

在大多数情况下，突触都发生在与树突棘相接触的部位，因此，这类突触也称为轴突→棘突触，比如，在中枢神经系统中，超过 90%的兴奋性突触都产生在棘树突处。由于棘的特殊结构，棘能将一个神经元中的每一个突触单独分开，这种分离既可能是电学性质的，也可能是化学性质的。

除了上述三种主要的突触形式外，在无脊椎动物和低等脊椎动物的神经组织中，神经元之间的任何部分都可以彼此形成突触，如树突→树突型突触、树突→胞体型突触，以及胞体→胞体型突触等。

此外，若根据突触对下一个神经元的机能活动的影响的不同，也可在功能上将突触分为兴奋性突触和抑制性突触两大类。前者的作用是使突触后神经元兴奋，后者的作用是使突触后神经元抑制。

在通常情况下，一个神经元将拥有许多突触，有些是兴奋性的，有些是抑制性的。如果兴奋性突触活动的总和，超过了抑制性突触活动的总和，并达到了能使该神经元发生动作电压的水平，那么该神经元将被发射，或者说该神经元呈现兴奋状态；反之，该神经元将表现为抑制。

8.2 突触前递质的释放

如果说突触是实现神经元之间信息传递的核心机构，那么各种各样的神经递质（分子）就是该机构中的核心成员，正是因为这些成员的劳累与奔波，才最终实现了神经元之间的信息传递，实际上是电信号的传递。换句话说，各种各样的神经递质，是神经元之间传递信息的重要媒介。实际上，突触前神经元通过其树突和胞体质膜表面存在的各种神经递质受体，接受来自不同神经元的信息输入，引起神经元的一系列变化（比如，离子通道的开放、胞内第二信使的激活等），于是输入神经元的全部信号便在被整合后，通过轴突，以动作电压的形式传至轴突终末且与下一个神经元相连的突触处。本节将介绍动作电压引起突触前囊泡（突触小泡）的胞吐、神经递质的释放，以及突触后受体及信号传递等基本过程，当然，这些过程的本质都是电荷的传递，今后也许可能被脑机接口释放的适当电流所替代。

先看突触前正钙离子的内流和神经递质的释放。

当突触前神经元产生的动作电压到达轴突终末时，突触前膜将发生去极化，引起突触前膜上的电压门控正电荷钙离子通道（以下简称钙通道）开放，膜外正钙离子进入突触前膜，使得前膜内的正钙离子浓度瞬间显著升高，继而激发递质的释放。突触前终末正钙离子的流入量决定了突触后电压的大小，更准确地说，突触前动作电压的正钠和正钾离子流，主要将引起突触前膜的去极化，并导致电压门控钙通道的开放，这才是促使囊泡递质释放的关键。当然，即使不对突触前膜进行去极化，只要能升高膜外正钙离子的浓度，照样也可激发神经递质的释放，因此，正钙离子是导致神经递质释放的基本激发因素。神经递质释放的数量，受制于正钙离子的内流量。

正钙离子激发的递质释放过程还会影响突触传递的效能，即突触的可塑性。具体来说，神经终末正钙离子释放量的增加，将会加大递质释放量，也会增大突触传递的效能。若给突触前神经元施加一连串的高频强直刺激，便可在突触后神经元上记录到不断增大的突触反应，这便是所谓的突触增强效应，该反应可一直持续到强直刺激已经停止后的数分钟，这便是所谓的强直后增强效应，其动力来自突触前神经终末中残留的正钙离子。由于高频刺激引起的突触前膜去极化产生了大量内流的正钙离子，它们不能被突触前膜内的“正钙缓冲系统”

及时调节，所以在高频刺激下，内流的正钙离子将在轴突终末处不断积累，从而导致每次动作电压产生的递质释放量不断增加。

囊泡（突触小泡）在突触前膜中的分布，也与神经递质释放有关；这是因为，所有神经递质都以囊泡的形式储存在突触前终末的活性区附近。若按突触囊泡距活性区的远近来分类，可将囊泡分布的区域分为两个池：锚定囊泡池和储存囊泡池。其中，锚定囊泡池与活性区的距离为 5 至 10 微米。锚定囊泡池在功能上可分为不能释放的未激活囊泡池和已激活的可释放囊泡池。可释放囊泡池又可再根据释放递质的速率分为缓慢释放囊泡池和快速释放囊泡池，后者有时也称为待释放囊泡池。

储存囊泡池与活性区的距离不超过 100 微米。该池中的部分囊泡若被转运和锚定到神经膜上后，就变成了未激活囊泡池中的囊泡。比如，在青蛙的神经肌肉接头处，全部囊泡池中的囊泡数虽有大约 50 万个，但其中也有约 1 万个囊泡是未激活的。不过，在高频刺激下，仅需半秒钟就能将这些未激活的囊泡激活并释放，这也是为什么将“待释放囊泡池”称为“快速释放囊泡池”的原因。在一般情况下，若未激活囊泡池中的囊泡越多，囊泡释放的可能性就会越大。比如，若先对与青蛙肌肉相连的运动神经元进行一次单电刺激，再在其后的几毫秒内，将肌肉快速冷冻，然后进行冰冻断裂。这样便能够获得囊泡正与突触前膜融合瞬间的冰冻蚀刻扫描电镜图像，并能确定这种融合的时间进程。结果发现，当刺激发生在冰冻前 3 至 5 毫秒时，囊泡的开口数为最大，这刚好与用其他方法测定的突触后电导变化的峰值相吻合。

突触前神经元递质释放的一种重要形式是所谓的胞吐，准确地说是囊泡（突触小泡）的胞吐，这是一个涉及许多蛋白质和脂质分子，并有多个细胞器参与的复杂过程。囊泡的前体在高尔基体上发芽形成后，通过顺行性转运被送至轴突神经末梢。到达突触前膜的囊泡，还要经历锚定、激活和预成熟等过程，然后才能与突触前膜融合并释放其内容物（神经递质）。这期间将涉及一系列复杂的生物化学过程，为降低阅读难度，我们只保留那些可能有助于今后启发内涵型 AI 研究的部分内容。比如，囊泡在与神经膜融合前，需要经历多个发育成熟阶段。首先是囊泡的发生，随后转运到突触前膜附近，此过程称为囊泡的募集，它涉及许多蛋白与神经骨架的相互作用。在正钙离子的作用下，突触蛋白使囊泡从神经骨架上释放出来并能向突触前膜移动，这一过程称为动员。微管、肌动蛋白微丝和多种动力蛋白，都为囊泡的定向转运提供了通路和动力。比如，从高尔基体到突触前膜周边部位的囊泡转运依赖于微管系统，向突触前膜的转运则依赖于肌动蛋白等。

到达突触前膜的囊泡，还要被拴系或锚定在膜上，然后通过激活后，才能与神经膜融合。囊泡是如何到达突触前膜的呢？原来，当动作电压到达突触前终末时，突触前膜将会去极化，大量的正钙离子通过多种钙通道快速内流进入轴浆，致使通道口的钙离子浓度比静息状态时的浓度大幅度提高。在轴突前终末内，突触蛋白通过与突触前微丝和微管骨架结构的相互交联，使大量囊泡进入突触前膜，并处于储存状态。经过一番复杂的生化过程后，处于交联状态的囊泡被游离出来，进入待释放状态，此过程称为囊泡动员。

何为拴系或锚定呢？原来，突触囊泡被引渡到突触前膜活性区附近后，便被松散地附着于标靶膜上，这一过程称为拴系。在拴系状态下，囊泡膜与标靶膜的距离为 75 至 150 纳米。拴系后的囊泡进一步靠近标靶膜，两层膜之间的距离缩小为 5 至 10 纳米，以使突触囊泡在与突触前膜融合之前固定在前膜上，这一过程称为锚定或着位。锚定是突触囊泡与质膜结合的不可逆过程。突触囊泡的拴系和锚定保证了囊泡在正确的时间和空间，准确地与标靶膜进行特殊性结合，使膜的融合和递质释放具有时间和空间特殊性。囊泡锚定后，随即启动相应的复合过程，使囊泡进入激活状态。

处于锚定状态的囊泡，必须先被激活和预成熟之后才能与标靶膜融合。在大多数类型的突触中，囊泡的激活都是限速性步骤，可释放的囊泡库决定了囊泡激活的总数。正是由于囊泡库的存在，神经元才能对刺激做出迅速反应并释放足够数量的神经递质，因此，囊泡库的调控对神经信息传递具有重要意义。囊泡在活性区的递质释放过程主要由四步完成，即囊泡的锚定、囊泡的激活、正钙离子的激发和囊泡融合等。

递质释放的主要形式是所谓的胞吐，只有经过胞吐后，神经递质才能最终冲出囊泡正式进入突触前膜。那么囊泡的胞吐又是怎么回事呢？其实，囊泡的胞吐可细分为调节性胞吐和基础态胞吐两类。

具体来说，调节性胞吐的胞吐过程，会受到正钙离子的严格调控。此时，囊泡与膜的融合及递质的释放速度都很快，以至于在胞浆内正钙离子升高的数十到数百毫秒内，囊泡就能与膜实现融合。许多神经元在快速胞吐后还会紧跟着另一个缓慢的持续胞吐过程。这里之所以能有快速胞吐，是因为存在一个囊泡库，库中的囊泡均已处于激活态。在快速胞吐的过程中，可释放的囊泡被迅速耗尽，使得囊泡的释放速率随时间呈指数级数衰减。之所以会出现缓慢的持续胞吐过程，是因为存在着位于神经膜约 10 微米处的锚定囊泡，它们在经历了动员、激活和与突触前膜融合等过程后，才会最终缓慢释放相关的递质。

与上述调节性胞吐不同的是，基础态胞吐则不受动作电压和正钙离子的调控，其囊泡融合速率低。它主要负责神经元内的各细胞器间的蛋白质与膜的转运，不过，其胞吐活动的分子机制及过程与调节性胞吐相同。

下面再来分解胞吐过程。

在胞吐之前，当然首先得形成囊泡，那么囊泡又是如何形成的呢？原来，轴突终末突触囊泡的形成方式主要有两种：

方式一，囊泡来源于高尔基体，因此产生的囊泡是全新的。这样的囊泡要经过从胞体到轴突末梢的长距离运输过程，所以，耗时长、效率低，神经终末兴奋后难以对囊泡进行快速补充。

方式二，囊泡来源于神经膜内吞形成的囊泡。而突触囊泡的内吞，又有多种形式，其中之一便是所谓的“膜循环的全融合模式”，此时，突触囊泡与突触前膜融合并塌陷，然后在递质释放的活性区外侧，通过笼形蛋白引导的内吞作用将囊泡膜回收。进入胞浆后的囊泡融合到早期内涵体，由内涵体发芽后形成新囊泡，或直接经酸化并填进神经递质，形成新的囊泡并被循环利用。突触囊泡内吞的另一种形式有一个很风趣的名字，叫“亲罢就跑”，此时神经递质通过突触囊泡与突触前膜融合成一个开放的融合孔，并被释放至突触的间隙中，而释放递质后的囊泡直接参与下一轮循环。当然，也有一些囊泡可能并不参与囊泡循环，它们在与膜进行瞬间融合时，释放出一部分或全部递质，然后在靠近质膜时重新装填递质成为完整的新囊泡。由于这类囊泡从不离开突触前膜的活性区，因此保证了这些囊泡在任何需要的时候都能再次进行胞吐活动。再由于这种囊泡的模式要求与质膜的融合速度极快，也是类似于“亲罢就跑”模式的一种捷径，所以，它们也有另一个很风趣的名字，叫“亲罢留下”模式。以上囊泡循环的多种模式，可能共存于单个神经元的递质释放过程中。不过，全融合模式释放的可能性最大，而以“亲罢就跑”模式释放的可能性最小。

神经递质又是如何被摄取的呢？原来，分子质量相对较低的神经递质，是在轴突终末中合成和装入囊泡的。递质在突触囊泡中的摄取，是由特殊的转运蛋白质引导完成的。在突触囊泡膜上存在质子泵，它们可以将质子泵入囊泡，使囊泡内的电压较细胞质电压为正且偏酸性。囊泡上的递质转运蛋白，利用质子泵提供的电压和酸碱梯度能量，逆着浓度梯度将递质分子转运进囊泡。

递质释放过程中的另一个重要步骤是所谓的囊泡摆渡。也就是说，处于突触终末的囊泡，通过被动扩散和马达分子的转运，定向转移到突触前膜的活性区附近，此过程叫囊泡摆渡或搭靠。在该过程中，许多化合物都扮演了重要角色，有的像拖船那样，先与囊泡结合在一起，然后将囊泡“逆水行舟”引渡到活性区；有的则像拦河大坝那样，负责阻止囊泡逃回出发站；还有的像监督员，分别负责报告诸如囊泡已到站、递质可释放、拖船可循环使用等信息，以确保囊泡的转运过程有条不紊地紧张进行。

最后，我们再简要概括一下在递质释放过程中扮演重要角色的囊泡融合过程。

（1）神经兴奋到达突触前膜，引起膜的去极化，于是电压门控正钙离子通道被打开，正钙离子进入突触前膜内，使膜内正钙离子的浓度瞬间升高。

（2）囊泡动员。突触蛋白通过与突触前微丝和微管骨架结构的相互交联，大量囊泡处于储存状态。进入突触前膜的正钙离子与钙调蛋白结合为一种特殊的化合物，在该化合物的作用下，磷酸被分化，并动员那些处于交联状态的囊泡游离出来，进入待释放状态。

（3）囊泡的拴系或锚定。在该过程中，突触囊泡通过蛋白质间的相互作用，被定位在活性区钙通道附近的特定位置，而且囊泡被牵引接近神经膜并将其附着和锚定在神经膜上。

（4）囊泡的预融合或准备。锚定的囊泡需要激活和预成熟后才能与标靶膜融合，此时，突触融合蛋白已从闭合型转为开放型。

（5）复合体的形成。处于开放构象的突触融合蛋白与突触囊泡蛋白等结合，形成四条平行排列的铰链状复合体。它们分别使囊泡具备了膜融合功能，从松散状态变成了紧密结合状态，以闭合链的形式促使囊泡膜与标靶膜靠拢融合，并最终形成融合孔。

（6）融合孔形成后，突触融合蛋白和突触囊泡蛋白被嵌在同一膜上。之后，递质释放，并且完成任务后的膜也开始准备参与下一次的膜融合过程。在该过程中，正钙离子作为囊泡融合过程的信号分子，与存在于突触囊泡上的正钙感受器作用，引导囊泡的融合。

8.3　突触后电压及信号

8.2 节介绍了神经信号如何从突触前神经元传递给突触，本节再来追踪神经信号的轨迹，看看这些信息又如何从突触传递给突触后神经元。其实，神经元之间的信息传递主要通过化学突触完成，概括地说，在化学突触中，突触前膜释放的神经递质作用于突触后膜上的受体，引起突触后神经元产生膜电压的变化，从而影响突触后神经元状态的改变。但是，需要注意的是，复杂的化学递质传递其实只是形式，而它们的实质内容仍是电荷的传递，换句话说，只要能对电流进行精准控制，比如，使电流与递质释放的电荷量保持大致相当，那么，神经元之间的信息传递过程就能得到有效控制。可惜，由于目前还不知道如何控制这些人工电流，所以，本节的内容也只好仍以神经科学的成果为主，但仍尽量删除无关的生物学内容，否则就会非常难读，毕竟神经科学与信息科学隔行如隔山。不过，若不过分追究众多化学名词术语的具体含义，只需认定它们是某些化合物就行了，那么本节以及本篇的各章节内容的阅读其实也并不困难，而且其电学逻辑也非常清晰。

实际上，在突触后膜上存在两类神经递质受体：一类是数量较多的促代谢型受体，大多数递质的受体都属此类；另一类是促离子型受体，它们与离子通道偶联，这类受体的数量不多，主要为烟碱受体和部分氨基酸类受体。促离子型受体被激活时，能直接引起离子通道的开放，使突触后膜产生快速的电压变化。促离子型受体组成的离子门控通道可分为三类，分别简称为 AMPA 受体门、NMDA 受体门和海人藻酸受体门（至于 AMPA 和 NMDA 等名词的具体含义，这里就不讲述了，各位只需知道它们是非常复杂的化合物名称的简写就行了）。在正常情况下，AMPA 受体门控通道几乎不允许正钙离子进入神经元，通道的电导也相对较低，无电压依赖性。当谷氨酸作用于突触后膜上的 AMPA 受体时，其引导的通道会开放，并引起正钠离子的内流和正钾离子的外流且内流大于外流，所以，最终将形成净的内向离子流，引起突触后膜的去极化。相反，NMDA 受体门控通道的电导很高，具有电压依赖性，当 NMDA 通道被激活后，不但将引起正钠和正钾的高通透性，也会引起对正钙的高通透性，故 NMDA 通道被激活后会产生一种慢时程的兴奋性突触后电压。

促代谢型受体被激活时，往往可以刺激神经元内第二信使的生成。这些第二信使再通过不同的信号通路，直接或间接地引起离子通道的开放或封闭，使突触后神经元产生不同的生理反应。这些反应既包括兴奋反应，此时的突触后称为兴奋性突触后，比如，脊椎动物的神经肌肉接头突触便是兴奋性的；也包括抑制反应，此时的突触后称为抑制性突触后，比如，在神经系统中就存在大量的抑制性突触（当然也有不少兴奋性突触）。下面就来分别介绍兴奋性和抑制性这两种突触后的电压情况。

先看兴奋性突触后电压。在中枢神经系统中，最具代表性的兴奋性突触是所谓的“谷氨酸能”突触，它们的突触前膜释放的兴奋性化学递质氨基酸，将使突触后膜发生兴奋反应。大多数谷氨酸引导的突触都能产生两种不同内容的兴奋性突触后电压，一种为快突触后电压，主要由 AMPA 受体引导；另一种为慢突触后电压，主要由 NMDA 受体引导。而且在这两种不同的电压反应中，突触前释放的都是同一种递质，但由于突触后受体不同（一种是促代谢型受体，另一种是促离子型受体），所以就在不同类型离子通道的调控下，形成了不同的突触后电压特性。比如，在快突触后电压情况下，其通道几乎不允许正钙离子进入神经元，其单通道电导相对较低，无电压依赖性，通道开放后将引起正钠离子的内流和正钾离子的外流且内流大于外流，所以就形成了净的内向正离子流，引起突触后膜的去极化。又如，在慢突触后电压情况下，通道的特性很复杂，电导很高，还具有电压依赖性，动态性表现得很缓慢，在受体被激活后，不但会使正钠和正钾的通透性增加，还对正钙离子具有很高的通透性。

具体来说，这些兴奋性氨基酸与突触后膜上的促离子型受体结合后，提高了突触后膜对正钠离子、正钾离子和负氯离子的通透性，以至于突触后神经元能记录到一个短暂的、向着去极化方向发展的（使膜的极化状态减弱）的电压变化。由于该去极化能兴奋突触后神经元，使其膜电压接近阈电压值，使突触后神经元容易发生兴奋，使突触后神经元的活动性加强，因此，称这种局部电压为“兴奋性突触后电压”。

比如，兴奋性突触电压可以用这样的方法来测量：将微电极插入兴奋性突触后神经元中，当刺激感觉传入神经纤维时，在该突触后神经元中就能记录到一个短暂的电压变化，这就是所测的兴奋性突触后电压。该电压是一种分级电压，可进行时间和空间的叠加。若突触前神经元活动增强，或参与活动的突触数量增多，则兴奋性突触后电压在进行了叠加后，电压的幅度将增大。当该电压加大到一定程度时，比如，兴奋的叠加使膜电压由静息时的 -70 毫安去极化为 -52 毫安时，就会导致在突触后神经元的轴丘处爆发动作电压，产生可扩展性兴奋，并沿轴突传导至整个突触后神经元。据测定，单个谷氨酸兴奋所能产生的兴奋性突触后电压的峰值为 0.01 至 1 毫伏（此变化范围还取决于突触后神经元和突触的大小），因此，只有当许多兴奋性突触后电压叠加在一起时，才能使突触后神经元的去极化达到阈电压值，进而引发动作电压。

许多突触的 AMPA 受体和 NMDA 受体是共存的，因此，大多数谷氨酸引导的兴奋性突触后电压就是两者协同作用的结果。当突触后膜处于相对偏负值的静息电压水平时，突触前膜释放的谷氨酸与 AMPA 受体作用，使电压依赖性 AMPA 受体门控通道开放，但 NMDA 通道仍然关闭。然后，随着其他突触活动的加强，突触后神经膜去极化达到一定水平后，NMDA 通道也将开放。实际上，在机体自然状态下，只有当快速 AMPA 受体通道被激活并使其膜被充分去极化后，缓慢的 NMDA 通道才能开放。

再看抑制性突触后电压。若将微电极插入抑制性突触后神经元中，就能记录到一个短暂的超极化电压，它使膜电压远离阈电压，使突触后膜的膜电压增大而出现超极化。此时，突触前神经元轴突末梢兴奋后，释放到突触间隙中的将是抑制性递质。这些抑制性递质将与突触后膜的特定受体结合，使离子通道开放，提高其膜对正钾离子和负氯离子的通透性，使突触后膜的膜电压增大，比如，出现从 -70 毫伏到 -75 毫伏的突触后膜超极化现象。由于这种超极化电压使突触后神经元的膜电压远离阈电压值，将致使突触后神经元不容易发生兴奋，表现出对突触后神经元活动的抑制，因此，将这种局部电压称为抑制性突触后电压。

在中枢神经系统中，绝大多数的抑制性突触都是由一种名叫GABA 的递质所引导的（这里的 GABA 仍是非常复杂的化学名词的简写，大家仍只需知道它是一种递质就行了）。GABA 可作用于两种类型的受体：I 型受体，它是一种促离子型受体，它所对应的是一种负氯离子门控选择性通道；II 型受体，它是一种促代谢型受体，它能引起正钾离子通道打开，或可压抑正钙离子通道。由于抑制性突触后电压的形成与负氯离子和正钾离子的平衡电压有关，所以当抑制性递质使负氯离子通道开放时，负氯离子将顺其化学梯度流入神经元内，使膜内出现超极化趋势；若抑制性递质使正钾离子通道开放，正钾离子将按其电化学梯度从神经元内流出；与负氯离子流入的情形相似，二者都会形成外向离子电流使突触后膜超极化，产生抑制性突触后电压。

当然，除了兴奋性和抑制性突触后电压，还有一种被称为“反转电压”的情况。这是因为，在突触传递过程中，许多神经递质的门控通道并不只通透一种离子。假设在突触传递中，突触后膜离子通道对正钠离子和正钾离子的通透性相同，那么当通道开放时，膜电压值将介于正钠离子的平衡电压和正钾离子的平衡电压之间。当膜电压处于不同水平时，离子通道的开放将可能改变正钠离子和正钾离子跨膜流动的方向和流量。或者说，突触后电压的走势可能出现某些反转，当然，不同神经元的反转电压也各不相同。实验表明，抑制性突触后电压的反转电压与负氯离子和正钾离子的平衡电压很接近，甚至抑制性突触后电压就是由负氯离子和正钾离子的跨膜流动所形成的。实验还表明，若将负氯离子注入脊髓运动神经元内，抑制性突触后电压的反转电压将会向着去极化方向发展。此外，脑内许多神经元的静息电压与负氯离子的平衡电压十分接近，当二者相等时，负氯离子的净通量将为零，膜电压也将保持在静息水平而不出现抑制性突触后电压，但这时的抑制作用仍然存在，这种由膜电导增加而导致兴奋性突触效率降低的现象，称为分流抑制。

归纳而言，抑制性神经递质开启了负氯离子通道后，若相关神经元的静息电压超过负氯离子的平衡电压，那么所产生的抑制性突触后电压将使轴突膜超极化而不易产生兴奋；若相关神经元的静息电压很接近负氯离子或正钾离子的平衡电压，那就可通过分流作用而降低兴奋性突触的效率，从而达到抑制效果。对某些神经元产生的抑制性突触后电压来说，它们并不都是由负氯离子的内流引起的，还可能由正钾离子电导的增加而引起。在有些神经膜上，同时存在由两种受体分别控制的正钾离子和负氯离子，当正钾离子被激活时，可增加通道对负氯离子的通透性而产生快速抑制性突触后电压；当负氯离子被激活时，可开放对正钾离子有通透性的通道而产生慢速抑制性突触后电压。

如果神经膜仅对一种递质具有通透性，且这种递质的作用缩小了膜的平衡电压与产生动作电压的阈值间的距离，那么递质具有兴奋性的作用；如果这种递质增大了膜的平衡电压与产生动作电压阈值间的距离，那它具有抑制性作用。显然，能使负氯离子门控通道和正钾离子门控通道开放的递质，应该都是抑制性的。如果突触电流是由一种离子携带的，那么相应的反转电压将等于该离子的平衡电压；如果突触电流是由两种离子携带的，那么相应的反转电压将介于这两种离子的平衡电压之间，其数值大小取决于两种离子的电化学梯度。各种类型神经元的兴奋性突触后电压的反转电压均有差异，但它们基本上都在 0 至 15 毫伏之间。抑制性突触后电压的反转电压大约为 -71 毫伏。在递质与突触后膜上的受体作用之前，假设膜的平衡电压小于 0，则离子电流就会迫使膜电压向着 0 点方向移动；假设膜的平衡电压大于 0，则离子电流就会迫使膜电压背离 0 点方向移动，从而导致膜的平衡电压变小。

大脑中多数突触产生的突触电压都很小，单个突触后电压通常只会产生约 0.5 毫伏的去极化，而使神经元兴奋的阈值电压至少需要 15 毫伏的去极化；这表明，若想使神经元产生动作电压的阈值，通常需要多个（至少 30 个）兴奋性突触的共同作用。比如，一个脊髓前运动神经元的膜表面可形成约 1 万个突触，而前脑单个神经元的膜表面形成的突触数更高达 4 万个。这些突触有些是兴奋性的，有些是抑制性的，由于它们存在的位置和大小均不同，即使是同一类型的突触，它们所产生的突触后效应也可能不同。此外，神经元表面的受体也可能不同，一种神经递质可激活多种受体亚型，引发多种突触后效应，这表明突触后神经元产生的最终效应将取决于所有这些因素的叠加。

8.4　突触的可塑性调节

关于大脑的可塑性，我们在本书前面两篇中都分别从宏观和中观角度给予了大篇幅介绍，实际上，在神经系统的发育、学习、记忆、脑的认知等高级神经活动中，均存在大脑的可塑性。而大脑可塑性的根，其实是突触的可塑性，因为突触改变后，相关的神经回路也会改变，大脑地图和脑电波都会改变，也就是说，无论是从宏观、中观还是微观的角度来看，大脑都变了。形象地说，你若能将爱因斯坦大脑中的突触克隆到你自己的头脑中，那你就能成为另一个爱因斯坦。准确地说，突触的可塑性是指，在不同环境刺激下突触的结构和功能发生适应性改变的过程，它是神经系统的最重要特性之一。突触的可塑性变化既可表现在功能方面，即突触传递效能的改变，或者说不同的突触传导情况代表了不同的知识和技能；也可表现在形态上，比如，突触结构被修饰，神经树突分支数量及分布的变化，突触连接数量及空间分布的变化，以及突触活动带的结构变化等。

几乎所有突触的传递效能都不是固定的，都会随着时间的推进而发生各式改变。突触传递的效能既可以变得更强，也可以变得更弱；这种变化既可以持续几毫秒，也可以持续几周甚至更长时间。比如，一小串连续的相同刺激作用于突触前神经元时，产生的突触后电压的幅度既可能增加，此时称为突触易化；也可能减小，此时称为突触压抑。一长串连续的相同高频强直刺激，可能引起持续数十分钟的突触电压幅度的增强，这种增强称为强直后增强。短时间内给突触前神经元快速重复性刺激后，在突触后神经元上可产生持续时间更长的突触传递效能的长时程增加（或长时程降低），称为长时程增强（或长时程压抑）。突触可塑性不但涉及突触前和突触后神经元相互关联的强度，还涉及许多信号蛋白的相互作用及第二信使的调节等。

突触的易化、压抑和强直后增强等，都只是对突触传递方式的短暂修饰，其机制主要涉及大脑神经回路的短期变化，但是，由此引起的突触效能的变化可能维持长达数周、数月甚至数年的记忆和行为可塑性。实际上，在哺乳动物的中枢神经系统中，许多突触都能表达长期的突触可塑性，因此都会维持相关行为的长期改变。由于这类改变的持续时程较长，所以其突触的可塑性涉及细胞水平的学习和记忆机制等。从广义上讲，长时程压抑和长时程增强是指突触效能的直接变化，但在不同的突触中，它们的机制在细胞和分子水平上是有差异的，其突触效能的改变取决于细胞所处的状态、细胞内不同信号传导通路中不同成分的调节等。比如，对人脑的研究表明，在某些类型的学习期间，大脑中的海马区能被激活，而损伤海马区后某些新的记忆将不能形成。对啮齿动物的研究表明，当动物处于某些特定的、被编码了空间记忆信息的位置时，可引起海马区神经元的发射。海马区损伤将严重影响老鼠的学习能力。对兔子的海马区进行哪怕是只有几秒钟的高频电刺激，也将能在几天甚至几周的持续时间内提高其海马区中突触的传递效能。基于上述实验结果，海马区中的兴奋性突触环路经常被用作研究长时程增强的重要模型，当然，这还因为海马区中的神经元具有特殊的排列特点，甚至它的离体脑片也都能完整保留相关神经元的回路结构。当然，长时程增强这样的突触可塑性，不仅存在于海马区的兴奋性突触中，还存在于许多其他类型的突触中，包括但不限于皮层、杏仁核和小脑等。

突触效能的长时程增强具有一些明显特点，比如下面三个特点。

特点 1，长时程增强具有状态依赖性，即突触后神经膜电压的状态决定了是否会发生突触效能的长时程增强。在一般情况下，作用于侧支上的单个刺激不会激起长时程增强，但若存在这样的突触后神经元，它能在一些刺激的情况下产生较大的去极化，那就可能通过侧支的激活来产生长时程增强。这种形式仅仅发生在突触前和突触后神经元的成对激活的情况中，此时，这一对神经元在时间上是紧密相连的，即强烈的突触后去极化发生在突触前递质释放的 100 毫秒之内。

特点 2，长时程增强具有输入特殊性，即长时程增强主要产生于受刺激传入神经纤维相对应的突触上，而不是产生于其他的、与其无关联的同一神经元的其他突触上。因此，长时程增强只局限在激活的突触中，而不是突触后神经元上的其他突触。长时程增强所具有的这种特点将影响与其相关的记忆形成。实际上，如果一组突触的激活引起所有其他突触（包括那些未激活的突触）都产生电压变化，那么将无法对输入特殊的信号进行筛选，也不能完成特殊信息的存储。

特点 3，长时程增强具有协同性，即一个弱刺激通路本身不能产生长时程增强，但当一个强刺激通路在同一突触后神经元的邻近突触引发长时程增强后，弱刺激和强刺激通路便都能产生长时程增强。一般来说，这种协同性与神经元之间不同的信息网络连接有关。比如，海马区突触的长时程增强就密切关联于学习、记忆或其他方面的行为可塑性，而且这种关联性还提供了一个研究长时程变化神经机制的平台。

与长时程增强相反的是突触效能的长时程压抑。为什么会出现长时程压抑呢？原来，在长时程增强的过程中，若突触只是简单地持续增加反应强度，该强度最终会达到最大值，于是，这种反应形式几乎不可能再编码新信息。因此，为了提高突触的工作效率，必须有选择地削弱某些特殊突触活动的过程，也就是说，若同时存在突触传递效能增强和减弱的神经网络，将比单一突触反应增加或降低的神经网络具有更大的处理和储存信息的优势，因此就会出现长时程压抑。

与长时程增强类似，长时程压抑也具有特殊性，它能减少或消除长时程增强所引起的突触后电压；与之相反，长时程增强能对抗长时程压抑，阻止它减少突触后电压的趋势。因此，长时程增强和长时程压抑可以通过作用于同一位点，来实现对突触效能的对抗性调节。实际上，长时程增强和长时程压抑一般不可能在某个突触的传递过程中独立表达，这是因为二者在诱导机制上存在一定的相似性。比如，它们的产生都需要在激活某种受体后引起神经元外的正钙离子内流，只不过两者需要的正钙离子内流在时间和数量上存在显著的差别而已。

具体来说，快速、大量的正钙离子内流将诱导出长时程增强，而缓慢、持久的正钙离子内流将诱导出长时程压抑，两者的表达和维持都需要多种蛋白酶的作用。总之，不同的系统和不同的刺激形式，可能使神经系统采用不同的信号传导及表达机制来改变突触的传递效能。

长时程增强的形式有许多种，有的与突触前的机制有关，有的与突触后的机制有关。下面只介绍两个有代表性的长时程增强。

第一种长时程增强，即依赖于 NMDA 受体的长时程增强。此种长时程增强的产生，需要在突触后膜显著去极化时，通过突触前释放谷氨酸来激活 NMDA 受体。此类长时程增强发生期间，突触效能增加的主要原因在于不断有 AMPA 受体被转运至突触后膜。此类长时程增强可维持几个小时，其间既需要蛋白合成，也需要大量树突棘生成和相关突触后密度的增加等。这些结构上的变化，对于长时程增强启动的“巩固信息存贮过程”非常重要。此外，突触处 NMDA 受体的转运和数量改变等，都能潜在地改变诱导性的长时程增强和长时程压抑阈值。某些特殊受体上的分子开关还能增加或减少该受体所调节的突触电流，改变受体激活期间进入突触后神经元中正钙离子的数量，继而改变突触的可塑性。

第二种长时程增强，即突触前长时程增强。这种形式的长时程增强不需要 NMDA 受体和突触后因子，相反，它归因于突触前终末神经元内的正钙离子被激活和对受体依赖性的增强等。

长时程压抑的形式也有多种，有的与突触前的机制有关，有的与突触后的机制有关。下面介绍三种有代表性的长时程压抑。

第一种长时程压抑，即 NMDA 受体依赖的长时程压抑。当给 NMDA 受体一个微弱刺激时（比如，对神经膜适当地去极化或低频刺激等），也许能引起长时程压抑的产生，其起因可能是突触后神经元的缓慢而少量的内流正钙离子。此类长时程压抑诱导了神经元内不同的正钙离子所依赖的信号通路，使得在该过程中，通过某种内吞，减少了膜上 AMPA 受体的数量，从而引起钙离子内流诱导的长时程压抑。

第二种长时程压抑，即代谢型谷氨酸受体依赖性长时程压抑。此种压抑是因代谢型谷氨酸受体的激活而诱导和表达出来的。在多数情况下，此种长时程压抑的产生主要是通过笼蛋白依赖的突触神经元内吞 AMPA 受体来调节的。

第三种长时程压抑，即内大麻醇调节的长时程压抑。顾名思义，此类长时程压抑来源于内大麻醇的调节，由于它的具体原理太复杂，很难用科普语言说清，此处只好略去。

总之，突触效能的改变，除了与长时程增强和长时程压抑有关，还与突触的某些特殊性有关。当突触激活水平经历长时间（几小时至几天）的改变后，突触的强度也会被改变。在一些特殊情况下，延长突触活动减少的时间，就能从整体上增大突触强度；而延长突触活动增加的时间，则能降低突触活动的强度。突触强度的这些普遍变化，是在限定的范围内单个神经元维持活动的自稳态反应，它使不同突触通过长时程增强和长时程压抑引起的反应在强度上体现出恒定的差别。

突触的动态性也是突触的一个有趣表现。比如，当某些类型的谷氨酸突触后神经元处于静息状态时，刺激这些突触并不能产生突触后电压的变化；但是，若这些突触后神经元被去极化后，便能在这些“静息突触”上记录到明显的电压变化。这表明，信息在此类突触上的传递，可对突触后活动做出“开”或“关”的动作。静息突触动态性变化产生的原因，可粗略解释如下：在静息状态下，NMDA 受体受到阻断而不能被激活，但在静息突触向功能性突触的转化过程中，AMPA 受体被不断运至神经膜，镶嵌于突触后致密带中，从而增大了突触传递的强度。

AMPA 受体和 NMDA 受体在发育的不同阶段存在着动态调节性的变化。比如，婴儿出生后的早期阶段，许多突触中仅存在异常富集的 NMDA 受体，发育至成年时这种受体逐渐减少。当突触成熟时，一些 AMPA 受体被补充进突触后膜中，AMPA 受体在长时程增强期间便会被上调。

突触后的可塑性，还体现在整个突触后结构的树突棘的动态变化方面。树突棘的体积非常小，甚至小于 1 立方微米，且具有不同的形态。树突棘球形的棘头，通过一个窄茎连接到树突上，棘茎能防止生物化学信号从棘头中扩散到树突的其余部分。在突触传递过程中会产生许多可扩散信号，其中最显著的是作为第二信使的正钙离子。棘还可以作为一种“仓库”来贮存各种信号蛋白，它们可将正钙离子等集聚在这里，例如，在棘头中贮存着浓度很高的谷氨酸受体，突触后致密带中也贮存了大约十几种神经元内信号转导蛋白，这表明棘头是突触组装过程中信号分子最终到达的目的地，是第二信使作用的标靶。

在发育过程中，树突的丝状足突起在突触前释放的神经递质及其他因子的共同调节下，会发生一系列的形态变化，比如，若持续刺激海马区的神经元，树突的丝状足结构就可以在几分钟之内发育长大成一个新的树突棘。这些树突棘密度的变化，自然也就主动调节了突触的活动。在高频刺激诱导出长时程增强的同时，树突棘的宽度也相应增加，并随即出现树突棘的分叉，也会形成新的树突棘。当阻断 NMDA 受体后，这种变化随即消失，这表示此种变化确实与突触活动有关。比如，实验表明，当老鼠在接受被动躲避行为训练时，它的相应脑区的树突棘密度将在训练启动后 3 小时开始增加，6 小时达到高峰。但若用谷氨酸去快速激活突触后膜中的大量谷氨酸受体，树突棘将在几分钟之内开始迅速回缩，密度也很快下降，此过程与长时程压抑的表达机制相似。引导树突棘形态变化的蛋白存在于突触后致密带上，在神经元的发育过程中，丝状足结构的生长依赖于致密带不断向前延伸。树突棘在结构和形态上的变化，涉及长时程增强和长时程压抑的产生和维持机制，当突触前和突触后成分协同活动时，突触强度将获得增强。当然，在不同类型的突触中，突触可塑性的表达存在很大的差异。中枢神经系统的学习和记忆机制中也包含了突触效能的长时程变化。

8.5　周围神经接口机会

前面各节已初步说清了单个神经元的结构以及两个神经元之间的电信机制，接下来自然就该考虑众多神经元之间到底该如何形成电路网络了，或用神经科学的术语来说，那就是神经系统。当然，从内涵型 AI 的角度来看，我们希望重点考虑如何从某位天才的神经系统中精确检测出目标神经回路中的神经电流，又如何将这些神经电流，尽可能精准地反复输入一个普通人的相应神经回路中，并在“一起发射的神经元会连接在一起”和“不在一起发射的神经元就不会连接在一起”的原则指导下，在普通人的神经系统中“克隆”出天才的神经系统，从而让普通人迅速拥有天才的相关知识和技能，以便制造出新超人。

神经系统分为中枢神经系统和周围神经系统两大类，其中，周围神经系统就是指除中枢神经系统之外的所有神经组织，它是本节关注的重点。若从微观层次的内涵型 AI 角度来看，周围神经系统可能是 IT 专家的首选用武之地，因为，与中枢神经系统相比，周围神经系统的人工搭线更容易、更安全。实际上，医生早就能对许多周围神经系统进行安全连线了，只不过是限于在同一个人身上而已。如果今后人们能将周围神经系统连接在微型无线收发芯片上，如果还能对微弱的神经电信号进行精准的提取和输入，那么就完全可能将某位天才的周围神经电流输入给另一个人，并将后者也培养成某方面的天才。再次强调，本章所述的所有设想都只是思想实验，既需大胆想象，更需小心求证。

周围神经系统的种类很多，若从与中枢连接的部位来看，周围神经系统可分为脑神经和脊神经；若从分布的情况来看，又可分为躯体神经（主要分布于体表、骨、关节和骨骼肌等处）和内脏神经（主要分布于内脏、心血管、平滑肌和腺体等处）；若从功能方面来看，又可分为传入神经（它将外周感受器产生的神经脉冲传向中枢神经系统，因其传导的信息经常是感觉信息，所以也称为感觉神经）和传出神经（它将中枢神经系统的有关信息传给周围组织效应器，因其传导的脉冲与机体的运动有关，所以也称为运动神经）。

在周围神经系统中，由神经纤维聚集而成的束，称为神经；由神经元聚集而成的群组，称为神经节，主要包括脊神经节、脑神经节和内脏运动神经节，其中，脊神经节和脑神经节被统称为感觉性神经节。具体来说，脑神经节为连于脑神经的神经节，其外形是大小不一的球形、卵圆形或梭形等；脊神经节位于脊神经后根入椎间孔处，其中的神经元胞体多呈圆形或卵圆形，直径为 20 至 100 微米，神经元胞体周围常常被一层更小的膜细胞围绕。内脏运动神经节包括交感神经节和副交感神经节两类，其大小各异，节内神经元胞体为多极状或椭圆形，直径为 20 至 60 微米。

下面重点介绍与内涵型 AI 密切相关的脊神经和脑神经。

先看脊神经。人体共有 31 对脊神经，包括 8 对颈神经、12 对胸神经、5 对腰神经、5 对骶神经和 1 对尾神经，每对脊神经都由前根和后根在椎间孔处汇合而成。其中，后根在椎间孔附近有一个椭圆形的膨大，称为脊神经节，也称为背根神经节。脊神经前根由运动性神经纤维组成，后根由感觉性神经纤维组成，所以，脊神经是混合性神经，内含感觉纤维和运动纤维。脊神经中含有四种纤维：躯体感觉纤维（分布于皮肤、骨骼肌、肌腱和关节）、内脏感觉纤维（分布于内脏、心血管和腺体）、躯体运动纤维（支配骨骼肌的随意运动）和内脏运动纤维（支配心肌、平滑肌的运动和控制腺体的分泌）。

从内涵型 AI 的角度来看，如果今后能将一个人的感觉纤维（包括躯体感觉纤维或内脏感觉纤维）无线连接到另一个人的相同感觉纤维上，那么这两个人便能在不借助语言的情况下，充分交流各自的感觉，实现“全感觉通信”。其实，在人类的语言交流中，最难描述的内容之一便是各种感觉。比如，最常见的“痛”就有许多种，除非亲身亲历过，否则无论如何也体会不到别人的疼痛，甚至连当事者本人也很难体会到昔日之痛，难怪有“好了伤疤忘了痛”之说。待到内涵型 AI 的全感觉通信问世后，你只需将自己正在疼痛的感觉信息无线发射到空中，别人只需将该神经信息输入自己的相同感觉纤维中，于是，他人便能充分体会到你的痛楚了。当然，大家可能更感兴趣的是分享你的幸福感觉，其原理与体会痛苦感觉是一样的，所以不再复述。

仍从内涵型 AI 的角度来看，如果今后能将一个人的运动纤维（包括躯体运动纤维和内脏运动纤维）无线连接到另一个人的相同运动纤维上，那么，这两个人便能在不借助语言的情况下，分享各自的运动技巧。比如，将一个人的精湛舞技传授给另一位完全不懂舞蹈的人，其效果至少好于过去的“手把手”或“言传身教”等传统教学模式。当然，在相同的运动神经信号的指挥下，当事者的运动效果肯定会有所差别。比如，无论鲁智深如何毫无保留地将自己的运动神经信号传给林妹妹，她也不可能倒拔杨柳。实际上，相同的神经信号在同一个人身上所展现出的效果，也会随着时间、地点和当事者的身体情况等的不同而不同。但是，借助神经信号的知识和技能的无语言传授效果，肯定好于所有传统方法，而且在同一串运动神经信号的指挥下，不同人员的运动效果会大同小异。

从理论上看，每根脊神经都可以是内涵型 AI 的用武之地，因为即使是在周围神经系统中，脊神经的脑机接口难度也算是最小的，安全系数也算是最高的。不过，内涵型 AI 应用最感兴趣的领域可能会涉及肢体运动方面的神经，所以最先派上用场的脑机接口应该出现在臂丛神经系统的正中神经、尺神经、桡神经、胸前神经、臂内侧皮神经、前臂内侧皮神经等处，或者出现在骶丛神经系统的臀上神经、臀下神经、股后皮神经、坐骨神经、胫神经、腓总神经等处。由于脊神经中相关神经的名词太多、太陌生且又不形象，所以此处就不再罗列了，有兴趣的读者可自行查阅相关的解剖学专著。幸好，此处和下面各章节中的众多解剖学名词并不会增加此书的阅读难度，因为大家只需要知道这些名词代表着躯体上不同的具体部位就行了。

再看脑神经。这里的脑神经是指与脑相连的周围神经，它们并不在颅腔内，所以其脑机接口并不需要通过危险的开颅手术，但这些神经又大多处于眼睛等敏感地带，所以相关神经信号的提取或注入都并不轻松。下面我们假设在遥远的将来，此类脑机接口的无线通信工艺问题已经解决，然后再来看看在内涵型 AI 领域会发生什么玄妙事件。

脑神经共有 12 对，分别是嗅神经、视神经、动眼神经、滑车神经、三叉神经、展神经、面神经、前庭蜗神经、舌咽神经、迷走神经、副神经和舌下神经。脑神经共含七种纤维成分，分别是身体感觉纤维（分布于皮肤、肌、肌腱）、躯体运动纤维（分布于眼外肌、舌肌等横纹肌等）、特殊身体纤维（分布于视器和前庭蜗器）、内脏感觉纤维（分布于头、颈、胸、腹的脏器）、内脏运动纤维（分布于平滑肌、心肌和腺体）、特殊内脏纤维（分布于味蕾和嗅器）、特殊内脏运动纤维（分布于表情肌、咀嚼肌、咽喉肌、胸锁乳突肌和斜方肌）。若根据所含纤维成分的不同，脑神经又可分为三类：感觉性脑神经、运动性脑神经和混合性脑神经。

在所有 12 对脑神经中，可能要数视神经最为知名，也最为形象，很多人都知道它与视觉有关。实际上，视神经是特殊的躯体感觉神经，负责传导视觉脉冲，即视网膜所得到的视觉信息，需经视神经才能传送到大脑。视神经的纤维始于视网膜的节细胞，止于视交叉前角，全长 42 至 47 毫米，分为四段，其中，眼内段为 1 毫米，眶内段为 25 至 30 毫米，管内段为 4 至 10 毫米；颅内段为 10 毫米。特别是那个眼内段，甚至我们都可以用肉眼看见它，且这段神经纤维还是无髓鞘的。不过，视神经纤维的其他段落都外包有神经鞘膜，并且还包了三层膜，分别是硬脑膜、蛛网膜和软脑膜。

从阅读本书的角度来看，与脊神经相比，基于脑神经的内涵型AI具有另一方面的优势，那就是许多脑神经的名称都比较形象，就算不懂神经解剖学，也大致能猜出它们的功能和含义等，所以下面仅以最直观的视神经脑机接口为例，来畅想一下未来。

在遥远的将来，如果某人可以借助视神经接口来远程分享他人的视神经信号，那么只要他的视神经系统没有受损，即使他是一个盲人也能享受到世界的美景，更甭说日常的阅读了，因为他只需接入另一人的视神经电信号，就能远程接收另一人眼中的现场直播。如果你生病在家不能上学，你只需接入你同学的视神经信号，就能像千里眼那样看见老师的板书；如果你还接入了同学的听神经信号的话，你也能像顺风耳那样听见老师的声音，而不耽误听课了。当然，如果你不愿意再多接入一个神经信号，现成的手机便可帮你完成声音的实况转播。如果你又接入了同学的嗅神经信号，那么即使是需要嗅觉的化学课也不会受影响；如果你再接入了同学的舌咽神经信号，那么即使是像品酒这样的特殊课程，你也可以照样远程参加。如果你以分时方式接入了许多人的视神经信号，那么你就可以像电视监控系统那样，同时观察多个地方的实时情况。如果电影院的观众们都开通了自己的嗅觉神经接口、味觉神经接口和触觉神经接口，那么便可以更加身临其境地欣赏电影了，比如，能亲身体验电影主角正经历的酸甜苦辣等。如果在更遥远的某天，人类可以人工编码合成视神经信号了，那么你就可以截获并分享各种动物的视神经信号了。于是，你只需坐在家里，闭上眼睛，就能像雄鹰那样环视大地，像老鼠那样看到地洞深处，像鲨鱼那样看到海里世界，像显微镜那样观察微生物等。当然，视神经脑机接口也会暴露你的视觉隐私，所以适当的时候也要考虑相关的信息安全问题。

8.6　中枢神经接口机会

中枢神经系统由位于椎管内的脊髓和颅腔内的脑组成，所以，将中枢神经与芯片相连的难度最大，危险性也最高，尤其是在可见的将来，很难从颅腔内引导出能够精准连接许多神经元的微型芯片，即使是从脊髓中引出相关的微观接口也绝非易事，除非某天有意外进展。所以，本节只考虑这样的问题，若已能连接相关接口了，那应该接在哪里呢？有了接口后又会出现什么奇迹呢？等等。

在中枢神经系统中，脊髓通过与之相连的 31 对脊神经联系躯干、四肢和部分内脏器官，以反射活动的方式管理这些器官的活动。脑既要通过与之相连的 12 对脑神经联系头面部和部分内脏器官并以反射方式来管理这些器官，又要接受并整合来自脊髓和脑神经的传入信息，从而形成感觉，产生情绪和情感；还要发出信息到脊髓和脑神经，让它们完成随意运动、本能行为，以及学习、记忆和创造性思维等。

脊髓位于椎管内，其上端在枕骨大孔处与延髓相连，下端变细，呈圆锥状，称为脊髓圆锥，其末端一般会到达第一腰椎（棘突）下缘。成年人的脊髓长度为 42 至 45 厘米，占脊柱长度的三分之二，质量为 30 至 35 克。脊髓表面由外到内分别包裹着三层膜，分别是硬激膜、蛛网膜和软脊膜。在第一腰椎下缘，软脊膜向下延续，变成线状的终丝。终丝自脊髓下端处向下止于尾骨，具有稳固脊髓的作用。脊髓呈前后略扁的圆柱形，表面有六条纵向的沟（凹陷窄而浅）或裂（凹陷宽而深）。在脊髓正中的背、腹面分别有前正中裂和后正中沟，将脊髓不完全地分为左右对称的两部分。每侧脊髓的前、后外侧部均有较浅的前、后外侧沟，分别有脊髓神经的前、后根丝出入，这里自然就是今后可能的脑机接口连线的用武之地。而且在确保手术安全的情况下，在该处的脑机接口所获得的神经信息的完整性，当然会好于在该处神经纤维后段的周围神经分支处的接口信息。类似地，在该处输入的运动神经信号的有效控制面，也大于其后段周围神经分支的输入运动神经信号的有效控制面；在该处输入的感觉神经信号的质量，也好于其后段周围神经分支的输入感觉神经信号的质量。形象地说，无论是从安全性角度还是从精准性角度来看，在脊髓处安装脑机接口的做法，都可以作为介于开颅手术和周围神经末端接口之间的折中选择。

与每一对脊神经的前、后根丝直接相连的那一段脊髓，称为一个脊髓节段，它与相连的脊神经构成了脊髓调节功能的基本结构单位。若按31对脊神经的前、后根附着情况，可将脊髓分为31个脊髓节段，其中，颈髓8个、胸髓12个、腰髓5个、骶髓5个和尾髓1个。纵观人类脊髓全貌，虽然从上到下粗细不等，但有两处明显的膨大，一处是颈膨大，另一处是腰骶膨大。无四肢的动物（比如蛇），则无这两处膨大；四肢功能越发达，膨大的程度就越明显。比如，鸟类上肢（翼）发达，其颈膨大就更明显；袋鼠后肢发达，其腰骶膨大就更明显；人类上肢机能（操作的精细度）特别发达，所以人类的颈膨大就比腰骶膨大更明显。这表明，四肢的出现，四肢功能的复杂化，促使了被调控的神经元数量及其突触在此处的增多，最终形成了脊髓膨大。31个脊髓节段相连的脊神经前、后根均在相应的椎间孔处合成脊神经，并穿出椎间孔后支，分布于躯干和四肢。

脊髓的内部从内到外，主要由中央管、灰质和白质三部分组成，不过，与本书相关的只有灰质和白质。灰质主要由神经元的胞体、短树突和神经胶质细胞组成。每侧灰质的后半部狭长，其尖端接近脊髓的边缘，叫后角或背角，它接受后根等纤维的传入信息，构成初级的感觉中枢，所以后角也是脑机接口提取或注入感觉信息的备选处。每侧灰质的前端扩大部分叫前角，它接受并整合来自后角、后根以及高位中枢下行的信息，然后发出这些信息来支配骨骼肌运动，所以前角为躯干、四肢的低级运动中枢，也是脑机接口提取或注入肢体运动控制信令的备选之处。

前角内包含有大中小型神经元。大型神经元的胞体平均直径超过 25 微米，其轴突经前外侧沟离开脊髓，组成前根，构成脊髓神经中的躯体运动纤维，其末梢分布于骨骼肌，支配梭外肌收缩，产生躯体运动。大型神经元的轴突构成的纤维约占前根躯体运动纤维的 2/3。中型神经元的胞体平均直径为 15 至 25 微米，它散布在大型神经元之间，其轴突构成的纤维约占前根躯体运动纤维的 1/3，其末梢分布到骨骼肌的梭内肌纤维上，支配梭内肌的运动，对维持肌张力起着重要作用。小型神经元的胞体平均直径小于 15 微米，它接受大型神经元轴突的侧支传入，它的轴突终止于大型神经元或中枢系统内其他中间神经元，它对其他神经元起着抑制作用。

脊髓前角内的那些功能相同的运动神经元胞体，相对集中地构成了神经核，依据其位置和功能，可将这些神经核分为内侧核群和外侧核群。内侧核群又可细分为前内侧核与后内侧核，其中，前者遍布于脊髓的各段，支配着躯干的骨骼肌运动；而后者仅在颈膨大和腰骶膨大处可见。外侧核又可细分为前外侧核、后外侧核和中央外侧核。外侧核主要支配四肢的骨骼运动，它们的核都较大，在颈膨大和腰骶膨大处最为发达，但在胸部脊髓中不可见。支配四肢的伸肌和展肌的神经元，沿前角的腹侧外周排列；而支配屈肌和收肌的神经元，却排列在深层处。脊髓前角运动神经元是躯干和四肢反射活动的初级中枢，是躯体运动中信息由中枢传到效应器的最后一个环节，所以前角运动神经元受损时，躯干和四肢的躯体反应活动将消失。比如，小儿麻痹症患者的病因其实就是脊髓灰质发炎，他们的前角运动神经元发生病变，其所支配的骨骼肌便不能随意运动，所以就会出现肌张力低下，引起软瘫。临床或动物实验表明，前角运动神经元受损后，其所支配的骨骼肌不但不能运动，还会快速萎缩。

后角尖最表层的弧形区称为边缘层，它非常薄，内含大、中、小型神经元，并且在腰骶膨大处最明显，在胸髓处最不明显。边缘层所包含的后角边缘核团负责接受后根的传入信息，生长出纤维来参与组成脊髓丘脑束。在边缘层腹侧有贯穿脊髓的胶状质，它们由密集的小型神经元组成，主要对分析、加工后根的传入信息（特别是痛觉的传入信息）等活动起着重要的调节作用。在胶状质的腹侧，大、中型神经元胞体聚集后组成贯穿整个脊髓的后角固有核，它与痛觉、温度觉、触觉信息的传入有关。在后角内侧部，有由大型神经元形成的背核，负责接受后根的深感觉（本体感觉）传入信息，并生长出纤维进入同侧的白质中。

何谓白质呢？白质主要由纵行的有髓神经纤维组成，每侧白质分为三个索：前索、外侧索和后索。若将白质中起止位置和机能都相同或相似的神经纤维集聚在一起，形成一个传导束（又称为纤维束），那么白质中的纵行纤维便可分出若干个束，且这些束还能归为三类，分别是上行束、下行束和固有束。其中，上行束负责将脊髓的信息传入脑，具体地说，躯干和四肢的感受器产生的冲动信息，通过后根传入脊髓，再经上行束直接或间接（通过中继）向上传入脑的不同部位，此处的脑机接口信息输入当然可以影响大脑中相关神经回路的重塑，影响当事者的感觉。上行束的典型代表包括从脊髓到小脑的束、从脊髓到丘脑的束、从脊髓到顶盖的束、从脊髓到延髓网状的束、从脊髓到橄榄核的束、从脊颈到丘脑的束等。下行束负责将来自脑部的信息传入脊髓，主要包括从皮层到脊髓的束、从红核到脊髓的束及从延髓网状到脊髓的束等。在下行束中接入的脑机接口信息，当然会影响当事者的行为，甚至是一个人用意念控制的另一个人的举止的行为，而这些行为又可以通过天然的神经反馈系统来影响当事者的思想。固有束紧贴灰质的边缘，主要由后角神经元的轴突构成，它们往往在同侧或对侧灰质边缘处集聚，当上行或下行一定距离后，又会返回到灰质内而终止。

好了，最后该考虑中枢神经系统的总部，也是神经元的最密集之处，即大脑的脑机接口了。在宏观篇和中观篇中，已多次试图在大脑中搭建脑机接口，可惜，因为面临开颅这样的重大手术，所以始终都很难有实质性突破，而在微观情形下的精细大脑神经回路的搭建更是一块硬骨头，甚至不知道该如何下手。好在与周围神经系统和脊髓神经系统的严格分工不同，大脑（至少是大脑皮层）上的神经元并不像过去大家以为的那样是有着严格分工的，也就是说，虽然大脑皮层上确实存在诸如布洛卡语言区等特定功能区，但在特殊情况下，大脑的重塑并不会受限于这些功能区。实际上，大脑皮层上的任何一个神经元都可以干所有其他神经元可干的事情，或者说，大脑皮层上的单个神经元之间压根儿就没必要去区分彼此。在大脑中，真正代表知识和技能的是神经回路，只要你能精准地拷贝某位天才的相关大脑皮层神经回路，你就能基本掌握该回路所表达的知识和技能。

如何构建一个特定的神经回路呢？原理很简单，那就是让这些相关的神经元多次同时发射，准确地说，让它们发射的时间差不超过 20 毫秒，于是，在“一起发射的神经元就会连接在一起”的原则指导下，相关的神经元就会自动形成一个新的神经回路。如何在一个既有的神经回路中擦除某些指定的神经元呢？原理也很简单，那就是在神经回路中的其他神经元一起发射时，抑制这些指定的神经元，不让它们一起发射。如此反复若干次后，在“不一起发射的神经元就不会连接在一起”的原则指导下，所选定的神经元自然就被从既有的神经回路中摘除了。至此，从理论上看，我们就可以静态地“克隆”任何一个指定的神经回路了，这也为“克隆”知识和技能奠定了基础。

实际上，更准确地说，任何一个知识或技能都可以用一连串相继发射的神经回路来表达。比如，某钢琴家在弹奏一段名曲时，他的大脑中就会有连续不断的神经回路在发射，假如能用“录像机”记录下他大脑中每时每刻的神经回路发射情况，那就能得到一段实况录像“磁带”。将该“磁带”以 20 毫秒的间隔进行离散采样，便可得到一连串“电影胶片”，每张胶片都相当于一帧图像。每张胶片上都显示了当时的某个神经回路的发射情况。于是，只要采用上述静态“克隆”方法，将每张胶片上的神经回路都克隆到另一个人的大脑中，然后让这些“克隆”的神经回路顺序发射，那么钢琴家的那段演奏技能便被“克隆”到普通人的大脑中了。当然，录像带上的内容可以是任何思维活动，因此，被“克隆”的东西也可以包括任何知识和技能。可惜，这一天还非常遥远，所以，下面两章将分别从“感觉系统的脑机接口机会”和“运动系统的脑机接口机会”来考虑一些更专门化的、功能更清晰的、操作难度相对更小的脑机接口的可能突破点。

第 9 章

感觉系统的脑机接口机会

既然开颅安装脑机接口的手术太危险，那么，在可见的将来，针对大脑本身的微观层次脑机接口仍将是梦想，当然，宏观型和中观型的脑机接口肯定会不断发展，甚至会大规模实用化。换句话说，微观型脑机接口的突破口，将出现在颅腔之外的神经系统中，此时的脑机接口其实只是神经（而非脑）与机器的接口。由于颅腔外的神经系统只有感觉系统和运动系统两类，因此，在接下来的两章中，我们将从内涵型 AI 角度来分别详细阐述这两大神经系统，特别是梳理相关的可能接入脑机接口的神经回路。

下面的介绍并非要科普脑科学，而是要尽量删减与内涵型 AI 无关的内容，尽量挖掘出有可能接入脑机接口的备选线路，实际上就是要尽可能挖掘出所有可以当作脑机接口之地的相关神经通路。为了避免不必要的重复，我们将不再描述如何安装脑机接口，也不畅想安装脑机接口后将会怎样，反正它们都会重塑当事者的大脑，或从整体上说：若能截获感觉系统，就能影响当事者的思想；若能截获运动系统，就能影响当事者的行动。为了更加轻松地阅读接下来的两章，建议大家忽略许多解剖学名词的具体含义，只需知道它们都是一些实实在在的身体部件的名称就行了。我们本来不想提及这些名词，但实在绕不过去，否则从生物学角度来看就太不严谨了。

感觉神经系统，简称感觉系统，是包括人在内的所有动物生存的最基本系统之一，它由组织器官和多种感觉模式组成，包括躯体的触、压、痛、痒、振动和温度等感觉，以及视觉、听觉、嗅觉、味觉和平衡觉等内脏感觉和特殊感觉等。通过各种感觉信号和感觉神经回路的相互作用，机体便能迅速而准确地对瞬间或持续、有害或有利的环境做出反应。感觉系统包括三大部分：感受内外环境的感受器、将信息从感受器传向脊髓和脑的感觉通路（这也是今后脑机接口的可能安装之处），以及对信息进行处理的大脑特定区域。感觉信息的产生和传递过程是这样的：环境中的能量刺激通过感受器传入神经元中，并被转换为分级电压或感受器电压，之后，再变成动作电压，并最终传入中枢。

9.1 感受器与触痛温觉

感受器是指那些专门感受机体内外环境变化的机体组织，它们广泛分布在机体表面或组织内部，它们其实是某种能量转换器，能将机械能、势能、光能和化学能等各种形式的刺激能量转换为电信号，并以神经脉冲的形式传入神经纤维，抵达神经系统的各个部位。感受器的种类很多，若按结构来分，可分为：游离神经末梢（如痛觉感受器等）、有结缔组织包被的神经末梢（如环层小体、触觉小体和肌梭等）、功能高度分化的特殊感受器（如视杆和视锥细胞、内耳毛细胞、嗅细胞和味细胞等）；若按分布的地点来分，可分为：感受机体内部环境变化的内感受器（如本体感受器和内脏感受器等），以及感受机体外部环境变化的外感受器（如视觉、听觉和嗅觉等远距离非接触感受器，以及触觉、压觉、味觉和温度觉等接触型感受器等）；若按照受刺激的性质来分，可分为：光感受器、机械感受器、化学感受器、温度感受器和伤害感受器等。

每种感受器都有其适宜刺激，即它只对某种特定刺激额外敏感，比如，可见光波便是视网膜上感光细胞的适宜刺激。当然，除适宜刺激外，感受器也可能对其他刺激产生反应，但所需的刺激强度就会大得多。对大多数感受器来说，电刺激几乎都是有效刺激。即使是针对适宜刺激，若想引起相应的感受，也得在刺激强度、作用时间或作用面积等方面达到一定的阈值，这样的阈值称为感觉阈值。具体来说，能引起感受器兴奋所需的最小刺激强度，称为强度阈值；能引起感受器兴奋所需的最短作用时间，称为时间阈值。对某些感受器来说（比如，皮肤上的感受器），当刺激作用的强度和时间一定时，若想引起感受器兴奋，刺激作用的面积还得至少达到一个最小的面积值，它就是面积阈值。对于同一性质的某两种刺激（比如，皮肤触、压刺激），只有当它们的强度差达到一定值时才能被分辨，而这个最小的可分辨差值就称为感觉辨别阈。

感受器其实是一种生物换能器，它在收到特定的刺激后，先在感受器细胞或传入神末梢处产生过渡性的局部膜电压变化（称为感受器电压），然后再将其转换为传入神经元的动作电压。感受器电压多为去极化的，但也有诸如光感受器细胞那样的感受器，它们的感受器电压是超极化的（光感受器的超极化情况将在9.2节中专门介绍）。感受器电压是过渡性的等级电压，故具有局部兴奋的特点（不是“全或无”、效果可以叠加等），但它们可以通过幅度、持续时间和波动方向等的变化，如实地反映和转换外界刺激信号所携带的信息（如听觉毛细胞的感受器电压等）。感受器还有一种有趣的适应现象，即当某个恒定强度的刺激作用于同一个感受器时，虽然刺激依然维持，但感觉神经纤维上动作电压的频率逐渐降低，甚至最终使得相关感觉不再存在。感受器的适应可分为快适应和慢适应，快适应不能用于传递持续性信号，它对刺激的变化十分敏感，适合于传递快速变化的信息，有利于机体探索新异的物体质地，使感受器和中枢神经再接受新的刺激，比如，触觉感受器和温度感受器就是快适应感受器。与此相反，慢适应感受器的适应发生得很缓慢且不完全，经长时间刺激后，感受器电压和兴奋频率仍能维持在相当高的水平上，这有利于机体对某些功能状态进行长期的持续性监测，并根据其变化引起反射活动以对机体进行随时调节。

在将环境刺激转换为传入神经的动作电压时，感受器不仅要进行能量转换，还要将刺激所包含的环境变化信息转移到动作电压的频率和序列中，从而完成信息的转移或感受器的编码功能，以便让神经中枢从中获得对刺激性质和强度的主观感觉。不同感受器在进行能量转换时所产生的电脉冲，在形式上其实是大同小异的，也就是说，所有感受器的传入神经纤维上的传入冲动，都是一些在波形和产生原理基本相同的动作电压。比如，由视神经、听神经或皮肤感觉神经的单一纤维上记录到的动作电压实际上并无本质区别。因此，不同性质的外界刺激，无法通过其动作电压的波形或强度来区分，而感觉的性质主要取决于传入神经冲动最终所到达的高级中枢的部位。换句话说，不同刺激引起的感觉，主要由传输该感觉信息所使用的神经通路来决定，即今后只能通过脑机接口的潜在用武之地的“专用线路”来识别特殊刺激，具体来说，就是通过接受刺激的感受器类型、感受器所连接的传入神经回路，以及传入神经冲动到达的大脑皮层特定部位来分辨。因此，不论刺激发生在哪个特定感觉通路的哪个部位，也不论刺激是如何产生的，它所引起的感觉都与感受器受到刺激时引起的感觉相同，这便是脑机接口能仅采用类似的电脉冲就能连接几乎所有感受器或感觉神经末梢的原因。比如，若用电来刺激视神经，或直接刺激枕叶皮层，都会引起光亮的感觉。即使是在同一性质的刺激范围内，针对一些次要属性（如视觉刺激的不同波长和听觉刺激的不同频率等）的刺激，也都有特殊的感受器和专用神经传入途径。

对每种感觉形式来说，信息传向中枢的感觉通路都是由一系列以突触相连接的神经元组成的通路，该通路的任何部分都可以作为脑机接口的插入点。感觉过程的编码并不只是在感受器部位进行一次，实际上，信息每通过一次神经元之间的突触传递，都要进行一次重新编码，从而所得的编码信息就可能受到来自其他信息源（神经元）的影响，以使信息被不断地处理和整合。来自上行神经元中的交互抑制，将减弱甚至取消神经传入信息；同样，来自高级中枢的下行通路，也可以发挥同样的效应，比如，中脑网状结构和大脑皮层都是通过下行通路来调控传入信息的。这些抑制性的调控可以直接通过突触作用于初级传入神经元的轴突末梢，也可以间接通过中间神经元来影响感觉通路上的其他神经元。

感觉信息的神经通路大致是这样的：初级感觉神经元的中枢端将进入脊髓和脑，并与其中的中间神经元形成两种可能的突触联系。其一是辐散联系，即一个初级感觉神经元，可与几个或很多个中间神经元形成突触联系，从而可能引起许多神经元的同时兴奋或抑制；其二是聚合联系，即许多初级感觉神经元终止于同一个中间神经元，从而使得多个神经元的活动能被集中，使兴奋或抑制能在后一个神经元上发生叠加并得到及时加强或减弱。当然，以上这两种联系既可能是一次性的，也可能是多次分级进行的，直到传入信息（编码的动作电压）最终到达大脑皮层为止。许多感觉通路所传递的都是同一类感觉信息（波形基本相同的动作电压），可大脑却能根据传递信息的特殊通路来准确区分不同的刺激，这类通路称为特定通路，通路中的信息被投射到大脑的特定区域。但有些通路的特定性很弱，是多感觉类型的通路，称为非特定通路。一般来说，特定通路能精细地传递感觉信息，非特定通路则用于感觉的整合及整个机体行为的调节。

归纳而言，感觉的产生可分为四个步骤：感受器或感觉器官感受到环境的刺激，感受器对刺激信号进行传导和编码，感觉信号沿着感觉传入神经通路到达大脑皮层中的特定部位，中枢神经系统对感觉信号进行分析和处理并最终形成感觉。

躯体感觉可分为三大类，即由机械刺激引起的感觉、由温度刺激引起的感觉和由伤害性刺激引起的痛觉。比如，对皮肤施以机械性的触压就会产生触压觉，这是因为机械刺激会引起触压觉感受器变形，导致机械门控正钠离子通道开放，正钠离子内流，产生感受器电压，并激发神经纤维产生动作电压，完成能量转换。不同的触压感受器对机械刺激的反应形式及换能过程各不相同。若用点状细物触压皮肤，则只有某些点被触及时才能引起触觉，这些点称为触点。在触点上引起触觉的最小压陷深度，称为触觉阈，它可随身体部位的不同而变化。比如，手指和舌头的触觉阈最低，背部的触觉阈最高。若将两个点状刺激同时或相继触及皮肤时，人体能分辨出这两个刺激点的最小距离，称为两点辨别阈，它也随躯体部位的不同而变化，比如，手指、脚趾和头面部的阈值最低，躯干（背部和腹部）的阈值最高。触觉阈和两点辨别阈都取决于皮肤中触觉感受器的密度和支配神经的密度。

皮肤上用冷热刺激就能引起感觉的点，分别称为“冷点”和“热点”，无论是冷觉还是热觉都统称为温度觉。在人的皮肤上冷点的密度更高，比如，在人手上，每平方厘米有 1 至 5 个冷点，却只有 0.4 个热点。引起温度觉的温度感受器均为游离神经末梢，热点由无髓鞘的神经纤维支配，分布于皮肤表面下方 0.3 到 0.6 毫米处；冷点由有髓鞘的神经纤维支配，分布于皮肤表面下方 0.15 至 0.17 毫米处。热感受器有选择地对 32 至 45 度的热刺激产生反应，其放电频率随皮肤温度的升高而增加，所引起的热感觉也随之增强；冷感受器有选择地对 10 至 40 度的冷刺激发生反应。如果皮肤温度逐渐下降到 30 度以下，冷感受器的放电频率会逐渐增加，冷感觉也会随之增强。一般来说，冷感觉是由冷感受器引起的，但某些化学物质（如薄荷等）作用于皮肤时，也能激活冷感受器，虽然这时其实并不冷。另外，在皮肤中还存在一些对温度敏感的伤害性感受器。比如，当皮肤温度超过 45 度时，热感觉会突然消失，代之出现热痛觉。这是因为此时的温度伤害性感受器被激活，产生了相应的痛觉。

一般的痛觉是由体内外的伤害性刺激所引起的主观感觉，它并不是单一的感觉，而是多种感觉的复合。痛觉常伴有机体的防卫性反应和情绪活动，因此，疼痛的主观体验既有生理成分，也有心理成分。痛觉感受器并无一定的适宜刺激，或者说，任何刺激只要达到伤害性程度就都能激活痛觉感受器。痛觉感受器属于慢适应感受器，不易出现适应现象，这是因为痛的本意就是要随时报告身体所遭受的伤害性刺激，以便引起机体的防卫反应。

痛觉感受器主要有三类：

（1）机械性伤害感受器，只对较强的机械性刺激做出反应，对针尖刺激特别敏感；

（2）机械温度伤害性感受器，对机械刺激产生中等程度的反应，对 40 至 51 度的热刺激产生反应，且反应的幅度随温度的升高而逐渐增强；

（3）多觉型伤害性感受器，对机械、热和化学等多种伤害性刺激产生反应，此类感受器的数量较多，遍布于皮肤、骨骼肌、关节和内脏器官等。

痛觉的传递速度各不相同，其中，快痛（锐痛或刺痛）的传递速度为每秒 3 至 30 米，快痛的感觉敏锐，定位明确，痛感的发生和消失都很快，一般不伴有明显的情绪反应；慢痛（钝痛或灼痛）的传递速度为每秒 0.5 至 2 米，慢痛的感觉模糊，定位不明，痛感的发生和消失都比较缓慢，往往伴有情绪反应。痛觉感受器的传入冲动，在经过脊髓背角神经元的初步整合后，感觉信息将经过七条不同的上行通路（脊髓丘脑束、脊髓网状束、脊髓中脑束、脊髓颈核束、背柱突触后纤维束、脊髓下丘脑束和脊髓臂旁杏仁束）传递至丘脑进行加工，最终到达大脑皮层产生痛觉。这七条神经通路都是痛觉脑机接口的用武之地，至于它们到底都在身体的哪个部位，这里就不叙述了，有兴趣的读者可以自行查阅相关解剖学专业书籍，因为它们太难描述清楚了，反正只需知道它们是神经通路就行了。

最后需要指出的是，感觉神经通路并不是简单地完成感觉信息的传递任务，更重要的是，它还会对感觉信息进行整合和调制，将强度高、特性强、有意义的信息上传，而把那些强度低、特性弱的背景或噪声信息压抑下去。痛觉信息在这方面表现得尤为突出，甚至神经系统存在着一个完善的痛觉调制网络，包括脊髓水平的节段性调制和来自高级中枢的下行调制。换句话说，如果借助痛觉神经通路中的脑机接口对痛觉信息进行适当调节，也许将是一种更精准且无害的医用麻醉手段，当然它也是无中生有地制造痛感的手段。如今的研究成果已经表明，调制痛感的脑机接口的最佳安装位置有：脊髓背角胶质区（这里是伤害性信息传入的中枢第一站）、脊髓节段中的某些特殊神经元（GABA 能神经元和阿片肽能神经元）、背外侧束中的某些下行神经通路（主要包括中脑导水管周围灰质、延脑头端腹内侧核群）等。

9.2 视觉脑机接口机会

视觉是最重要的感觉，在人脑所获得的外界信息中，至少有 80% 来自视觉。视觉感受器的本质是光感受器，按其形状可分为两大类：视杆细胞和视锥细胞。夜间活动的动物（如老鼠和猫等）的光感受器以视杆细胞为主，而昼间活动的动物（如鸡、松鼠等）的光感受器则以视锥细胞为主。包括人在内的大多数脊椎动物的光感受器中，既有视杆细胞，又有视锥细胞。其中，视杆细胞在光线较暗时活动，有较高的光敏度，但不能做精细的空间分辨工作，且不参与色觉。在较明亮的环境中以视锥细胞为主，它能提供色觉及精细视觉。视杆细胞和视锥细胞均可分化为两段（内段和外段），两段间由纤细的纤毛相连。其中，内段包含细胞核众多的线粒体及其他细胞器，与光感受器的终末相连；外段则与视网膜的第 2 级神经细胞形成突触联系。

视觉器官是眼睛，它借助视觉传导通路将视觉信息传入视皮层，使我们能感知外界物体的大小、形状、明暗、颜色、动静和远近等。从生理机构上看，与视觉直接相关的是眼睛的折光系统和感觉系统（视网膜）。在人眼的适宜刺激（波长为 380 至 760 纳米的电磁波）作用下，外界物体的光线透过折光系统在视网膜上成像，然后由视杆细胞和视锥细胞将光刺激所包含的视觉信息转变成电信号，并在视网膜内加工编码，最后由视神经传向视觉中枢，接受进一步的分析和处理，形成视觉。简要来说，视觉的形成过程为：光线→角膜→瞳孔→晶状体（折射光线）→玻璃体（支撑、固定眼球）→视网膜（形成物像）→视神经（传导视觉信息）→大脑视觉中枢（形成视觉）。不过，本节只关注该过程中有可能被接入脑机接口的、与神经通路有关的部分，即上述过程中的后半部分“视网膜→视神经→大脑视觉中枢”。

其中，视网膜是眼球最内层的包含上亿个神经细胞的神经组织，其厚度仅为 0.1 至 0.5 毫米，它的作用是感光换能和视觉编码。若从结构上看，视网膜的神经细胞从外到内可分为六层，分别是光感受器外层、外核层、外网状层、内核层、内网状层和神经节细胞层；若从细胞角度来看，视网膜上的神经细胞主要分成三层，从外到内依次为：光感受器细胞层、中间细胞层（包括双极细胞、水平细胞和无长突细胞等）和神经节细胞层。这三层细胞之间的突触形成两个突触层，即外网状层（由光感受器与双极细胞、水平细胞之间的突触组成）和内网状层（由双极细胞、无长突细胞和神经节细胞之间的突触组成）。光感受器兴奋后，其信号主要经过双极细胞传至神经节细胞，然后，经神经节细胞的轴突（视神经纤维）传至神经中枢。但在外网状层和内网状层中，信号又由水平细胞和无长突细胞进行调制。视杆细胞的信号和视锥细胞的信号，在视网膜中的传递通路是相对独立的，直到它们到达神经节细胞后才被汇合起来；视杆细胞和视锥细胞信号的汇合，也可能发生在无长轴突细胞上。接收视杆细胞信号的双极细胞只有一种，但接收视锥细胞信号的双极细胞，按其突触的特征可分为陷入型和扁平型两种，它们具有不同的功能特性。在外网状层，水平细胞大范围地从光感受器接收信号，并在突触处与双极细胞发生相互作用。此外，水平细胞还以向光感受器反馈的形式来调制信号。在内网状层，双极细胞的信号传向神经节细胞，而无长轴突细胞则把邻近的双极细胞联系起来。

至此，可以更直观地说，在视网膜中，由黄斑向鼻侧约 3 毫米处有一个直径约为 1.5 毫米的淡红色圆盘结构，它是视神经乳头，也是视神经纤维汇集穿出眼球的部位，还是视野中的盲点，当然也是视觉脑机接口的备选位置之一。在视网膜上能够考虑脑机接口的神经通路主要有以下两个。

其一是直接的纵向通路，它标示了视觉信息流的传递通路，它是视网膜上各细胞层次间形成的纵向连接，其路径为光感受器细胞→双极细胞→神经节细胞。

其二是间接的横向通路，它是由视网膜上的水平细胞和无长轴突细胞构成的横向连接。水平细胞接受光感受器细胞的输入，并通过侧向轴突去影响双极细胞和光感受器细胞的活动；而无长轴突细胞则接受双极细胞的输入，并通过侧向投射来影响神经节细胞、双极细胞和其他无长轴突细胞的活动。

在视网膜神经通路中，唯一的传出途径是神经节细胞，它能对光刺激产生动作电压，然后，这些神经脉冲通过视神经传向大脑的视皮层，引起视觉。如今，采用超微电极技术（尖端小于 1 微米），人们已能将微电极刺入脊椎动物的、直径仅为几微米至十几微米的光感受器细胞中，并能记录和分析单个光感受器的生物电活动，所以人们对光感受器细胞就有了比较深入的了解。比如，虽然一般神经细胞都具有超极化静息电压，在受到刺激兴奋时会产生去极化电压，但视杆细胞与此相反，其静息电压（-40 至 -30 毫伏）处于低极化或部分去极化状态，光线照射时所产生的感受器电压反而为超极化。在视杆细胞膜上分布有门控正钠离子通道，在暗处有相当数量的钠通道处于开放状态，发生持续的正钠离子内流（称为暗电流）；但同时，进入细胞的正钠离子又会被“钠 – 钾泵”不断泵出胞外，从而维持细胞内外的正钠离子平衡。因此，视杆细胞在静息时处于去极化状态，其轴突末梢会持续释放兴奋性递质。反过来，当有光线照射时，视杆细胞膜上的门控正钠离子通道反而关闭，正钠离子内流减少，胞膜开始超极化，因此，视杆细胞具有超极化感受器电压，并引起下游的双极细胞产生超极化或去极化的电压变化，进一步引起神经节细胞放电频率发生变化，逐级传递至视皮层，终于产生视觉。当光线作用于视锥细胞时，在其神经膜上也会发生与视杆细胞类似的超极化型感受器电压，并可能引起递质释放的变化，然后引起神经节细胞放电率的变化和视觉激发。

作为视网膜上的唯一输出细胞，神经节细胞和少数无长轴突细胞能产生动作电压，而光感受器细胞、双极细胞和水平细胞则只能产生超极化或去极化反应，不产生动作电压。因此，视觉信息在到达神经节细胞之前，都是以等级电压的形式来表达或编码的。光感受器电压产生后，通过递质的释放将引起随后的双极细胞发生超极化或去极化等级电压，水平细胞也会发生超极化等级电压。无长轴突细胞所引发的则是去极化等级电压，而且它是一种瞬时变型反应，即在给光或撤光时会出现去极化反应，在持续光照时，膜电压恢复至静息水平。这些细胞产生的等级电压随着光强的增加，其反应幅度也将增大，但不出现“全或无”的动作电压。这种电压变化传递至神经节细胞，使得当电压去极化至阈电压水平时，即可产生动作电压。这些动作电压将作为视网膜的输出信号进一步向中枢传递，视觉脑机接口当然也可在此接入。

经过视网膜神经系统处理的信息，由神经节细胞的轴突（视神经纤维）向中枢传递，视神经在进入大脑前以一种特殊的方式形成交叉，也就是说，从两眼鼻侧视网膜发出的各 50 万条神经纤维交叉到对侧大脑半球，从颞侧视网膜发出的纤维不交叉，因此，左右眼颞侧视网膜的神经纤维，分别经同侧视束至同侧外侧膝状体，然后经膝状体距状束（视放射）投射到同侧大脑枕叶顶部内侧表面的纹状皮层，或称初级视皮层；而来自两眼鼻侧视网膜的神经纤维则经交叉分别进入对侧膝状体上行，经膝状体距状束投射至对侧初级视皮层。比如，外侧膝状体的神经细胞的突起组成视辐射线投射到初级视皮层，进而再向更高级的视中枢投射。在上丘处，视觉信息将与躯体感觉信息和听觉信息进行综合，使感觉反应与耳、眼、头的相关运动协调起来。

9.3 听觉脑机接口机会

听觉是仅次于视觉的一种感觉，听觉系统由听觉器官、听神经和各级听觉中枢组成，主要由自主神经和交感神经支配。人耳听觉的适宜刺激是频率为 20 至 20000 赫兹的声波，但随着年龄的增长，对不同频率（尤其是高频）声波的敏感性会缓慢下降。比如，50 岁之后就只能听见 1.2 万赫兹以下的声波了。每种频率的声波都有一个刚好能引起听觉的最小强度，这就是听阈。当声音强度持续加大时，听觉感受也相应增强，但当强度增加到一定值后，将引起听觉和鼓膜的疼痛感，此限度为最大可听阈。

耳朵是听觉的外周感受器，由外耳、中耳、耳蜗和毛细胞组成。其中，外耳和中耳构成传音系统；耳蜗是声音换能系统，在耳蜗的换能过程中，耳蜗基底膜的振动是关键，因为该振动使得耳蜗内的毛细胞受到刺激，引起耳蜗内发生各种过渡性的电变化，最后引起位于毛细胞底部的传入神经纤维产生动作电压。毛细胞是耳蜗中知觉上皮的一种特殊神经细胞，它们负责把机械波转换成神经信号，于是，十数亿根神经纤维组成的神经通路就从这里开始了。毛细胞是柱状细胞，每个毛细胞上都有 100 至 200 束特殊纤毛，它们是听力的机械波感应器。另外还有一层覆膜，它们轻轻覆盖在最长的纤毛上面，负责捕捉机械波，并允许电流进入毛细胞。毛细胞与眼睛的光感受器相似，它所显示的不是其他神经元的动作电压，而是其等级反应。毛细胞在听觉中的作用类似于视锥细胞在视觉中的作用，毛细胞的长度各不相同，它们分别对不同波长的机械波敏感，这样人类就可以接收到不同波长的机械波，将不同的波长区分开来，并将其转换为听觉信息。

作为一种特殊的神经元，毛细胞的静息电压为 -80 至 -70 毫伏。毛细胞顶部有机械门控性正钾离子通道（简称钾通道），当纤毛向一侧弯曲时，弹性细丝被拉长，张力增加，钾通道进一步开放，正钾离子内流增大，细胞出现去极化的感受器电压。当纤毛向相反方向弯曲时，弹性细丝的张力释放，钾通道关闭，内流的正钾离子电流被中止，出现外向离子流，神经膜开始超极化。当毛细胞处于静止状态时，有少量通道因纤毛之间弹性细丝的张力作用而开放，导致少量的正钾离子内流。由于毛细胞顶端膜的一部分钾通道在静息时处于开放状态，使得细胞能以去极化和超极化交替的方式对刺激产生双向反应，故感受器电压就如实复制了声波的波形。毛细胞的胞体侧神经膜上还有电压依赖性正钙通道，当去极化（超极化）使通道开放（关闭）时，正钙离子的内流量会发生变化，毛细胞底部向突触间隙的递质释放量也发生变化，听神经纤维放电频率便增高（降低），最终，神经冲动经听觉传导通路到达听觉皮层。

听觉的产生过程虽很简单（机械波→电学→化学→神经冲动→中枢信息处理），但听觉各级中枢间的传导通路却颇为复杂。哺乳动物的第一级听中枢是延髓的耳蜗核，它接受同侧的听神经纤维。从耳蜗核发出的神经纤维大部分交叉到对侧，小部分在同侧，在上橄榄核改换神经元或直接上行，组成外侧丘系，到达中脑四叠体的下丘，从下丘发出的上行纤维及小部分直接从上橄榄核来的纤维终止于丘脑的内侧膝状体。内侧膝状体发出的纤维束上行散开成放射状，终止于大脑听觉皮层。

在耳蜗附近能记录到一种特殊的复合感受器电压，称为耳蜗微音器电压，它是多个毛细胞对声音刺激的结果。该电压的特点主要有：在听域范围内，它能如实复制声波的波形和频率；它呈现等级式反应，电压随着刺激强度的增大而增大；不表现出阈值、没有潜伏期和不应期、不易疲劳、不发生适应现象；在低频范围内，电压的振幅与声压呈线性关系，当声压超过一定值时则会产生非线性失真。在单根听神经纤维上记录到的电压，称为单纤维动作电压，它的特点主要有：该电压为“全或无”反应，安静时听神经自发放电，受到声音的刺激时放电频率增加；由于不同听神经纤维连接的毛细胞在基底膜上的位置不同，某一特定频率只需很小的刺激强度便可使某一听觉神经纤维兴奋，这一频率便是该听觉神经纤维的特征频率。从听神经干上也可记录到多根听神经纤维的动作电压的叠加，该电压称为复合动作电压，它的特点主要有：与微音器电压不同，它的波形固定，也不随声波相位的倒转而倒转；在微音器电压之后的特定时间点出现，两者之间的时间差包含了毛细胞感受器电压的产生，以及毛细胞与听神经间的突触传递延时；该电压的波幅取决于不同强度声音兴奋的听神经纤维数和不同纤维放电的同步化程度。

听觉神经系统以两种方式（听神经元的放电频率、被兴奋的听神经元数量）对声音强度进行编码，引起声强感觉。声音加大，毛细胞的去极化感受器电压也加大，导致听神经纤维以更高的频率发射动作电压，同时基底膜的振动范围也加大，更多的毛细胞被激活。

听觉神经系统以“音调拓扑”和“听神经元发射锁相”这两种方式对声音频率进行编码，引起声调的感觉。这里的音调拓扑是指声波所到达的基底膜位置，实际上，不同频率的声波将到达不同的位置；而锁相是指神经元在对应于声波的一定相位处放电的现象。不同频率的声音引起听神经元发射脉冲的频率不同，而脉冲的频率是听觉中枢分析声音频率的依据。比如，当声音频率低于 400 赫兹时，听神经基本能按声音的频率发射冲动，而当声音频率处于 400 至 5000 赫兹的区间时，听神经中的纤维会分成若干组分别发射。

听觉传导通路中的一个重要特点就是，在延髓耳蜗神经核以上，各级中枢都接受双侧耳传来的信息。因此，单侧皮层听区损伤，不会引起严重的耳聋。除上行通路外，听觉神经系统还有一个下行通路，它由两部分组成：其一，起源于听皮层，终止于内侧膝状体腹侧；其二，起源于听皮层，下行到达下丘，转换神经元后抵达上橄榄复合体，发出的纤维组成橄榄耳蜗束来支配毛细胞。下行通路的主要功能是抑制相关神经元的发射。

在听觉系统各级中枢的结构中，特征频率不同的神经元在解剖上是按一定顺序排列的。每个特定部位都感受一种频率的声音。比如，在耳蜗神经核团中，背侧细胞感受高频，腹侧细胞感受低频；在上橄榄核团中，腹内侧支细胞感受高频，背外侧支感受低频等。

若按对声音反应的形式来分类，听觉各级中枢细胞大致可分为三类：

第一类神经元是以传递声音信息为主要功能的中继神经元，它们在放电模式、谐振曲线、锁相关系等方面，具有与初级听觉皮层神经元类似的特征，具有明确的特征频率。

第二类神经元的功能涉及声音信息的鉴别和整合过程，它们对声音反应的放电形式呈现多样化，比如，暂停型（给声开始时，出现短暂放电；暂停片刻后，继续放电）、给声型（给声开始时，出现短暂放电后就不再放电）、梳齿形反应型（放电与暂停相互交替）等。反正，在这第二类神经元中，有的对给声和撤声有反应，有的对声音持续刺激无反应；还有的在给声开始时出现成串放电，接着停止放电，然后又开始放电等。

第三类神经元专门感受某种特殊形式的声音信息，只对某种特殊声音或声音中的某种特殊参量敏感。比如，有些细胞对两耳输入信号的强度差或时间差特别敏感，它们在声源定位中起着重要作用。

综合而言，听觉神经在内听道内分成前后两支，前支为蜗神经，后支为前庭神经，所以听觉神经系统的脑机接口机会将主要出现在以下传导通路中。

（1）蜗神经通路。其传入纤维位于耳蜗的螺旋神经节，由双极细胞组成。螺旋神经节中双极细胞的树突，呈放射状进入骨螺旋板再到达螺旋器的毛细胞，以便接受听觉冲动的刺激。螺旋神经节双极细胞的轴突组成耳蜗神经。

（2）听神经的传入神经通路。它是一个起始于毛细胞的上行通路，即将声信息从外周或低位的听觉中枢传到大脑皮层或高位听觉中枢的路径。具体来说，从耳蜗至蜗核的神经纤维为听觉的第 1 级神经元，其胞体位于螺旋神经节。在蜗神经背侧核和腹侧核发出的第 2 级神经元（它们发出的传入纤维有部分交叉），形成斜方体和对侧的外侧丘系，止于对侧的上橄榄核；还有部分纤维终止于同侧上橄榄核。从上橄榄核的第 3 级神经元发出的传入纤维，沿外侧丘系上行，止于下丘，外侧丘系的大部分纤维经下丘核中继后止于内侧膝状体，有少部分纤维直接终止于内侧膝状体。内侧膝状体发出的第 4 级神经元，经内囊上行，止于颞横回的听觉皮层。

（3）传出神经通路。它是源于脑干的上橄榄核的下行通路，即将信号转达到外周听觉器官或低位的听觉中枢的路径。该通路受控于高位听觉中枢的下行纤维。耳蜗传出神经元的胞体与耳蜗腹核的传出纤维相联系，其中大部分纤维下行到耳蜗毛细胞，少部分纤维分布到耳蜗神经核。若再细分的话，该通路还可分为内侧橄榄耳蜗传出神经通路和外侧橄榄耳蜗传出神经通路。前者的传出神经元的胞体位于上橄榄复合体内侧的上橄榄核，它的大部分纤维于第四脑室交叉到对侧，少部分纤维分布到同侧耳蜗，极少数纤维投射到双侧耳蜗。内橄榄耳蜗神经纤维末梢与外毛细胞的传入纤维形成突触联系。后者的传出神经元则大部分投射到同侧耳蜗，少部分投射到对侧，与内毛细胞的传入纤维形成突触联系。

9.4　嗅味觉脑机接口机会

嗅觉和味觉也是感觉神经系统的重要组成部分，它们的形成是由于特定的感觉细胞（嗅觉感受器和味觉感受器）选择性地对某些化合物分子高度敏感并产生反应，然后将这些反应所提供的信息传至大脑皮层的相关中枢进行处理，最后产生对这些分子的感觉功能，所以嗅觉和味觉也统称为化学觉。比如，嗅觉就是由位于嗅觉细胞树突末端的嗅觉纤毛所接受，纤毛受到空气中的物质分子刺激时，就会产生神经冲动；然后，该冲动被传送到细胞体，接着到达神经元的轴突，轴突再穿越筛板，并与前脑叶下侧的两个嗅球会合，嗅神经也在此处开始分支，发出纤维组成的嗅束，经脑内多次神经元的接替后，终于分别前往内嗅中枢和外嗅中枢，连于大脑底中部深处，直到进入大脑的嗅觉皮层，并在此完成嗅觉的主观识别，引起嗅觉。

嗅神经存在于鼻腔上部的黏膜中，其周围部分穿出鼻腔顶部、鼻中隔上部和鼻上甲内侧的黏膜，形成带纤毛的感受器。该嗅觉感受器黏膜的面积约为 5 平方厘米，含有嗅觉神经元、支持细胞和基底细胞三种细胞。其中，嗅觉神经元为双极细胞，其远端有纤毛，由黏膜嗅细胞的轴突汇聚成约 20 条穿过筛板进入嗅球的嗅丝。嗅觉感受器的适宜刺激有很多，实际上，自然界中能引起嗅觉的气味分子超过 2 万种，人类能够明确辨别气味的有 2 千至 4 千种。每个嗅觉神经元只对一种或两种特殊的气味敏感，但可对十余种气味有反应，且嗅球中不同部位的细胞也只对某种特殊的气味敏感。不同嗅觉感受的气味，主要是七种气味（樟脑味、麝香味、花草味、乙醚味、薄荷味、辛辣味和腐腥味）的混合味。嗅觉感受器不但能感知嗅觉，还能感知味觉，比如，当鼻黏膜因感冒而暂时失去嗅觉时，人体对食物味道的感知就比平时弱；当你在商店挑选美食时，其实你的主要依据是它们所散发出的气味（嗅觉），而不是直接品尝（味觉）。

同一种气味将刺激许多嗅觉神经元，使它们发生不同程度的兴奋，这种特殊的兴奋模式反映了气味刺激的“质”，而兴奋的总体水平将反映刺激的“量”。嗅觉神经元对持续性刺激或重复性刺激都会显示出持续的放电，适应得很慢。嗅觉并不全由嗅觉神经元产生，比如，呼吸区所包含的三叉神经游离末梢也会对气味分子发生反应。因此，即使嗅觉神经元的轴突受损，也能在一定程度上保留嗅觉。与其他感觉系统类似，不同性质的气味刺激所引起的嗅觉反应，也有其专用的感觉位点和传输线路；除那七种基本气味外，其他气味都是由不同线路上引起的不同的神经冲动的组合。气味还可以在中枢引起特定的主观嗅觉感受，引发意识活动，比如，香味会引发的流涎反应等。

嗅觉信息向中枢传递的第一级中转站是嗅球，它具有层状结构，由外到内可分为六层，其中的神经元可分为中间神经元和投射神经元；而投射神经元中的僧帽细胞又是嗅觉通路中的第二级神经元，它伸出一枝主树突，远端的树突分支与嗅觉纤维末梢形成嗅小球。在嗅小球中，约有一千根嗅纤维终止于一个僧帽细胞的主树突上，它们也和嗅小球的周围细胞形成突触，为小球间的横向联系提供通路。僧帽细胞的轴突形成嗅束，将嗅觉信息传递到嗅皮层。一个嗅小球只接受来自一种嗅觉受体的嗅觉神经元的投射，因此，一个嗅小球的气味感受域只代表一种嗅觉受体的感受。一种气味分子能固定地激活一些嗅小球，但不同的气味分子所激活的嗅小球的组合各不相同。一种气味引起的嗅小球的激活模式，在相同的种属上具有一定的稳定性，不同的嗅小球有其特定的气味激活模式。嗅小球对气味的反应呈现浓度依赖性，且一个嗅小球倾向于对具有同一官能团的气味分子做出反应。部分嗅小球甚至能区分同分异构体。

味觉是指口腔对味觉化学感受系统进行刺激所产生的一种感觉，它是水溶性食物直接刺激味蕾后产生的感觉，主要有酸、甜、苦、咸和鲜五种味觉。人对咸味的感觉最快，对苦味的感觉最慢，但对苦味的感觉却最敏感，更容易察觉到苦味，当苦味强烈时，可引起呕吐或停止进食等保护性反应。味觉经面神经、舌神经和迷走神经的轴突进入脑干后终止于孤束核，在此更换神经元后，再经丘脑到达大脑皮层颞顶叶前岛和额叶的盖区。味觉信息经过大脑皮层的深度加工，并与视觉和嗅觉信息整合，因此，味觉感受不只是本能的化学感受，还是一种复杂的大脑意识行为，是一种知觉。

一种化合物所产生的味觉强度，还会受到其他呈味物的影响，比如，酸味和甜味之间存在着所谓“相杀”关系，即二者之间的调和会使味觉强度降低并变得相对缓和。酸味和咸味之间存在相乘作用，即二者的调和会使味觉变得更酸更咸。酸味和苦味之间的相互作用不大。咸味和甜味之间存在着两种相反的作用，即当食盐浓度减小时会增加甜度，当食盐浓度增大时会降低甜度。当长时间感受某种味道刺激后，若再品尝同一味道时，就会感到味觉强度下降，这就是味觉疲劳。

味觉的感受器是味蕾，大约有 8 万个，主要分布于舌表面前三分之二的真菌状乳头、后三分之一的轮廓状乳头和舌后缘的叶状乳头，少数分散于软腭、会厌和咽部等处的上皮内。儿童的味蕾较成人多，老年人的味蕾会因萎缩而逐渐减少。组成味蕾的基本单位是味觉细胞，它们可表达味觉受体，检测和辨别各种味道，所以若按功能来区分，味觉细胞共有三类，分别是支持细胞、受体细胞和基底细胞。支持细胞顶端有细微纤毛，称为味毛，支持细胞还可分泌物质进入味蕾的内腔，引起感受器兴奋。受体细胞由味蕾表面的味孔伸出，是味觉感受的关键部位。基底细胞由周围的上皮细胞内向迁移而形成，它们属于未分化细胞，将根据需要分化成新的味觉细胞。味觉细胞的更新率很高，平均每十天就会更新一次。味觉细胞无轴突，而其周围却有感觉神经末梢，两者之间形成的信息联系是这样的：感觉神经末梢被味觉细胞释放的递质所激活，产生神经冲动，引起味觉。味觉感受器是一种快适应感受器，长时间受某种味质刺激时，对其味觉敏感度将会降低，但此时对其他物质的味觉并无影响。另外，即使是同一种呈味物质，由于其浓度不同因此所产生的味觉也不相同。比如，不同浓度的食盐溶液，既可呈现微弱的甜味，也可呈现甜咸味，还可呈现常见的纯粹咸味。

味觉感受器的适宜刺激包括酸、甜、苦、咸和鲜这五种基本味道，但是舌中不同部位的味蕾对味道的感受性并不相同。比如，舌尖对甜味敏感，舌两侧的前部对咸味敏感，舌两侧对酸味敏感，舌根部和软腭对苦味敏感，等等。味觉的敏感度往往受到食物和刺激物的温度影响，在 20 至 30 摄氏度之间，味觉的敏感度最高。另外，味觉的分辨力和对某些食物的选择性也受血液中化学成分的影响。比如，由于肾上腺皮层功能低下患者的血液中含钠较少，所以他们就喜欢咸味食物。因此，味觉的功能不仅在于辨别不同的味道，还与营养物质的摄取和机体内环境稳定的调节有关。

五种不同的基本味道会被不同的味觉感受器所察觉，不同的味觉细胞顶端的细胞膜上有不同的味觉受体，当味觉物质与味觉受体结合后，将导致味觉细胞膜的去极化和神经递质的释放，从而将味觉细胞感受到的化学信息转化为电信号，并在神经系统中传递和加工。但是，不同味觉引起味觉感受器反应的换能机制也各不相同，主要分为两大类：

第一类，味觉受体本身就是离子通道，味觉物质与受体结合后直接打开离子通道，引起阳离子内流，如咸味物质就能与特定的离子通道结合，使正钠离子经这些通道流入，直接改变味觉感受器的膜电压。

第二类则是通过第二信使，导致细胞膜上的代谢型离子通道打开，让阳离子内流，苦味便是其典型代表。

舌黏膜上不同部位的味觉，是由不同的脑神经支配的，从而也就形成了脑机接口的不同备选神经通路。比如，舌背面前三分之二的味觉刺激产生的神经冲动，经面神经的鼓索支传入脑干；从舌背面的轮廓乳头及口腔后部其他区域（大约占舌背面后三分之一）产生的味觉信息，经舌咽神经传入脑干。从软腭和咽部的其他部位产生的一小部分味觉信息，由迷走神经传入脑干。这些传入纤维到达脑干孤束核和臂旁内侧核后改换神经元，再发出纤维投射至丘脑的腹后内侧核、下丘脑和杏仁核，再进一步投射到大脑皮层的颞顶叶前岛和额叶的盖区。

味觉感受器电压的特点是具有广谱性，即通常对酸、甜、苦、咸、鲜五味均有反应，只是程度不同而已。味觉细胞没有轴突，其产生的感受器电压通过突触传递引起感觉神经末梢产生动作电压，再传向味觉中枢。不同的味质分子会通过不同的转导机制来编码味觉信息，比如，咸味就是由钠离子等一价阳离子直接通过味觉细胞顶端膜上的、静止时开放的通道来引导的。当咸味食物中的正钠浓度高于唾液中的正钠离子浓度时，正钠离子就会单纯扩散进入味觉细胞，使之去极化。

9.5 平衡觉脑机接口机会

平衡觉，又叫静觉，是一种内部感觉，也就是说，此时的刺激来自身体内部而非外部。平衡觉是指测定头部的空间位置和运动的感觉，它使我们能分辨自己到底是直立的，还是平卧的；是在做加速、减速运动，还是在做直线、曲线运动等。

平衡觉感受器是位于内耳的前庭器官，由位于 3 个相互垂直平面上的半规管和椭圆囊组成，半规管里有淋巴液和纤毛细胞，椭圆囊里也充满了液体，内含耳石。耳石上的感受器位于膜质小囊内，由感觉细胞和支持细胞构成。耳石上还有纤毛细胞，它们也是平衡觉感受细胞。在发生直线位移、圆形运动或头部及身体移动时，耳石中的晶体会发生位置变化，从而引起前庭内感受器的兴奋。平衡觉感受器与小脑密切联系，它是按照惰性规律发生作用的，也就是说，在加速旋转运动时，半规管内的液体推动感觉纤毛，使它们兴奋；但在等速运动或静止时，并不引起兴奋。

前庭器官将与视觉器官和本体感受器协同活动，以便重新分配身体肌肉紧张度，保持身体自动平衡，维持人体的正常姿势等。前庭器官也与内脏器官密切相关，若前庭器官受到较强烈的刺激，当事者将产生恶心、呕吐等现象，如晕船或晕车等。当头部位置改变或有加速度运动时，前庭器中囊斑上的纤毛将弯曲变形，然后通过类似于听觉系统毛细胞的信号传导机制，引起去极化或超极化感受器电压的产生。通过对这些毛细胞编码信息的分析，中枢神经系统就可以感受到任何方向的运动了。

囊斑的感受细胞是毛细胞，其中有一条最长，位于细胞一侧的边缘处，称为动纤毛；其他纤毛较短但数量较多，有 40 至 100 根，呈阶梯状排列，称为静纤毛。静止状态时，毛细胞顶端仅有约 10% 的机械门控正钾离子通道开放，产生较小的去极化，以维持基本的初级传入活动。当外力使静纤毛朝向动纤毛一侧弯曲时，毛细胞发生去极化感受器电压；相反，当外力使静纤毛向背离动纤毛的一侧弯曲时，毛细胞的膜电压发生超极化。毛细胞底部与前庭传入神经纤维形成突触似的结构，电压的变化可直接影响递质释放量的改变，从而改变传入神经冲动的频率。当头部运动使一侧的毛细胞兴奋时，同时也会导致另一侧相应部位的毛细胞抑制，因此，中枢神经系统需要对两侧毛细胞的传入信息进行同步分析，以准确判断运动的方向，同时协调相应躯干和四肢肌肉的紧张程度，维持各种姿势和运动状态下的身体平衡。

比如，当人体向左旋转时，左侧的毛细胞开始兴奋，其传入冲动的频率增大，同时右侧的毛细胞发生抑制，其传入冲动频率降低；当达到匀速转动时，左右两侧的毛细胞不再受到刺激，处于基础活动水平；当转动终止时，两侧的毛细胞会受到与之前相反的刺激，产生相反的电压变化。由于前庭传入纤维在静息时维持基本的冲动发射频率，因此可随旋转方向发生升高或降低的改变，并且两侧半规管的反向运动将使中枢神经准确判断出身体何时开始转动，以及转动的方向等。

前庭传入纤维的胞体位于前庭神经节内，其轴突沿前庭蜗神经进入延髓和脑桥的前庭神经核。此神经核同时接受来自小脑、视觉系统和身体运动系统的传入纤维，因此前庭核可整合来自前庭、视觉和躯体运动等多个系统的信息，从而使多个系统协同做出反应，引起各种躯体和内脏功能的反射性改变。具体地说，来自耳石器的前庭传入纤维投向前庭外侧核，再通过前庭脊髓束，控制躯干和四肢肌肉，参与姿势维持的脊髓运动神经元兴奋；来自半规管的前庭传入纤维投向前庭内侧，经内侧纵束支配头颈部肌肉，引起头部旋转的运动神经元兴奋。与其他感觉系统类似，前庭核也发出若干纤维，投射到丘脑腹后侧，进而投向大脑皮层中与初级躯体感觉区和躯体运动面部代表区相邻的区域，还可以投射到与听觉皮层相邻的上颞叶皮层。上颞叶皮层再对前庭、视觉和运动等多系统传入信息进行整合，以维持躯体的平衡并执行复杂运动。

前庭系统还有一个重要功能，那就是保持眼睛对某一特定方向的注视。比如，当头部水平向左旋转时，两眼将转向右侧，左侧的水平半规管将信息传入左侧的前庭核，该前庭核再将兴奋性轴突投射至右侧的外展神经核，使右眼的外直肌兴奋，还有一部分兴奋性投射来自外展神经核，并越过中线返回到左侧上升，通过内侧纵束，使左侧的动眼神经兴奋，使左眼右侧的内直肌兴奋。此外，左侧前庭核还可以直接兴奋左侧的动眼神经核，同时抑制引起肌肉相反运动的神经通路，通过多种途径使眼睛向右转动。

最后，简而言之，平衡觉冲动从前庭器官的感受细胞传入脑干前庭神经，并终止于前庭神经核；然后，冲动从这里被中转到眼部、肌肉、内脏和小脑，同时传到大脑皮层额叶。

具体来说，在平衡觉系统中可能的脑机接口将在这样的通路中出现，即内耳半规管的壶腹脊、前庭的椭圆囊斑和球囊斑→周围突触→前庭神经节（双极神经元）→前庭神经→内耳道底→内耳门→颅腔→脑桥小脑三角处→大脑→脑桥被盖部、四脑室的室底灰质、界沟外侧→前庭神经核群（上、下、内侧、外侧核）→发出纤维，然后在该处至少分成以下三个分支。

分支 1，发出纤维→内侧纵束→参与完成视听觉反射。上传的纤维止于动眼、滑车和展神经核，完成眼肌前庭反射（如眼球震颤）；下传的纤维抵达副神经脊髓核和上段颈髓前角细胞，完成转眼、转头的协调运动。

分支 2，发出纤维→前庭小脑束→小脑下脚（绳状体）（与部分直接来自前庭神经的纤维，共同经小脑下脚进入小脑）→原小脑（前庭小脑）→在顶核改换神经元→经同侧小脑下脚下行→止于同侧前庭神经核、网状结构→前庭脊髓束、网状脊髓束→脊髓前角运动神经元、脑干一般躯体运动核（动眼、滑车等）→躯干肌、眼外肌→维持身体平衡（姿势反射、伸肌兴奋、屈肌抑制）、协调眼球运动（眼前庭反射）。

分支 3，发出纤维→止于脑干网状结构、迷走神经背核、疑核→引起眩晕、恶心、呕吐等症状。

9.6　内脏觉脑机接口机会

内脏器官除了有交感和副交感神经（自主神经）支配外，也有感觉神经分布，这些感觉神经末梢构成所谓的内感受器，接受来自内脏的各种刺激，内脏感觉神经再将这些刺激转变成神经冲动，并将这些冲动传到中枢，中枢可直接通过内脏运动神经，或间接通过体液来调节各内脏器官的活动。

从生理学角度看，内脏觉是指由内脏的活动作用于脏器壁上的感受器产生的感觉，包括饥饿、饱胀和口渴的感觉，窒息的感觉，疲劳的感觉，以及疼痛的感觉等；从神经学角度看，内脏觉是由内脏感受器的传入冲动，经内脏神经传至各级中枢神经系统所产生的感觉。对于正常的内脏活动一般不引起内脏感觉，或内脏感觉器的传入冲动一般不产生意识感觉，但当传入冲动强烈时也可引起比较模糊的、弥散且不易精准定位的意识感觉，比如，胃脏强烈收缩时会产生饥饿感等。

内脏感受器的种类繁多，若按形态结构来分，可分为游离感觉神经末梢、环层小体和神经末梢形成的缠绕三类；若按功能来分，可分为化学感受器（颈动脉体、主动脉体、丘脑下部、胃及小肠黏膜）、机械感受器（颈动脉窦、主动脉弓、肠系膜、胃壁等）、伤害感受器（内脏黏膜、肌肉、浆膜的游离神经末梢）和温热感觉器等。某些感觉器可对多种刺激产生反应，比如，肌肉机械感受器可对扩张和收缩都产生反应，食道向中纤维可对酸、机械等刺激做出反应等。

内脏感觉器的适宜刺激包括体内的所有化学、机械、温度、痛觉等自然刺激，比如，肺的牵张、血压的升降、血液的酸度等。来自心血管、消化道和肺等组织器官的内脏感受器的传入冲动，能引起多种反射活动，并对内脏功能的调节起到重要作用。实际上，当内脏感觉冲动传入中枢后，中枢将做出以下反应：通过内脏运动神经直接调节脏器的活动，或间接通过体液来调节脏器，或经过传导途径将冲动传至大脑皮层而产生内脏感觉，或经中间神经元完成“内脏→内脏”反射，或与身体运动神经元联系形成“内脏→躯体”反射等。

各种性质的内脏感受器广泛分布于内脏器官，但内脏感觉神经纤维的数目和密度远少于一般体表感觉神经纤维。内脏感觉纤维还很细，每根纤维的分布范围又较广，所以内脏感觉的痛阈很高，定位不清等。内脏感觉纤维混迹于交感和副交感神经中，并无单独的内脏感觉神经，它们会接受不同刺激产生的冲动。内脏感受器的传入纤维，从背根进入脊髓或沿脑神经进入脑干，引起相应的反射活动，以控制和调节机体的各种功能，特别是内脏器官的活动等。内脏感觉的另一条传入通路，也可沿脊髓丘脑束、旁中央上行系统和脊颈束等上行通路到达大脑皮层及边缘叶，再通过下丘脑等处，调节内脏的活动，产生内脏感觉。

内脏活动反射弧的传入纤维多在副交感神经内，内脏痛觉的传入主要在交感神经中，但脊髓后角中没有专门负责连接内脏痛觉信号的神经元，这些纤维与其中的脊髓丘脑束神经元发生突触联系，所以内脏感觉信号是沿躯体感觉通路传导，并经丘脑投射系统达到大脑皮层的。比如，胸痛觉线和骨盆痛觉线之间器官的痛觉，是通过交感神经纤维传入的；而胸痛觉线以上和骨盆痛觉线以下的痛觉，则是通过副交感神经纤维传入的。

内脏中虽有伤害感受器但无本体感受器，所含温度觉和触压觉感觉器也很少，因此内脏感觉主要是痛觉，常由机械性的牵拉、痉挛、缺血和炎症等刺激引起。内脏痛的特点主要有：定位不准确，这是因为伤害感受器在内脏上的分布很稀疏；以慢痛为主，发生缓慢，持续时间长，常呈渐进性增强，有时也可迅速转为剧痛；胃、肠、胆囊和胆管等对扩张性牵拉性刺激敏感，反而对切割、烧灼等皮肤致痛性刺激不敏感；内脏痛特别容易引起负面情绪，并常伴有恶心、呕吐、心血管和呼吸等自主性活动的改变。

内脏痛的种类主要有三种：

一是真脏器痛，这是脏器本身的活动状态或病理状态变化引起的疼痛，主要是慢痛、钝痛，定位不清，比较弥散，如果疼痛剧烈、持续时间很长，则常伴有自主神经反应（出汗及血压和心率的变化等）及情绪变化，此种疼痛常由机械性牵拉、痉挛、缺血和炎症等刺激所致。

二是壁层痛或准内脏痛。这种疼痛是因为脏器炎症扩散、渗出、压力摩擦或病理改变浸及胸腹壁内面，使浆膜受到刺激时产生的疼痛。此类疼痛的传入与躯体痛相似，由躯体神经传入，多呈锐痛、快痛，部位局限，定位相对清晰，如胸膜或腹膜炎引发的疼痛。

三是牵涉痛，即某些内脏疾病往往引起远隔的体表部位发生疼痛或痛觉过敏。牵涉痛的部位和病变脏器往往不在同一部位，但两者都受相同脊髓节段的神经支配。比如，阑尾炎的早期会引发肚脐周围出现牵涉性的脏器痛等，心绞痛时可感到左胸前壁及左肩、左上臂内侧疼痛，肝胆疾病可引起右肩疼痛等。

关于牵涉痛的原因，目前有两种对脑机接口很有启发的解释：一是会聚说，二是易化说。

会聚说认为，来自内脏痛和躯体痛的传入纤维在感觉传导通路的某处相会聚，并终止于共同的神经元，即两者通过一条共同的通路上传，这些神经元平时只感受来自皮肤的痛觉冲动，当内脏痛觉纤维受到强烈刺激，冲动沿着此条通路上传时，大脑便依据过去的经验将其“理解”为来自皮肤的痛觉。

而易化说则认为，来自内脏和躯体的传入纤维到达脊髓后角同一区域内彼此非常接近的神经元，所以，由内脏传来的冲动可提高邻近的躯体感觉神经元的兴奋性，从而对体表传入冲动产生易化作用，使平常本不至于引起疼痛的刺激信号变成了致痛信号，从而产生牵涉痛。

第 10 章 运动系统的脑机接口机会

第 9 章讨论了感觉神经系统的脑机接口机会，本章将集中探讨运动神经系统的脑机接口机会，主要目的是想在今后的内涵型 AI 中帮助人类增强自己的肢体技能。与第 9 章类似，轻松阅读本章的技巧仍然是：继续忽略相关解剖学名词的具体含义，重点关注控制相关运动的神经回路，因为这些回路不但将是今后脑机接口的用武之地，还能帮助人类“拷贝”这些神经回路所控制的一系列运动行为。

10.1 运动神经系统简述

运动是动物区别于植物的主要特征之一，运动系统由骨、骨连结和骨骼肌三大部分组成，本章重点关注与内涵型 AI 相关的后两部分。

其中，骨连结是使骨与骨连起来的关键结构，它可分为两种形式，一是由纤维和软骨组成的直接连结，二是由滑膜关节组成的间接连结。

骨骼肌是一类特殊的肌肉。人体中共有 600 多块骨骼肌，约占男人体重的 40% 或女人体重的 20%。若从形状上看，骨骼肌可分为三角肌、斜方肌、长肌和短肌等；若从作用上看，骨骼肌可分为屈肌、伸肌、展肌、收肌、旋前肌、旋后肌、括约肌、开大肌和提肌等；若从肌束的方向上看，骨骼肌可分为斜肌、横肌和直肌等；若从骨骼肌的起止位置上看，骨骼肌可分为胸锁乳突肌和肱挠肌等（由于起止点不同的骨骼肌太多，这里就不细述了）；若从骨骼肌所跨越的关节数量上看，骨骼肌可分为单关节肌、双关节肌和多关节肌；若从肌头的数量上看，骨骼肌可分为二头肌、三头肌和四头肌；若从牵拉关节的走向上看，骨骼肌可分为协同肌和对抗肌，也就是说，使关节向着同一方向活动的肌肉群称为协同肌，而向相反方向活动的称为（协同肌的）对抗肌。骨骼肌由大量成束的骨骼肌细胞组成，这些细胞为细长圆柱形的多核细胞。骨骼肌细胞的胞体直径从 10 至 100 微米不等，长度从 1 到 40 毫米不等，有的甚至可达几十厘米，所以也称骨骼肌为肌纤维。肌纤维的外层包绕着一层薄膜（称为肌膜），内含极细的纤维物质形成的网状结构，具有传导兴奋的功能。

全身的骨头通过骨连结构成了作为人体支架的骨骼，而骨骼肌则借助肌腱附着于相邻的两块骨头的表面，运动神经元引起肌纤维兴奋，通过“兴奋–收缩偶联机制”引起肌纤维的收缩，收缩时以骨连结为支点，牵引着骨头改变位置，从而产生各种运动。换句话说，若能借助合适的脑机接口，通过控制或“克隆”运动神经元的兴奋状态或状态流，就能控制或“克隆”肌肉的收缩运动，进而实现对躯体运动的控制或“克隆”。

躯体的运动一般分为三类：反射性运动、随意（意向）运动和节律性运动。

1. 反射性运动

反射性运动不受意识控制，反应快捷，通常由特定的感觉刺激引起，其运动有定型的轨迹，10.2 节将更详细地介绍反射运动。当给予特定刺激时，反射就会自动发生，反射的强度也会因刺激强度的不同而不同。常见的反射性运动包括肌腱反射，伤害性刺激引发的肢体回缩反射，婴儿的拥抱反射、吮吸反射、握持反射等。反射是在中枢神经系统的参与下，机体对内外刺激所产生的规律性反应。若从刺激条件上看，反射可分为条件反射和非条件反射。条件反射是后天性反射，比如，一听见“酸杏”两字，许多人马上就会吞口水。条件反射既可以建立，也可以消退，它是在大脑皮层参与下完成的反射，是一种高级的神经活动。非条件反射则是一种先天性的反射，也是一种比较低级的神经活动，由大脑皮层以下的神经中枢（如脑干和脊髓等）参与即可完成，比如，膝跳反射、眨眼反射、缩手反射等。

2．随意（意向）运动

随意（意向）运动是在意识的支配下，受大脑皮层运动区直接控制的躯体运动，它具有一定的方向性和目的性，既可以是对感觉刺激的反应，也可以是主观意愿产生的结果。随意运动一般为后天形成，其形式很复杂，且需要经过反复练习才能逐渐完善和熟练掌握，而这正是今后内涵型 AI 的目标，也就是说，在脑机接口的帮助下，可将某位天才的某段随意运动（比如，弹琴、绘画等）的神经电流串“拷贝”到普通人的相应神经回路中，从而让后者也很快成为天才，因此，随意运动也是本章的重点，随后将从多个方面给予详细介绍。

与反射运动相比，随意运动一般会在较长的时间内完成，且运动的方向、轨迹、速度和时间等都可以随意选择。当然，在复杂的随意运动中，也会涉及多种反射运动，因此，随意运动和反射运动并不是孤立发生的。随意运动涉及中枢神经系统中更加广泛的网络活动，参与随意运动的控制或对它有影响的神经结构广泛分布于神经系统的各个部位。

3．节律性运动

躯体运动是节律性运动，它可以在高级神经中枢的控制下随意起止，在运动过程中却与大脑意识无关，而只是低级神经中枢的自激行为。这种运动是位于脊髓中的中枢模式发生器所产生和控制的时空模式，它具有规则性的表现形式，有高度的稳定性和自适应性。常见的节律性运动包括行走、跑步、跳跃、游泳、呼吸和咀嚼等。

无论是上述三种运动中的哪种躯体运动，都主要发生在关节处，它们的运动机理基本相同。也就是说，在中枢神经系统的控制和调节下，骨骼肌接受运动神经元传来的冲动，然后进行收缩或舒张，作用于躯体的相关部位，从而产生各种运动。即使是非常简单的运动，也需要许多肌肉的协同收缩或舒张才能完成。为了保证运动的各参数（位移、速度、力度和加速度等）都十分精确，中枢神经系统必须对许多肌肉发出十分精确的指令，让它们按运动的需要，准确及时地保持收缩或舒张的强度和时间。为了对运动进行正确控制，中枢神经系统还需要不断接受与运动有关的感觉信息反馈，以便准确且及时地调整运动状态。

那么，运动神经到底是如何向肌肉传递运动命令的呢？

原来，运动神经元轴突末梢与肌肉纤维之间是通过某种化学性突触来作为接触部位的，具体来说，运动神经元轴突末梢反复分支，形成大量的终末前细支，它们脱去髓鞘形成纤细裸露的无髓鞘终末，并在末端形成大小不等的、终止于肌纤维的梅花状膨大。每根这样的终末都支配着一根肌纤维，同一根轴突末梢的所有分支及其所支配的所有肌纤维称为一个运动单位，它也是肌肉收缩的基本功能单位，因为一根轴突兴奋时，可导致它所支配的全部肌纤维同步收缩。运动单位所包含的肌纤维数量不一，有的只有几根（如眼肌），有的多达几百根（如背部肌肉）。动用肌纤维数越少的运动，就越精细越灵活；反过来，动用肌纤维数越多的运动，就越有力且越有利于对躯体姿势的维持。

运动神经与肌肉的接头部分可分为三块：突触前膜（突触前轴突末梢的无髓鞘终末膜）、突触后膜（与突触前膜相对应的肌细胞膜）和突触间隙（突触前膜和突触后膜之间的间隙约为 50 纳米宽）。在突触处，肌纤维表面凹陷，临近肌纤维的轴突终末几乎都嵌入肌纤维的凹陷处，突触前膜和突触后膜各自仍是连续的，且界限清晰。突触前膜的胞质面，由致密物质堆积成栅栏状结构，它们是释放递质的特定位点。可见，运动神经和肌肉是分离的，二者之间并无原生质的沟通。在突触前轴突终末内，含有大量的囊泡状结构，囊泡直径约 50 纳米，囊泡的数量、形状和饱满度变化都很大。囊泡内的神经递质是在神经轴突的突触胞浆内合成的，并由囊泡摄取贮存。

神经向肌肉传递信息的任务是由囊泡释放神经递质来完成的，具体来说，该传递过程是一个“电信号→化学信号→电信号”的复杂转换过程，即运动神经元的神经冲动（电信号）传到轴突终末时，轴突末梢膜去极化并导致膜上的钙通道开放，正钙离子沿其化学梯度由突轴前膜外流至轴突终末内，使得膜内为负，膜外为正。正钙离子进入囊泡后，促使囊泡向突触前膜移动并与神经膜融合，囊泡中的神经递质被释放到突触间隙中，引起递质受体通道开放，正钾和正钠离子沿着电化学梯度进行易化扩散，使突触后膜瞬间去极化产生一种持续时间仅为 2 毫秒的“终板电压”，该电压使邻近的肌膜去极化至阈电压水平，于是就产生了动作电压并沿肌膜扩展。递质的迅速失活使得每次神经冲动只能引起一次肌肉冲动，这就保证了肌肉传递的秩序性和准确性。

骨骼肌又是如何收缩的呢？原来，骨骼肌受脊髓前角运动神经元的支配，当神经元的冲动导致肌细胞膜上产生了动作电压后，该电压会沿着肌细胞的横管膜传导到肌细胞深处，直到三联体附近，引起纵管终池释放大量正钙离子进入肌浆，导致细肌丝上肌钙蛋白构象发生改变，并最终牵引细肌丝向粗肌丝之间滑行，从而导致肌肉细胞收缩。肌细胞收缩时，其形态上的表现是，整个肌肉和肌纤维的长度缩短，但在肌细胞内其实既无肌丝的缩短，也无所含分子结构的缩短，只是在每个肌节内都发生了细肌丝向粗肌丝之间的滑行。

为了对运动进行精准控制，中枢神经系统还需要不断接受相关感觉信息。在运动前，中枢神经系统会根据感觉信息（也许还有过去的经验）做出相关的动作指令；在运动中，中枢神经系统还会再接受后续感觉信息，随时更正和调节指令，纠正运动中出现的偏差，以维持运动的正常进行。控制运动的信息主要有两类，其一是以视觉、听觉和皮肤觉为代表的感觉信息，它们主要负责提供目标位置等信息；其二是以肌肉、关节和前庭器官为代表的感觉信息，它们主要负责提供肌肉长度、张力、关节位置和躯体位置等信息。

感觉信息对运动的作用可分为前馈控制和反馈控制两类。前馈控制是指在运动发起前，神经系统就已根据所获感觉信息（包括过去的相关经验），尽可能精确地计算出下行的运动指令，以便在运动开始后，就不再依靠反馈信息进行调节了。前馈控制运动适宜于足球射门等快速运动，此时，动作一旦执行，就再也无法接受反馈信息的调整了，因此，这种运动很容易失误，对经验的依赖性也很强。反过来，反馈控制是指在运动过程中，可以不断接受相关的感觉信息反馈，随时将运动的状态汇报给控制中枢系统，使得控制中枢能参照实际情况不断纠正和调节后续指令，以达到对运动的精准控制。反馈控制适宜于缓慢动作或维持姿势的动作，毕竟，神经中枢在加工和处理反馈信息时也需要一定时间。

控制运动所需的主要神经结构，可以从高到低分为三个水平，即大脑皮层运动区、脑干下行系统和脊髓，它们之间既有分级的控制关系，也有平行的控制关系；此外，小脑和基底节对运动的调整也非常重要。从分级角度看，低级中枢发出复杂的传出冲动，使肌肉兴奋收缩；而高级中枢则主要发出一级运动指令，无须处理肌肉协调的细节问题。从平行角度看，大脑皮层运动区既可通过脑干来使脊髓神经元兴奋，也可通过皮层脊髓束来直接激发脊髓的运动神经元和中间神经元。正是由于分级与平行控制的重叠，才使得运动控制具有灵活多样性。

因此，以下各节将分别讨论脊髓、脑干、大脑、小脑和基底核等各层级运动神经通路（这些通路将是今后脑机接口的用武之地）对各种运动（主要是反射运动和随意运动）的调节和控制问题。

10.2　脊髓反射运动调节

脊髓是感觉和运动神经冲动传导的重要通路，躯干、四肢和脑之间的联系必须通过脊髓内的上行和下行传导束来实现，脊髓在脑和躯体之间的信息传递过程中扮演着重要的中转站角色。除头部外，全身的深浅感觉和大部分内脏感觉冲动，都须经脊髓的上行纤维束才能传到大脑中；同样，由脑部发出的冲动，也须经脊髓的下行纤维束才能传到相关部位，以完成躯干、四肢骨骼肌和部分内脏的调节活动，因此，脊髓损伤将会引起损害平面以下的肢体瘫痪。

本节聚焦于脊髓的另一项重要功能，即对反射运动的调节功能。为此，先对反射运动做一个直观且比 10.1 节更全面的介绍。

所谓反射运动，就是在中枢神经系统的参与下，人和动物对内外环境刺激的规律性应答。实现反射运动的结构基础是反射弧，它主要包括感受器（接受刺激的器官）、传入神经（感觉神经元，它是将感受器与中枢联系起来的通路）、中间神经元（神经中枢，包括脑和脊髓）、传出神经（运动神经元，是将中枢与后面的效应器联系起来的通路）和效应器（产生效应的器官，如肌肉或腺体等）五部分。每个反射都有各自的反射弧，只有在反射弧完整的情况下，反射运动才能完成，因为反射活动的完整过程是这样的：刺激物作用于感受器引起兴奋，兴奋以神经冲动形式沿传入神经传至中枢，中枢对传入信息加以整合处理，而后发出信号沿传出神经传到效应器，从而引起效应器的相应运动。

反射运动的种类很多，主要分为无条件反射和条件反射两大类。由于条件反射不是本节的目标，所以我们重点关注无条件反射，它是指眨眼之类的非随意支配的反射，或生来就有的、无须训练或学习的反射。若按生理功能来分类，无条件反射可分为：防御反射（比如，屈肌反射、角膜反射等）、摄食反射（比如，分泌反射、吸吮反射等）、姿势反射（调节骨骼肌紧张度，保持和纠正身体姿势的各种反射）。若按感受器来分类，无条件反射可分为：外感受性反射，又称为浅反射（如触觉、痛觉反射等），它是位于身体表面浅层的感受器受到外界刺激而引起的反射；内感受性反射，又称为深反射，它是位于身体深层的感受器受到体内环境的刺激引起的反射（如肌肉受到牵张刺激发生的牵张反射等）。若按反射弧的通路来分类，无条件反射可分为：单突触反射（由两个神经元，经一次突触联系所形成的反射）、多突触反射（由多个神经元，经两个以上的突触联系完成的反射）。若按反射弧在中枢的部位来分类，无条件反射可分为脑干反射、皮层反射，以及本节将重点讨论的脊髓反射。

其实，在脊髓内存在着许多低级反射中枢，它们可执行若干简单的反射活动，比如，牵张反射（腱反射和肌紧张）、浅反射和屈肌反射等躯体反射，以及血管张力反射、发汗反射、排泄反射和瞳孔反射等内脏反射。脊髓反射的种类非常多，其中最简单的脊髓反射当然是单突触反射（比如膝跳反射），它的反射弧只涉及一个传入神经元和一个传出神经元；当然，多数脊髓反射弧都涉及多个神经元。根据脊髓反射的特点，又可对脊髓反射再行分类，比如，其反射弧只局限在一个脊髓节段内的反射，称为节内反射；反射弧跨越多个脊髓节段的反射，称为节间反射，此时的感觉传入纤维将在固有束内上行或下行数个节段，把一个脊髓节段所感受到的冲动扩散到相邻的脊髓节段中去。反射弧既可位于脊髓同侧，也可位于两侧以形成交叉反射。

脊髓反射与其他反射类似，也由顺序的五个部分组成，分别是：

（1）感受器，是接受刺激的起始处，既能感受刺激，也能产生神经兴奋。

（2）传入神经，它将来自感受器的神经冲动传向脊髓中枢。

（3）脊髓中枢神经元，它接收传入神经传来的神经冲动，并经分析综合后，再将结果传出脊髓中枢。

（4）传出神经，将中枢发出的神经冲动传给效应器。

（5）效应器，它负责传递神经冲动，使肌肉和腺体产生反应。

在大多数情况下，脊髓反射中的神经冲动传导是双向的，不仅存在着“感受器→中枢→效应器”方向的传导，也存在着“效应器→中枢→感受器”方向的传导。因此，神经冲动的传导其实是一条闭合的神经环路，称为反射环。从效应器回到中枢的信息称为反馈信息；中枢根据反馈信息进一步调节效应器的活动，称为反馈调节。正是由于神经系统的反馈调节，才保证了反射活动的正确性和有效性。

脊髓反射中最具代表性的反射是所谓的牵张反射，它是一种调节肌肉长度和紧张度的控制机制。当骨骼肌受到外力牵拉而伸长时，牵张反射便会反射性地引起受牵拉的那同一块肌肉像橡皮筋那样发生收缩。若从神经学角度来看，牵拉肌肉会引起其感觉神经末梢的冲动，而产生的冲动将通过传入纤维传入脊髓，引起运动神经元冲动，其发出的冲动再经脊神经前根和脊神经传至该肌肉，引起与牵张方向相反的收缩。若从表现形式上看，牵张反射可分为两类，其一是时程较短且能产生较大肌力的牵张反射，称为腱反射，即快速牵拉肌腱时发生的牵张反射，它主要是肌肉纤维的快收缩，也是一种单突触反射，比如，膝跳反射和缩身反射等；其二是紧张性牵张反射，此时在肌肉受到缓慢而持续的轻度牵拉时，受牵拉的肌肉将产生持续而平稳的收缩，以阻止肌肉被拉长。紧张性牵张反射是一种多突触反射，它是肌肉紧张的基础，它在姿势的维持过程中起着重要作用，表现为受牵拉的肌肉能发生紧张性收缩。

由于牵拉的形式不同，肌肉收缩的反射效应也不同，因此牵张反射又可分为腱反射和肌紧张两类；相应地，骨骼肌中的牵张感受器也主要有腱器官和肌梭两种，它们都能感觉神经元周围突起的末梢，都能接受刺激，并把刺激转化为神经冲动，该冲动再由感觉纤维传入中枢引起感觉，并进一步引导随意或不随意运动。

先看前面提到的第一种牵张感受器——腱器官，它是感受骨骼肌张力变化的一种本体感受器，它主要位于肌肉与肌腱的交接部，是一个包囊状结构。在该包囊中，来自肌腱的胶原纤维分成许多细丝并组成发辫结构。在发辫状的细丝上有感觉神经末梢缠绕，当牵拉肌腱使胶原纤维变直时，感觉神经末梢受到压迫，引起末梢放电。所以，腱器官感受器的功能就是，将肌肉主动收缩的信息编码为神经冲动，并将该冲动传入脊髓中枢，产生相应的本体感觉。不过，腱器官对被动牵拉不太敏感。

再看第二种牵张感受器——肌梭。若从功能上看，当肌肉受到外力牵拉时，肌肉被拉长，率先被兴奋的肌梭的感受部分将发起牵张反射，使受牵拉的肌肉收缩以对抗牵拉，此时的收缩为等张收缩。从结构上看，肌梭位于骨骼肌内，是分布在骨骼肌纤维之间的梭形小体，由多条纤细的梭内肌纤维组成。典型的肌梭直径约为 1 毫米，最长可达 13 毫米，其长轴与骨骼肌纤维的纵轴平行排列。典型的肌梭内有 2 根粗而长的核袋纤维，以及 4 至 5 根细而短的核链纤维。肌梭的表面包裹着结缔组织的被囊，核袋纤维和核链纤维在被囊中呈平行排列，核链纤维一般不伸出囊外，只对静止持续的牵拉刺激较敏感；核袋纤维会有一小截伸出被囊外，对快速牵拉刺激比较敏感。

实验表明，肌梭和腱器官这两种感受器的反应特性各不相同，比如，只要有很小的被动牵拉，肌梭放电就会明显增多，而只有较大的被动牵拉出现后，腱器官才会放电；反过来，当肌肉主动收缩时，腱器官的放电也会增多，而肌梭放电则会减少或停止。这两种感受器之所以会有如此之区别，主要是因为它们与其梭外肌纤维的关系各不相同；实际上，肌梭与梭外肌纤维是“并联”的，而腱器官与梭外肌纤维则是“串联”的。所以，当梭外肌纤维稍微被牵拉时，肌梭就会被牵拉，放电也就明显增多；而腱器官内胶原纤维的弹性不如梭外肌纤维，故只有在梭外肌纤维受到较大牵拉时，腱器官才会因为被牵拉而放电。当肌肉主动收缩时，肌梭也收缩，故放电也很微弱。而位于梭外肌两头的腱器官却受到牵拉，放电也就明显增多。肌梭和腱器官对肌肉的收缩和被动牵拉所表现出的放电情况说明，肌梭是肌肉长度的检测器，而腱器官则是肌肉张力的检测器。

脊髓反射的传入神经是其反射弧的传入通路，也分特定性传导通路和非特定性传导通路。其中，特定性传导通路是指，当感受器收到特定的刺激后，便会发射神经冲动，该冲动再经某种传导途径，传到脊髓中枢；非特定性传导通路是指，感受器发射的神经冲动通过网状结构，最后投射到中枢神经系统，所以非特定性传导通路是多种传入神经的共同通路。

脊髓反射的传出神经，能将中枢神经系统的兴奋传到各个器官或外围部分的神经，包括自主神经及运动神经，它们便是脊髓反射的效应器。当传出神经的信息被传给自主神经（交感神经及副交感神经）后，它便能支配心脏、平滑肌、腺体和眼等效应器官；当传出神经的信息被传给运动神经后，它便能支配肌肉的外周神经，从而产生和控制身体的运动和紧张。

传出神经主要通过神经末梢释放的神经递质来改变相关的神经电流，从而完成对其效应器的支配任务。比如，对牵张反射来说，当肌肉受到牵拉时，首先是肌梭兴奋而引起牵张反射，使受到牵拉的肌肉收缩；当牵拉进一步加大时，将刺激腱器官使其兴奋，从而使牵张反射受到抑制，这样便可避免牵拉的肌肉受到损伤。由于核袋纤维的中央部分弹性大且黏性小，所以当肌肉受到牵拉时，中央部分被迅速拉长，而边缘部分则只被慢慢拉长。当边缘部分被继续拉长时，中央部分又开始回弹，因此核袋纤维上的初级感受末梢在核袋纤维中部被拉长时会产生一阵高频放电，中央部分回弹时放电减弱，当回弹到原状时放电停止。而核链纤维各段的机械特性基本一致，其上的次级感受末梢的放电情况由核链纤维的长度决定。也就是说，在牵拉的长度不断变化的情况下，次级感受末梢的放电增加不明显；在牵拉的长度保持不变的情况下，放电却维持在较高的水平。当肌肉回复到原来的长度时，放电也停止。

在脊髓反射中，反射中枢会进行各种复杂的调节活动，其核心就是以突触构成非常复杂而多样化的联系方式。其中，今后脑机接口将有用武之地的神经通路，便是下面三种最常见的联系方式。

一是单线式联系，即一个突触前神经元只和一个突触后神经元联系，因此它在传递信息时能保持其精确性。

二是辐散式与聚合式联系，即一个神经元的轴突通过其分支分别与许多神经元建立突触联系（辐散式联系）或多个神经元末梢与同一个神经元建立突触联系（聚合式联系）；前者可引发许多神经元的同时兴奋或抑制，后者能整合来自不同神经元的兴奋和抑制信息。

三是链锁式与环式联系，即一个神经元的轴突侧支可通过与多个中间神经元的突触联系，以形成一个链条（链锁式联系）；或再返回到原来的神经元，以形成一个回路（环式）联系。这种联系在神经活动中的作用取决于中间神经元的性质，当兴奋通过兴奋性神经元构成的突触联系时，其兴奋可得到加强或延长，从而起到正反馈作用；如果有抑制性中间神经元参与，则会返回抑制作用使原来神经元的活动减弱或停止，从而起到负反馈作用。

若以牵张反射为例来看时，实际上，牵张反射是一种节内反射，它由两个神经元组成，其感受器是肌梭和腱器官。牵张刺激能通过这两个感受器上的感觉传入纤维，途经脊神经后根直接传到脊髓前角的某两个具有共同激活性的运动神经元。当其中的一个神经元兴奋引起梭内肌两端收缩时，梭内肌中部便被拉长，位于中部的感觉神经末梢兴奋增加，这样又可以刺激另一个运动神经元兴奋，使梭外肌收缩，从而形成一个回路。当牵拉进一步加大时，肌肉不能被继续拉长而产生只有张力变化的等长收缩，这一变化可兴奋腱器官，并由传入纤维传入脊髓，使中间神经元兴奋，而中间神经元对支配腱器官所在肌肉的运动神经元产生抑制作用，使强烈收缩的肌肉舒张，以避免被牵拉的肌肉受到损伤；同时，传入纤维的侧支可通过中间神经元使相应的对抗肌兴奋。

在脊髓反射中，除牵张反射外，还有许多其他反射，比如，下面即将简介的浅反射和屈肌反射。

其中，浅反射的传入神经出自体表感受器，经周围神经感觉纤维传入脊髓，与前角细胞发生突触，再经周围神经的运动纤维终止于肌肉。一般的浅反射有一长一短两个反射弧，短反射弧的中枢神经位于脊髓内，长反射弧的中枢神经可达大脑皮层。有些浅反射（如提睾反射等）的完成，除相应的脊髓节段性反射弧之外，还需要有一个通过脊髓至大脑皮层，再经锥体束至前角细胞的反射弧，故锥体束损伤后（或脊髓以上的运动神经受损后）相应的浅反射将减退或消失。

屈肌反射是由于伤害性刺激所产生的肢体回缩的原始保护性反射，比如，当脊椎动物肢体的皮肤受到伤害性刺激时，同侧肢体的屈肌就会收缩，而伸肌则会舒张，造成肢体屈曲。屈肌反射的强度与刺激的强度有关，例如足部的较弱刺激仅引起踝关节屈曲，如刺激强度加强，则膝关节及髋关节也将发生屈曲。当刺激增大到一定程度后，在同侧肢体屈曲反射的同时，还会出现对侧肢体伸直的反射活动。

实际上，浅反射和屈肌反射也密切相关，比如，多数浅反射都是伤害性刺激或触觉刺激作用所引起的屈肌反射，其反射弧包括一条较长复杂的路径，即后根节前感觉神经元传入的冲动沿着脊髓上升到大脑皮层，然后到达中央前回、中央后回、再下降经锥体束至脊髓的前角细胞。

10.3 脑干如何控制运动

脑干位于脊髓之上，自下而上由延髓、脑桥和中脑三部分组成。脑干中分布着许多神经元，它们以短突起相互形成突触交织网络，称为网状脑干结构。脑干的功能很多，比如形成呼吸节律、保持体温恒定、交替形成睡眠与觉醒状态等，但本节只关注脑干对反射运动和随意运动的控制功能，这主要体现在它对肌肉紧张和姿势的调节方面。

先看脑干对肌肉紧张的调节，准确地说是脑干网状结构对肌肉紧张的兴奋性调节和抑制性调节。原来，在脑干的网状结构中分别有一个易化区和抑制区。在易化区中，脑干中的相关电信号通过脊髓中间神经元，作用于两种特殊的运动神经元，然后就能易化神经元的自发活动，加强伸肌的紧张性和肌运动，即兴奋伸肌而抑制屈肌。易化区受高位中枢的影响，它的影响范围较广，在脑干中横跨延髓网状结构背外侧部、脑桥背盖和中脑中央灰质等部位。在抑制区中，腱反射和肌肉运动将受到抑制，即屈肌将被兴奋而伸肌将被抑制。抑制区的范围较窄，只限于延髓网状结构腹内侧部分。在一般情况下，脊髓的牵张反射将同时受到脑干网状结构的易化调控和抑制调控，但易化区的活动较强，在肌肉紧张的调节活动中占有优势。

当然，除脑干网状结构外，前庭神经核、小脑前叶两侧部和后叶中间带，以及大脑皮层等与脑干内部结构有功能上联系的区域中，也都有调节肌肉紧张的易化系统，即兴奋伸肌而同时抑制屈肌的系统。比如，内耳前庭器官传入冲动到达前庭神经核后，就能提高脑干网状结构易化区的活动性；脑干网状结构的易化区也能加强小脑前叶两侧的肌紧张易化作用。如果通过适当的电流（无论这些电流是否来自脑机接口）来刺激这些区域，就可引起肌紧张的加强；如果破坏这些区域，则会出现肌紧张减弱的现象。

同理，除脑干网状结构外，大脑皮层运动区、纹状体和小脑前叶正中带等与脑干有密切功能联系的区域，也都有调节肌肉紧张的抑制作用，即兴奋屈肌而抑制伸肌。比如，若用适当的电流（无论这些电流是否来自脑机接口）去刺激小脑前叶正中带，则动物的肌紧张就会通过脑干网状结构的抑制区而得到降低。脑干外的这些抑制区的工作机理，既可以通过加强脑干网状结构抑制区的活动来抑制肌肉紧张，也可以通过抑制脑干网状结构易化区的活动来减退肌紧张。

脑干对肌紧张调节作用的一个最直观的案例，是所谓的“去大脑僵直”实验。在麻醉的猫或其他脊椎动物脑干中的中脑四叠体上，在下丘之间横向切断脑干，使得脊髓仅与延髓和脑桥相连，则脑干网状结构易化区的功能将会因为失去了抑制区的对抗而得到加强，于是就产生了伸肌紧张性亢奋的状态，其具体表现为四肢伸直、头尾昂起、脊柱坚挺等全身肌肉紧张性增强的现象，称为“去大脑僵直”现象。该现象表明，正常机体内骨骼肌的肌肉紧张的维持，其实是易化和抑制系统达到动态平衡的结果；如果脑干内一定区域（易化区或抑制区）受损，动态平衡将被打破，肌紧张的维持状态将受到不同程度的影响。比如，在上述实验中，由于切断了脑干网状结构与大脑皮层运动区和纹状体等部位的抑制区功能联系，造成了抑制区活动减弱，即易化区的活动相对加强，易化区活动便占有明显优势，最终导致肌肉紧张过度增强而出现“去大脑僵直”现象。

在正常情况下，高位中枢神经通过脑干网状结构对脊髓前角运动神经元施加影响，以促使屈肌和伸肌的肌肉紧张达到平衡。如果受损后易化区的活动超过了抑制区，牵张反射将被增强。而在多数动物中，伸肌是对抗重力的肌肉，伸肌反射本来就略强于屈肌反射，但是，如果伸肌过度紧张就会出现前述的“去大脑僵直”现象。当然，也有树懒等少数动物，它们由于经常倒挂在树上，使得屈肌成了对抗重力的肌肉，所以，对它们进行“去大脑僵直”实验时，将出现全身蜷缩的相反情况，即屈肌反射强于伸肌反射。人类也有某些疾病，比如，一种名叫蝶鞍上囊肿的疾病，将引起皮层与皮层下失去功能联系，这时，患者的下肢就会出现明显的伸肌僵直和上肢半屈的状态。脑干的中脑发生病变时，也可能出现头后低仰、手指屈曲和上下肢僵直的“去大脑僵直”现象。

再看脑干对姿势反射的调节作用。这里的姿势反射，是指在脑与脊髓构成的中枢神经系统的控制下，调节骨骼肌的肌肉紧张或产生相应运动，以保持或纠正躯体的空间姿势使其与环境相适应的反射活动。姿势反射既包括某些最简单的反射，比如，10.2 节已经介绍过的牵张反射等；也包括比较复杂的反射，比如，下面即将分别介绍的由脑干参与的状态反射、直线或旋转加速运动反射和翻正反射等。接下来进行详细介绍。

1. 状态反射

状态反射是当躯干与头部的相对位置发生改变，或头部在空间中的位置发生改变时，因躯体肌肉紧张而引发的反射，它包括颈紧张反射与迷路紧张反射两部分。其中，颈紧张反射是指因颈部扭曲时，颈上关节韧带和肌肉本体感受器的传入冲动对四肢肌肉紧张性的调节所引发的反射，它的反射中枢位于颈部脊髓；而迷路紧张反射则是指因内耳迷路中的位置感受器官的传入冲动对躯体伸肌紧张性调节所引发的反射，它的反射中枢主要是前庭核。比如，在“去大脑僵直”实验中，当动物俯卧时伸肌的紧张性最低，而仰卧时伸肌的紧张性最高。这是因为，不同的头部位置会对内耳迷路给予不同的刺激，但在正常情况下，由于高位中枢的存在，状态反射常常会因受到抑制而不易表现出来。人类的状态反射的规律主要有：头部后仰时，将引起上下肢及背部伸肌紧张性加强；头部前倾时，将引起上下肢及背部伸肌紧张性减弱，屈肌及腹肌的紧张性相对加强；头部侧倾或扭转时，将引起同侧上下肢伸肌紧张性加强，对侧上下肢伸肌紧张性减弱。

2. 直线加速或旋转加速运动反射

当我们处于直线加速或减速运动时（比如，乘车起步或刹车的时候），或做旋转或回转运动时（比如，扔铁饼的时候），处于内耳前庭器中的椭圆囊和半规管中的淋巴液就会朝相反方向流动。这一流动自然就会牵动椭圆囊和半规管中专门负责感受体位变化的毛细胞，并刺激前庭神经发出神经冲动，这种冲动传导到脑干，准确地说是传导到脑干中延脑后部的前庭核，再发出一个神经冲动到大脑，产生眩晕感觉，同时也发出另一个神经冲动传向脊髓的前角，并传导到运动神经和相应的肌肉，其作用主要是做补偿运动，使我们的身体保持平衡。

3．翻正反射

正常站立的动物若被突然推翻，它将立即翻过身来，这就是翻正反射。一般地，当人和动物处于不正常的体位时，将通过一系列反射性动作，先把头恢复常态，再把体位恢复常态。比如，当猫被仰面朝天扔下时，它会在空中迅速完成翻正反射：起初是头颈扭转，接着是前脚和躯干也完成扭转，最后便是后肢扭转，待到它落地时，早已是四肢站立了。又如，体操运动员的空翻转体，跳水运动员的转体，都是要先转头，再转上半身，不但动作优美而且还协调迅速。典型的翻正反射过程都是这样的：头部位置的不正常状态刺激了视觉与内耳迷路，从而引起头部的位置翻正，其反射中枢在脑干的中脑内；接着，头与躯干的不正常位置关系，又使得颈部关节韧带或肌肉受到刺激，最终导致躯干的位置也开始翻正，其反射中枢分布在脑干的中脑或胸部脊髓中。翻正反射也称为复位反射，因为它的作用就是使动物的异常体位恢复正常。一般来说，翻正反射既与肌梭感受引起的反射有关（此时的神经中枢位于中脑），也与视觉性反射有关，还与皮肤收到的刺激有关。在无脊椎动物中，许多翻正反射其实只是单纯的反射行为，例如在海星的翻身过程中，由于它失去了对管足的接触刺激，只好发出全管足的试探运动，于是就偶然使最先与地面接触的某只腕足成了先导腕足，从而逐渐完成身体的反转。这时，海星的翻转与重力感觉无关，但其食道神经环路对各个独立腕的反应具有协调作用。与此相反，水母类、蜗虫类、卷贝类等的翻正反射，归功于一类名叫“平衡细胞”的特殊细胞，而昆虫类的翻正反射则归功于其足肌牵张感受器。

翻正反射的用途很多，其中比较有趣的应用是麻醉程度的检验：若动物的翻正反射消失，则证明麻醉成功。

10.4　大脑皮层运动控制

前面两节中脊髓和脑干的运动反射，为大脑控制随意运动提供了基本模式，使得大脑可以根据运动的目的和外界特征，对这些基本模式加以协调和修正，并最终完成更加复杂的随意运动。所以，大脑皮层对随意运动的调控是一个复杂的高层次过程，此时，感觉信息被传入大脑皮层后，再被上升为认知和主观意愿；接着，外部环境信息和内部主观信息被汇总后投射到大脑皮层的运动区，最后产生能满足意愿的随意运动。

大脑皮层控制随意运动的基本单位是大脑皮层运动区中纵向排列的一些神经细胞，比如，若将钨丝微电极插入麻醉猫的运动皮层深部，并以微弱的瞬间电流进行刺激，将发现引起同一块肌肉收缩的有效刺激点会集中成一个纵向柱状排列的区域，称为运动柱。每个运动柱可控制同一个关节上依附着的多块肌肉的运动，同样地，一块肌肉也可接受多个不同运动柱的控制。

大脑皮层运动区包含两类神经元，非锥体细胞和锥体细胞。其中，非锥体细胞大多属于抑制性神经元，而锥体细胞则主要是传出神经元，拥有朝向大脑皮层表面伸展的顶树突，其轴突离开运动皮层进入其他皮层或皮层下的结构中。大脑皮层运动区中不同的锥体细胞，具有不同的轴突投射，比如，有的投射到其他皮层区，且位置较浅者投射到同侧皮层，位置较深者则经胼胝体投射到对侧皮层；有的投射到脊髓中，有的投射到皮层下的结构中，有的投射到延髓、脑桥和红核中，有的投射到纹状体中，还有的投射到丘脑中等。

大脑运动皮层之所以能控制相关随意运动，是因为皮层神经元能够一起协同地活动。比如，拇指、食指和上臂肌肉收缩时，它们会在初级运动皮层中共享两个激活区；面部、手掌、手臂和腿在运动时，都能激活初级运动皮层的中心区，且相邻躯体部位运动时所激活的区域高度重叠，以至于拇指、食指、中指、环指和腕部代表区（本书中篇所指的大脑地图）的重叠度高达40%至70%，也就是说，当一个手指运动时，将有好几个区域同时被激活。此外，躯体各部位的代表区并不固定，它们的位置和面积大小也会随着学习而改变，也会因损伤而发生可塑性的变化，这在本书的中篇已经详细讨论过了。

大脑皮层运动中枢完成随意运动的过程主要包括以下步骤：确定是否需要运动以及运动的目标，选择如何运动，发出运动指令并执行指令，随时修正运动的执行情况。具体来说，运动信息从感觉输入汇总后上升到认知，然后做出决定以选择适当的运动，最终执行运动。此时，脑机接口可能发挥作用的神经电流通路大致为：后顶叶皮层→背侧前额叶→次级运动区→初级运动区。

大脑皮层运动区所发出的运动指令，需要通过皮层脊髓系统传导出来才能实现对随意运动的控制，相应的传导通路便是今后脑机接口可能发挥作用的插入点。这里的皮层脊髓系统包括皮层核束和皮层脊髓束两部分。其中，皮层核束途经内囊下行到中脑腹侧后，便分散地穿过脑桥核，投射于脑干的颅神经感觉核与运动核，以控制面部的活动。而皮层脊髓束的大部分纤维都会穿过延髓锥体，所以也称为锥体束，它的投射路径是这样的：皮层脊髓束途经内囊下行到中脑腹侧，分散穿过脑桥核，再在延髓处集合成锥体，继续下行到延髓和脊髓的交界处。在皮层脊髓束中，大约有四分之三的纤维（称为皮层脊髓侧束）会交叉传入对侧，并在脊髓的背外侧束下行，最后终止于脊髓腹角外侧的运动神经元核和中间区内的神经元；另外四分之一的纤维（称为皮层脊髓前束）将不会交叉，它们会在脊髓腹侧下行，最终投射至脊髓双侧腹角内侧的运动神经元核和中间区内侧的神经元。

由于数量众多的皮层脊髓束终止于脊髓腹角外侧的运动神经元，所以它们将主要控制肢体远端的肌肉活动，特别是手指的灵巧活动。比如，若切断猴子一侧的皮层脊髓束后，再刺激其初级运动皮层，将会发现，切断侧的皮层刺激虽仍能引发运动，但运动的种类将大为减少，且多为近端肌肉的运动。换句话说，皮层脊髓束的主要任务是将运动信息传递给肢体远端的肌肉，并控制远端肌肉的运动。

皮层脊髓束到底是怎样控制脊髓运动神经元的呢？其实，这种控制可分为直接控制和间接控制两种。

先看直接控制。若用适当的电流去刺激猴子的初级运动皮层，并记录脊髓运动神经元内由该刺激所引发的突触后电压，将会发现，皮层脊髓神经元只对一种特殊的脊髓运动神经元有着直接而强烈的兴奋性影响，特别是对肢体远端肌肉有着更大的影响。而且，单个脊髓运动神经元可由多个皮层脊髓神经元直接控制，其受控的区域有 2 至 10 立方毫米，其联系的区域更大，甚至可以分布于互相分开的，但其下行轴突将汇聚在一起的皮层区域中。另外，单个皮层脊髓神经元下行的轴突，会在脊髓中产生许多分支，并终止于支配不同肌肉的运动神经元核中，从而对这些运动神经元产生影响。不过，这样的分支在控制手指肌肉运动神经元时，其分支的数目却很少，从而可以通过较专一的直接突触联系来实现手指的精细运动。

再看间接控制。其实，除了上述直接控制外，皮层脊髓神经元还可以通过上颈段脊髓本体神经元等来间接影响位于颈膨大处的、支配前臂肌肉的运动神经元，也可以经过某些抑制性的中间神经元来间接抑制运动神经元。皮层运动区还可以通过位于脑干的神经核团来间接控制脊髓运动神经元，这是因为在皮层运动区的各个部分，都有一些神经元会投射到脑干的网状脊髓神经元及其下行的神经元。

由于皮层脊髓束是在哺乳动物身上才开始进化出来的，并直到灵长类动物身上才开始与控制肢体远端肌肉的运动神经元相联系，所以只有灵长类动物的皮层脊髓束受损后才会引发明显的运动缺陷，比如，失去对四肢远端肌肉的精细而灵巧的控制等。此外，若皮层脊髓前束受损，则会使近端肌肉失去控制，导致躯体失衡和行走困难等。

若按控制随意运动的功能来细分，大脑皮层运动区还可分为初级运动区、次级运动区（包括辅助运动区和前运动皮层）、后顶叶皮层和背侧前额叶等区。下面对这些不同分区的运动控制功能分别进行简要介绍。

1．初级运动区的运动功能

初级运动区主要执行被选定的随意运动，它与肌肉间有着更直接的联系。若用脑机接口的电流来刺激初级运动区，将引起简单的特定性动作，且所需的阈值最低。若损伤了灵长类动物的初级运动区，将引起不同程度的瘫痪。为了说清初级运动区的运动功能，需要先说清它的三个躯体定位特征。

特征一，精细的功能定位，即一定区域的初级运动区皮层将支配一定部位的肌肉。

特征二，交叉性支配躯体运动，即本侧初级运动区支配对侧的躯体肌肉，在头部却比较特殊：除舌肌和下部面肌主要受对侧支配外，其他部分都主要是双侧性支配，即既支配本侧也支配对侧。

特征三，运动代表区（大脑地图）的面积与运动复杂性和精细性都有关，即运动越复杂越精细，皮层相应运动区的面积就越大，比如，手指和面部的代表区就明显大于其他代表区。

到目前为止，实验结果已经证实了初级运动区皮层的几个主要运动功能，即初级运动区皮层不但在肌肉放电 10 至 100 毫秒前参与了运动指令的发起，还参与了肌力参数的编码（运动皮层神经元的放电频率越高，它所控制的肌肉的力量就越大；运动越精细，神经元的放电也就越频繁），更参与了运动方向参数的编码（神经元群体放电活动的矢量叠加，基本决定了运动的方向）。实际上，很多运动参数都可以由运动皮层内神经元群体的放电活动来决定，这一点早已在本书的上篇（脑电图）和中篇（大脑地图）中就有所论述了。

2．次级运动区（包括辅助运动区和前运动皮层）的运动功能

次级运动区的主要任务是选择和准备合适的随意运动。次级运动区与肌肉之间相隔着更多突触，在功能上更复杂，只在一些特殊的运动场合才会放电。若用脑机接口的电流去激发次级运动区，虽然也能引起某些运动，但所需的刺激强度较大，引起的运动种类较少，运动的复杂度也较高。若只损伤灵长类动物的次级运动区，将只引起不明显且较特定的运动障碍。

具体来说，次级运动区中的辅助运动区参与了对躯体双侧运动的协调和控制，因此，辅助区受损的猴子会失去选择合适运动的能力，其双手的协调能力也会受到影响。辅助运动区还与多种运动的准备有关，比如，人类在进行随意运动 800 至 1000 毫秒前，在颅顶处就会出现一个负向的持续电压，它反映了运动的准备过程。准备时间的长短与即将开始的动作的复杂性和精确性密切相关：动作越复杂，所需的准备时间就越长；选择的可能性越多，准备时间就越长等。若再细分的话，在辅助运动区中，前辅助运动区参与了高层次的运动控制，新辅助运动区参与了较简单的运动控制。

次级运动区中的前运动皮层的运动功能主要有以下两个。

一是它参与了肢体的合适运动方式的选择和控制。这是因为前运动皮层接受了后顶叶皮层的投射，获得了大量视觉和躯体感觉信息，使得其中的许多神经元既有躯体感觉，又能对视觉输入做出反应，且在按视觉提示进行运动时有较强的放电现象。

二是它参与了躯体中轴肌肉及肢体近侧肌肉的控制活动，比如，控制躯干和手臂伸向目标等。另外，前运动皮层在运动的准备过程中也发挥了一定的作用，这是因为，不少前运动皮层神经元会在准备做一些特定的、带有方向性的动作时放电。

3．后顶叶皮层的运动功能

后顶叶皮层主要汇总视觉和躯体感觉等客观信息，参与随意运动空间控制的编程。后顶叶皮层的主要运动功能是，它能为引导运动而产生一个参考框架。这是因为任何运动的顺利执行都需要对感觉传入信息进行整合，后顶叶皮层刚好又接受了大量来自视觉皮层和躯体感觉皮层的纤维投射，所以它能汇总整合这些运动目标（空间位置等）和躯体状态（肢体位置、对目标的兴趣等）信息，从而能有效引导后续运动。

特别有趣的是，在人类和猴子的后顶叶皮层中，还有几类特殊的神经元，一类只有在手臂伸向某个感兴趣物体时才放电，另一类则只有在用手触摸某个感兴趣物体时才放电，还有一类只有在眼睛移向感兴趣物体时才放电，在无目的眼球移动过程中则不放电。另外，左右两侧的后顶叶皮层分别热心于加工不同的信息，比如，左侧与语言文字信息的处理有关，右侧则与空间位置信息的处理有关。后顶叶皮层受损者将无法获知躯体某侧的触觉或视觉信息，无法得出正确的空间坐标，无法正确完成相关动作等，相关例子已在中篇描述过了，这里就不再重复了。

4．背侧前额叶区的运动功能

背侧前额叶主要决定选择正确的随意运动种类。背侧前额叶参与了随意运动的许多高级功能的执行指令发布，比如，决定该做什么和不该做什么等。实际上，随意运动的两个关键信号是运动指令信号和执行信号，而背侧前额叶中的神经元会在指令信号出现后到指令被执行之前的这段时间内，产生明显的放电活动。若在这段等待期，神经元的放电活动与指令信号所产生的特征性放电活动不符，则会在执行信号出现后，发生不符合预计要求的动作。所以，背侧前额叶受损者将不能准确完成延时反应操作，即他们虽能基本正确地完成即刻反应的动作，但当在动作中加入了延时后，他就会逐渐忘记，并在执行信号出现时无法正确完成该动作。

脑机接口需要重点关注的大脑皮层运动区的神经通路主要有两类，一类是传入网络，另一类是反馈环路。

先看传入网络（大脑皮层运动区从多个方面接收到的传入）。它主要包括大脑皮层下结构的传入网络和其他皮层部位的传入网络。

大脑皮层下结构的传入网络主要包括互不重叠的外周传入网络(其通路为：外周感受器→脊髓→丘脑→运动皮层)、小脑传入网络（其通路有两条，分别为：通路 1，齿状核嘴端→丘脑→初级运动皮层；通路 2，齿状核尾端→丘脑核区→外侧前运动皮层→初级运动皮层)、苍白球传入网络（其通路为：苍白球→丘脑→辅助运动区→初级运动皮层）等。

其他皮层部位的传入网络中的通路又可分为同侧皮层网络和对侧皮层网络，分别介绍如下。

在同侧皮层网络中，初级运动皮层与躯体感觉皮层有着双向联系，一方面，初级运动皮层接受按躯体定位方式进行的躯体感觉皮层的投射，获得皮肤和本体的感觉信息；另一方面，初级运动皮层也会反过来投射到躯体感觉皮层，提供相关运动指令。更进一步地说，这种双向联系还受到后顶叶皮层和前额叶联络皮层的影响；然而，后顶叶皮层又接受前庭系统和躯体感觉皮层的投射，从而得到躯体的空间感知信息，比如，肢体的位置、头部空间位置和躯体与外界物体的相互关系等；后顶叶皮层又接受视觉皮层的投射，将视觉信息与躯体空间感知信息加以整合，进而投射到小脑和前运动皮层。

在对侧皮层网络中，初级运动皮层与对侧初级运动皮层之间存在着纤维联系；这种联系有助于协调两侧的肌肉群，能将双侧的控制躯干中线肌肉和肢体近侧肌肉联系起来。不过，两侧运动皮层的手区和足区之间却没有这种纤维联系。

再看反馈环路。其实，运动皮层神经元的传入和传出之间存在着密切联系，运动皮层神经元也接收它所控制的肌肉内的感受器的传入信息，从而构成了一个经过运动皮层控制肌肉收缩的反馈环路，它将有助于肢体克服运动过程中发生的意外障碍。例如，当运动滞后时，肌梭初级末梢的传入放电就会增加，这不但会通过脊髓引起牵张反射，还将使运动皮层神经元的放电增加，再经运动神经元增强肌肉的收缩，从而解决滞后问题。

总之，大脑皮层运动区中的不同部位，都在随意运动的控制中起着不同的作用，但许多功能特征都可由各运动区所共享，只是各有偏重而已，并且它们在功能上的分工也只是相对的和时变的。

10.5 小脑对运动的控制

小脑进化也经历了相当漫长的过程，最早的原始小脑出现在圆口类的七鳃鳗身上。但大多数鱼类的小脑并不发达，不但体积小，还表面光滑，甚至只是横跨第四脑室的一小块凸起顶壁。但鲨鱼的小脑较大，表面甚至已开始出现沟裂。两栖类动物小脑的表面也缺乏沟回，但少数龟类的小脑已比较发达。爬行类动物小脑的内部已开始出现神经核团，这标志着小脑联系增多。鸟类的小脑非常发达，不但体积大，表面沟回也紧凑，特别是它们位于内侧的新小脑部分更发达。到了哺乳类动物，小脑得到进一步发展，新小脑、旧小脑及古小脑分区清楚，表面的沟回变得更为复杂，神经核团更为发达，生理功能也更为完善和重要，以至于成了中枢神经系统中最大的运动调节机构。

从运动角度来看，人类小脑的主要作用是维持躯体平衡，调节肌肉张力和协调随意运动。小脑其实并不直接发起运动，也不直接指挥肌肉活动，而是作为一个运动调节中枢来配合大脑皮层完成各种运动机能，小脑还能在技巧性运动的学习方面发挥重要作用。小脑的传入纤维主要来自前庭、脊髓、大脑皮层和下丘脑等处，分别投射于小脑核团和小脑皮层。小脑皮层的传出纤维就是浦肯野细胞的轴突，多数都投射到小脑核团上；而小脑核团神经元轴突组成的离核纤维，则构成了整个小脑的传出纤维，它投射到大脑皮层的诸多与运动相关的脑区。此外，也有一小部分浦肯野细胞不经小脑核团就直接投射到了前庭核上。总之，所有进出小脑的传入和传出纤维都必须经过三对小脑脚，分别叫作小脑上脚、小脑中脚和小脑下脚。

小脑的分区方法有多种，其中之一就是所谓的纵区分法，即从生理结构上将小脑从内侧向外侧，按纵向分割为三个区域：内侧区、中间区和外侧区。其中，内侧区（蚓部）皮层的浦肯野细胞控制了躯体近端（体轴）肌肉的活动，中间区（蚓旁部）主要调节躯体远端（肢体）肌肉的活动；外侧区（小脑半球）通过齿状核与大脑皮层运动区和前运动区相联系，参与随意运动的计划和编程。

与大脑相比，小脑皮层的物质成分相对简单，只含五种神经元，即浦肯野细胞、颗粒细胞、篮状细胞、星状细胞和高尔基细胞，且其中的浦肯野细胞是主体，其轴突构成了小脑皮层的唯一传出路径（也是今后脑机接口可能发挥作用的神经路径之一），而其他四种神经元则都只是小脑皮层神经回路的中间神经元。小脑的传入纤维和局部中间神经元，以浦肯野细胞为中心构成了小脑皮层感觉运动整合的神经元环路。

小脑皮层中也只有三种传入纤维，分别是苔状纤维、爬行纤维和与本书主题关系不大的多层纤维，所以，下面只介绍前两种纤维。

苔状纤维发射的电流频率较高，它能使浦肯野细胞产生 20 至 150 赫兹的高频简单峰电压，从而使浦肯野细胞能在较大频谱范围内对输入信号的变化做出反应，也就是说，或增加放电或减少放电。随意运动或感觉刺激也可以提高或降低浦肯野细胞的简单峰电压发射频率，这说明，苔状纤维向小脑适时提供了外周本体感觉和皮肤感觉的强度编码信息和时间编码信息，比如，运动的方向、速度和力量等与机体运动过程直接相关的信息。

爬行纤维的运动功能主要有以下两个。一是爬行纤维可以向小脑传递肢体运动方向和速度的相关信息。二是爬行纤维可以向小脑提供运动执行过程中实际的躯体运动状态与中枢运动指令之间的信息误差。比如，当小猫的行走步伐受到干扰时，它的浦肯野细胞的复杂峰电压发射会明显增多，从而也引起简单峰电压发射频率的变化。

脑机接口能在小脑皮层中发挥作用的传入神经回路是这样的：苔状纤维和爬行纤维在进入小脑后，首先发出侧支到达小脑核团，并以它们的兴奋性作用激活小脑核团神经元，这样就构成了小脑感觉运动整合活动的初级环路，它的输出活动可因浦肯野细胞对小脑核团神经元的强烈抑制作用而被调制。此外，浦肯野细胞本身也会接收苔状纤维和爬行纤维的兴奋性传入，其活动还会受到小脑皮层中抑制性局部中间神经元的调制。于是，最终到达小脑皮层的全部传入信息便被小脑皮层神经元环路整合成浦肯野细胞的抑制性输出，并由其对小脑核团神经元的紧张性放电活动进行“抑制性的雕刻”，即将小脑核团神经元的紧张性放电活动调制成特定形式的动作电压序列，再由小脑核团神经元轴突将最终的整合信息传输到中枢神经其他运动结构神经元，从而间接调节了骨骼肌的收缩活动，实现了小脑的运动调节功能。

若只考虑其神经连接和功能特点，小脑又可划分为三个功能区，分别称为前庭小脑、脊髓小脑和皮层小脑。它们主要分别接收前庭系统、脊髓和大脑皮层的传入，而且它们的传出也相应地主要作用于前庭核、脊髓和大脑皮层。

其中，前庭小脑与运动相关的功能主要包括：

第一，前庭小脑中的绒球小结叶有助于维持躯体姿势和平衡。

躯体的平衡调节是一个反射活动，绒球小结叶是该反射活动的中枢装置。躯体平衡变化的信息由前庭器官所感知，经前庭神经和前庭核传入绒球小结叶，小脑再据此发出对躯体平衡的调节冲动，经前庭脊髓束到达脊髓前角运动神经元，再到达肌肉，协调有关肌肉群的运动和张力，从而使躯体保持平衡。

例如，直立的你后仰头部时，膝和踝关节将自行启动屈曲运动，以对抗头部后仰所造成的身体重心转移，使身体保持平衡。在该过程中，膝与踝关节之所以会为配合头向后仰而完成辅助性的屈曲运动，是因为小脑发出了调节性冲动，从而协调了有关肌肉的运动和张力。若绒球小结叶受损，躯体的平衡机能将被破坏，比如，切除了绒球小结叶的猴子就不能站立，否则就会因失去平衡而跌倒。不过，前庭小脑受损后并不会影响四肢的运动，比如，当伤者躺下或得到扶持时，其四肢仍能完好地执行随意运动和姿势反射运动等。

第二，前庭小脑有助于控制眼球运动。

前庭小脑也接收部分视觉传入，它到达内侧前庭核的纤维可进一步通过内侧纵束连接眼外肌运动核，并通过这里的神经传出控制眼球运动，并协调头部运动时的凝视运动，确保眼球能保持清晰的视像。前庭小脑受损者可能出现自发性的眼球震颤等。

第三，前庭小脑有助于运动的视觉监视。

这是因为前庭小脑不仅接收与调控眼球运动或追踪视像相关的脑区的苔状纤维的传入，也接收被视网膜刺激而激活的爬行纤维的输入。

脊髓小脑能利用外周感觉反馈信息来控制肌肉的张力并调节行进中的运动，配合大脑皮层对随意运动进行适时管理。具体来说，脊髓小脑与运动相关的主要功能有以下两个。

一是脊髓小脑有助于协调随意运动。

脊髓小脑受损将出现笨拙而不准确的协调性紊乱状态。随意运动是大脑皮层发动的意向性运动，而对随意运动的协调则是由脊髓小脑中的新小脑完成的，实际上，脊髓小脑是中枢运动控制信息和外周感觉反馈信息的汇聚点。在大脑皮层与脊髓小脑之间存在着双向神经连接，大脑皮层发出传导运动信息的锥体束在下行过程中将有侧支在脑桥核转换神经元，再由此发出纤维进入小脑；而小脑向大脑皮层的投射，则是由新小脑皮层的浦肯野细胞的轴突投射到深部的齿状核，再由齿状核发出纤维传出小脑，经丘脑腹外侧核到达大脑皮层的运动区。大脑皮层运动区在向脊髓发出运动指令的同时，也会通过锥体束的侧支向脊髓小脑输入运动指令的副本，这个内部反馈过程至少涉及三条神经通路：“皮层→脑桥→小脑”“皮层→网状→小脑”和“皮层→橄榄→小脑”。

此外，由运动指令所引发的随意运动，也激活了肌肉和关节感受器等，它们的传入冲动会使脊髓小脑获得大量的有关运动执行情况的外部反馈信息。小脑通过对上述内部和外部反馈信息的整合，便能察觉运动执行情况与运动指令之间的误差，向大脑皮层发出校正信号来修正皮层运动区的活动，以使它能符合运动的实际情况；同时，向下间接地调节外周肌肉装置的活动，纠正运动偏差，使运动按中枢运动指令预定目标和预定轨道正确执行。

二是脊髓小脑中的前叶蚓部有助于调节肌紧张。

肌紧张是肌肉中不同肌纤维群轮流收缩，使整个肌肉处于经常性的轻度收缩状态，从而维持了躯体姿势的一种基本反射活动。脊髓小脑对肌紧张的调节作用表现为抑制肌紧张和易化肌紧张两方面，它们分别通过脑干网状结构中的肌紧张抑制区和易化区来实现。这两个区是控制骨骼肌紧张的中枢部位，它们通过下行的网状脊髓束来控制某些特殊运动神经元的活动。

具体来说，易化区的下行冲动可以加强特殊运动神经元的活动，使肌紧张加强；而抑制区则可减弱特殊运动神经元的活动，使肌紧张减弱。在正常情况下，脑干网状结构的肌紧张抑制区和易化区的活动，在脊髓小脑等的影响下会保持动态平衡，从而使肌紧张维持正常状态，如果由于某种原因加强或减弱了脊髓小脑对脑干网状结构肌紧张抑制区或易化区的影响，将会破坏原有的平衡，使肌紧张活动加强或减弱。

在生物进化过程中，脊髓小脑抑制肌肉紧张的作用在逐渐减退，而易化作用则在逐渐增强，甚至在人类身上，已经主要剩下易化作用了，比如，脊髓小脑受损者将会四肢乏力、肌张力减退等。

皮层小脑与运动相关的功能主要表现在，它参与了随意运动的发起和计划，并可能为运动定时。具体来说有以下两点。

首先，皮层小脑能参与随意运动的计划和运动程序的编制工作。

皮层小脑能接收并处理来自感觉联络皮层的运动意念信息，编制运动指令并将该指令交给前运动皮层和运动皮层去执行。比如，在猴子的腕关节做屈伸运动时，其齿状核细胞的放电变化将发生在运动起始之前约 100 毫秒处，因此，皮层小脑确实参与了随意运动的计划和运动程序的编制工作。皮层小脑外侧区受损者将会出现运动迟缓的状态，而且他过去已掌握的快速且熟练的动作也会被遗忘。

其次，皮层小脑也可能参与运动的定时工作。

形象地说，皮层小脑外侧可能是中枢神经系统的“时钟”，比如，冷冻失活猴子皮层小脑中的齿状核后，猴子在快速运动其肘关节时，其二头肌的收缩时间会明显延长，而三头肌收缩的起始时间却会明显推迟，肌肉舒缩活动的时间安排会出现混乱状况。

此外，小脑还具有运动学习功能，即它能在感觉传入信息的不断刺激下，重塑其运动神经网络，从而使得机体能完成某些新式动作。该功能自然也是内涵型 AI 的重要兴趣点，若能通过脑机接口“拷贝”出天才的感觉传出信息，然后用这些信息来代替上述的感觉传入信息去反复刺激普通人的小脑，便能使普通人迅速掌握天才的新式动作技巧。

小脑之所以具有运动学习功能，是因为爬行纤维传入的特定突触作用导致了平行纤维和浦肯野细胞突触发生了可塑性变化，从而赋予了小脑神经元环路的运动学习能力。突触可塑性的生理学证据至少有：若用 4 赫兹的连续电脉冲去同时刺激爬行纤维和苔状纤维，便可长时程（1 小时或更长）地减弱浦肯野细胞对苔状纤维传入的反应，这种现象称为长时程压抑，它与运动学习密切相关。

比如，当头向一侧转动时，由于前庭受到刺激就会引起眼球向另一侧等速运动，使得眼睛能注视固定目标；这种眼球运动其实是一种补偿性的反射运动，称为“前庭－眼反射”。如果人为减小受试者的视野，就会使得正常“前庭－眼反射”的补偿与视野不再匹配，眼球会过度运动或运动不足，从而造成视觉模糊。经过适当训练后，受试者的“前庭－眼反射”补偿又会与新视野逐渐匹配，最终获得清晰的物像。如果用手术切除了小脑绒球叶或连接绒球叶的爬行纤维通路，那么，“前庭－眼反射”的可塑性将会彻底消失。

10.6　基底核的运动调节

基底核是从端脑衍生的若干相互联系的皮层下神经核团的总称，是大脑进化过程中最古老的区域之一，在诸如学习、认知和情感等众多方面都扮演着重要角色。不过，本节只聚集于基底核的运动调节功能，准确地说是基底核在整合、优化和精确调节运动方面的作用。

实际上，基底核本身并不直接发起或执行运动，它只通过调节肌肉张力、协调联合运动和维持姿势等办法，来与小脑一起配合皮层完成运动功能，比如，稳定随意运动、控制肌肉紧张、处理本体感觉传入冲动信息，以及形成精巧运动等。基底核从皮层接收大量的神经纤维投射，并将接收到的信息加工处理后，再经丘脑返回皮层。因此，基底核一旦受损，将会出现许多奇怪的运动障碍性神经疾病，这就从另一方面揭示了基底核与运动的密切联系。

若从解剖学角度看，基底核并无统一定义，泛指从端脑腹侧壁发育出来的若干相互联系的皮层下神经核团，主要包括黑质、壳核、尾状核、豆状核、苍白球和丘脑底核等。其中，壳核与尾状核在进化上较为先进且具有功能上的联系，故将它俩合称为新纹状体；而苍白球较为古老，故称作旧纹状体。若从功能上看，基底核可分为五个部分：纹状体、苍白球外侧部、苍白球内侧部与黑质网状部的复合体、黑质致密部、丘脑底核，其中参与运动调节活动的主要部分是基底核中的纹状体。

实际上，实验表明，若用电流只刺激动物的纹状体，将不会引起运动效应；但是，若在刺激大脑皮层运动区的同时，也刺激纹状体中的尾状核或苍白球，则皮层运动区发出的运动反应将被迅速抑制，并在刺激停止后抑制效应还会继续存留一段时间。若猴子的单侧苍白球受损，则对侧上肢的运用就不再灵便。人在清醒时，若记录其苍白球单个神经元的放电情况，那么当肢体进行随意运动时，神经元活动会发生明显变化。比如，有的神经元在肢体屈曲时就会增加放电，这说明基底核与随意运动确实有关。

上述实验虽足以表明基底核与运动之间确实存在密切联系，但基底核到底是如何调节躯体运动的呢？到目前为止，人们已经知道，基底核的纹状体在参与运动行为的调节过程中扮演了主要角色，其核心功能在于：它对皮层下行的运动信息进行加工处理，然后返回大脑皮层。而纹状体的主要传入运动纤维又可再细分为感觉运动纹状体、辅助运动纹状体和边缘纹状体等。其中，感觉运动纹状体，主要接收来自运动、前运动、辅助运动、扣带运动皮层区及躯体感觉皮层的传入纤维；辅助运动纹状体，主要接收来自辅助皮层区（如前额叶、颞叶、顶后和枕前皮层，以及视区前、辅助视区等）的传入纤维；边缘纹状体，主要接收来自扣带回或扣带回旁皮层区的传入纤维，且该纤维末梢会释放兴奋性神经递质。

纹状体的主要传出运动纤维，又可细分为苍白球丘脑纤维和苍白球被盖纤维两种。其中，苍白球丘脑纤维与中央中核的联系接通了

"纹状体→苍白球→中央中核→纹状体"神经回路，该回路的活动既受中央前回至中央中核的投射调节，又发出兴奋性的投射到大脑皮层的前运动区和辅助运动区。于是，基底核便能调节锥体束和皮层网状脊髓束的大部分运动纤维的活动。苍白球被盖纤维可影响脑干网状结构，再通过网状脊髓束来调节脊髓控制的运动；苍白球还可以发出纤维到上丘及中脑被盖，并调节眼球运动。

基底核调节运动的功能是通过大脑皮层中与运动关联的区域而间接实现的，而这种关联可概括为三个神经回路，它们既是今后脑机接口可能发挥作用的地方，也是目前用来解释基底核的运动功能的直接和间接神经回路。在这些回路中，纹状体是运动信息输入的门户，接受大脑运动皮层的兴奋性或抑制性传入；丘脑是运动信息的输出门户，它将整合后的神经冲动投射至大脑运动皮层。具体来说，这三个神经回路分别是：

神经回路之一，大脑皮层→新纹状体→苍白球内侧→丘脑→皮层。此时，从大脑皮层的运动区、联合区、边缘区、躯体感觉区，甚至顶叶等相当广泛的区域发出的皮层纹状体纤维，将按一定的定位排列投射到同侧的新纹状体；从新纹状体发出的纤维，也按一定的定位排列止于苍白球内侧部；从苍白球内侧部发出的纤维，止于丘脑腹前核、腹外侧、内侧背核和中央中核等处。最后，从丘脑的腹前核和腹外侧核发出的纤维，也按一定的定位排列投射到大脑皮层的两个与运动皮层有密切往返关系的区域，即辅助运动区和前运动皮层区。

神经回路之二，大脑皮层→新纹状体→苍白球外侧→丘脑底核→苍白球内侧→丘脑→皮层。此时，投射到苍白球外侧的纤维源自新纹状体，丘脑底核与苍白球外侧的往返通路都以谷氨酸为递质，其中也包含绕过丘脑底核的从苍白球外侧到达内侧的通路。

神经回路之三，大脑皮层→新纹状体→黑质→丘脑→皮层。此时，黑质网状带是基底核的主要输出单位之一，从大脑皮层投射到新纹状体后，再按一定的定位排列投射到黑质网状带，然后从黑质网状带投射到丘脑的腹前核和腹外侧核，再返回大脑皮层的运动区和运动前区，从而形成直接回路。另外，从尾状核到黑质之间还存在着具有局部定位特征的往返纤维联系，这便是间接回路。

上述直接回路主要是兴奋黑质网状带传出神经元，它可减少基底核的输出，而间接回路活动则可增加基底核的输出。基底核输出投射到丘脑，对丘脑至皮层辅助运动区的反馈活动会产生抑制性作用。直接回路与间接回路之间的活动平衡，对正常运动的实现起着非常重要的作用；基底核的输出取决于直接回路与间接回路活动的相对强弱。

至今比较流行的关于上述基底核神经回路对运动的调节机制主要有以下两个。

机制之一，基底核参与了动作的选择和启动，而且上述第一个神经回路是实现该功能的主要结构基础。此外，基底核神经回路同时还具有情感、联想和认知功能，基底核还是“纠错员”，其中纹状体是一个中枢选择装置，它接收来自全部大脑皮层的投射，并能整合所有的皮层传入。在上述三个神经回路中，基底核还会阻止高级运动中枢下达的不当运动指令，因此，可对随意运动进行适当的选择和启动。

机制之二，上述神经回路之三的基底核直接回路和间接回路共同调节了运动结果。这是因为，基底核各部分的结构和功能都具有非均等性，不同区域和不同类型的细胞将接收和执行不同的功能，源自纹状体的投射纤维可以有双重输出，有些神经元通过直接输出通路投射到苍白球内侧和黑质网状带，另一些神经元则通过间接输出通路投射到苍白球外侧。直接回路和间接回路向基底核的输出相互对抗，直接回路提供抑制性输入，而间接回路则提供兴奋性输入。源自基底核输出核团的双重投射纤维，会进一步按相应结构排列投射到不同的丘脑核团。而不同的丘脑核团神经元发出的神经纤维，最后都将集中投射到相同的皮层区的不同层次。总之，大脑皮层通过纹状体纤维来传送运动信息，这些信息经过直接和间接回路整合后，再通过丘脑核团传回大脑皮层，最终实现基底核对运动的调节。

综上所述，基底核确实通过不同的神经回路参与了运动的计划和启动、新运动的掌握、动作的排序、对新刺激信号的运动反应等躯体运动调节活动。

关于基底核的运动调节机制，虽仍有许多细节未能搞清楚，但是我们可通过若干反例来说明基底核损害后将会对运动失调造成什么后果。

比如，纹状体受损将导致随意运动速度减慢、姿势异常和各种形式的不由自主地颤动，这些颤动与受损部位和方式密切相关。比如，单侧壳核受损，可导致对侧肢体的运动迟缓，并伴有能及时启动的对抗性肌肉活动增强；苍白球受损，将导致随意运动迟缓和不由自主的姿势；单侧苍白球受损，将导致运动迟缓和对抗肌肉的主动异常收缩，并使肌张力增大，但不影响运动的启动；双侧苍白球受损，将主要影响屈肌，造成典型的前驱动作，使得患者不易前行；丘脑底核受损，将导致对侧肢体的非自主运动；黑质网状部受损，将导致不自主的躯体和躯干运动以及眼动；黑质致密带受损，将导致静止性震颤、运动迟缓、运动不能、肌张力增高和姿势平衡障碍等。

归纳而言，基底核神经回路紊乱将导致两大类运动性障碍：一是因运动过多而造成肌张力不全的疾病，如舞蹈病等；二是因运动过少而造成肌张力过高的疾病，如帕金森病等。

其中，舞蹈病主要源于纹状体受损，其早期症状还较轻，患者只是相对不安宁，注意力不集中，肢体动作笨拙，字迹歪斜和手持物经常失落等。但在病情的中后期，患者将展现奇怪的舞蹈动作，如极快的、不规则的、无目的和不自主的运动。这些舞蹈动作起初只出现在面部某侧或一肢，后来逐渐扩大到一侧，再蔓延至对侧，直至行走、坐立、穿衣、握笔等都会发生障碍，面部出现皱褶、挤眉、弄眼、伸舌等奇异表情，严重时可有语言、咀嚼及吞咽困难，甚至出现意识模糊、妄想、幻觉、躁动、木僵等情况，患者的脑电图会出现异常慢波。这些舞蹈动作，还会在注意力集中或情绪激动时加重，在入睡后却消失。此外，舞蹈症患者的肌力常显得减弱，肌张力普遍降低，各关节可过度伸直，膝腱反射常常会消失，在感觉方面却无障碍。多数患者情绪不稳，容易兴奋失眠。

至于大家都比较熟悉的帕金森病，它主要源于基底核中的黑质受损等，它的病态表现包括肌紧张增高、肌肉强直、随意运动减少、动作缓慢、面部表情呆板。此外，患者还常伴有静止性震颤，即在静止时，患者的上肢（尤其是手部）、下肢或头部会出现每秒 4 至 6 次的震颤，情绪激动时还会加剧，但在进入自主运动时震颤会减少，入睡后震颤会停止。如果切断患者的苍白球至丘脑外侧腹核的神经纤维联系，静止性震颤将会消失。

这里为什么要详细介绍舞蹈病和帕金森病的症状呢？其实，我们还是想在本书的正文结束之际，再次用病例来提醒今后的脑机接口专家，若要在人身上实施脑机接口（特别是微观型脑机接口）实验，切不可鲁莽行事，毕竟在神经系统（特别是大脑）中搭线是相当危险的，至少在可见的将来是相当危险的。因此，宏观型或中观型脑机接口也许是近期的重点和可能的突破点，它们的若干具体应用也必将大规模商业化，但对微观型脑机接口也不可轻言放弃，否则内涵型 AI 将难以上台阶。

跋

早在三十多年前的1991年，我们就开始了人工智能研究，并在人工神经网络理论方面发表了十余篇论著（比如文献[7]和[35]至[46]等），但从整体上来看，我们的这次科研尝试是失败的，因为紧接着就出现了全球性的人工智能低潮，甚至连人工神经网络都变得无人问津。后来，大约在2003年，本书第一作者又配合时任北京邮电大学副校长钟义信教授等，将中国人工智能学会的业务主管单位成功地由中国社会科学院转为中国科学技术协会，并亲自出任了五年左右的中国人工智能学会秘书长，为推动中国人工智能的全面发展尽了绵薄之力。待到人工智能的最新一次高潮在近几年掀起时，我们早已退出江湖，只能眼巴巴地观赏诸如机器翻译、自动驾驶和深度学习等时髦成果的井喷。

幸好以脑机接口为代表的新型人工智能（本书称之为内涵型AI）即将登场，幸好以马斯克为代表的一批超人也开始全力以赴推进脑机接口的研究和应用，幸好全球IT界的脑机接口水平都差不多一样低，幸好神经科学界还顾不过来考虑脑机接口在健康人身上的大规模商业化应用，所以我们才有机会重入江湖，在不太落后的情况下，重新捡起人工智能课题，开始思考内涵型AI的未来，以弥补自己曾经在人工智能领域中的遗憾。但是，当你轻松读罢全书后，你一定会发现，原来此书是一部跨度非常大的全民科技读物，其创作难度既不限于IT领域，也不限于神经科学领域，毕竟我们是在无法将相关新知识瞬间“下载”到大脑中的情况下，依靠最笨的传统办法，在反复阅读了大量生物学著作（当然也包括大量IT类著作）后，才在浩瀚的神经科学和信息科学的大海中捞出了几根可用于内涵型AI脑机接口的“绣花针”。

在本书的创作过程中，我们确实曾数次放弃，又数次重新捡起；数次另起炉灶，又数次咬牙坚持，最终才总算几易其稿勉强完成了你刚刚阅读过的这部拙作。若用本书正文中的话来说，为了撰写本书，我们的宏观脑电图、中观大脑地图和微观神经回路都早已被重塑或“雕刻”若干次了。可惜，我们无法向读者朋友描述自己大脑中的这些“雕刻”细节；不过，下面我们将借助神经科学家的既定成果来告诉大家，在每个人从小到大的成长过程中，普通人到底是如何自我“雕刻”大脑的，以及是如何整合神经系统的，但愿某天这些“雕刻”任务（或其中的部分任务）能在合适的时间，由脑机接口在普通人身上的合适地点来自动完成。

实际上，人的大脑“雕刻”工作，早在怀孕初期就开始了；人脑各神经区域是一个接一个地活跃起来的，也是一个接一个地互相发生联系的。人脑的自然“雕刻”有其普适的时间表，比如，胎儿期首先发展的是神经系统的低级部位，以后大脑两半球也发展起来，故婴幼儿期是各类学习的关键时刻，此时若能给予最好、最丰富、最适宜的刺激，将会“雕刻”出最佳大脑，甚至是天才的大脑。

从受孕开始，人脑“雕刻”的主要过程大概包括：

妊娠3至4周时，诱导及原始神经胚的形成达到高峰；妊娠10至12周时，神经母细胞开始增殖、增厚形成神经板，进而向内凹陷形成神经沟，神经沟闭合形成神经管，神经管的前端不断膨胀形成三个囊，即前脑、中脑和后脑的雏形，它们为随后发育成神经系统奠定了基础。与此同时，沿神经板内陷的边缘处会出现神经嵴，它们其实是神经管外侧的左右两条细胞索。神经嵴细胞在神经管闭合时或稍后即开始移行，逐渐分化成脑神经节、脊神经节和自主性神经系统。

妊娠 2 至 3 个月时，前脑的发育达到高峰，并为视囊、嗅球、侧脑室、基底核、胼胝体和下丘脑等结构的发育奠定了基础。具体来说，在妊娠的第 4 周末，脑的早期神经管头段就形成了三个膨大，由前到后分别为前脑泡、中脑泡和菱脑泡。该结构演变至第 5 周时，前脑泡的头端向两侧膨大，形成左右两个端脑，以后演变为大脑两半球；前脑泡的尾端则形成间脑中脑泡，演变为中脑；菱脑泡演变为头侧的后脑和尾侧的末脑；后脑演变为脑桥和小脑；末脑演变为延髓脑的内腔成为脑室和中脑导水管等。

在妊娠的前 3 个月中，脊髓与脊柱的长度相同，其下端可达脊柱的尾骨。妊娠 3 个月后，脊柱增长更快，逐渐超越脊髓向尾端延伸，脊髓的位置相对上移。直至出生前，脊髓下端才与第 3 腰椎平齐，仅以线状的软脊膜终丝与尾骨相连。由于节段分布的脊神经均在胚胎早期形成，并从相应节段的椎间孔穿出，所以，当脊髓位置相对上移时，脊髓颈段以下的脊神经根会越来越斜向尾侧，位于腰、骶和尾段的脊神经根则在椎管内垂直下行，与终丝共同组成马尾。待到出生时，脊髓结构已较完善，功能基本具备，脊髓末端位于第 2 腰椎下缘。4 岁时，脊髓末端到达第 1 腰椎，直到 4 岁后才与成人相同。

妊娠 3 至 5 个月期间，神经细胞的增殖、移行与分化达到高峰。此时神经细胞开始从其“出生地”出发，经过长短不等的路程，迁移到预定位置，这对于脑的演化必不可少。神经细胞起初为圆形，称无极成神经细胞；以后发生两个突起，成为双极成神经细胞；双极成神经细胞朝向神经管腔一侧的突起退化消失，成为单极成神经细胞；伸向边缘层的一个突起迅速增长，形成原始轴突。单极成神经细胞内侧端又形成若干短突起，成为原始树突，于是成为多极成神经细胞。各极成神经细胞进一步生长分化为各极神经细胞。神经细胞属于分裂后细胞，一旦形成，就几乎不再分裂增殖。

妊娠 5 个月至出生后数年，突触连接及神经回路建立、树突发芽、神经膜兴奋性的形成等达到高峰。其中，新生儿的神经元数目已与成人相同，但其分化较差，直到 3 岁时神经细胞的分化才基本完成，8 岁时接近成人水平。新生儿神经细胞的突出极少，神经纤维也无髓鞘，8 个月左右神经髓的鞘化过程才达到高峰，直到 4 岁时鞘化过程才基本完成，出生后脑重的增加主要是因为神经细胞体积增大和树突的增多、加长，以及神经髓鞘的形成和发育。新生儿的大脑形态和结构也已与成人基本相似，比如，已有主要的沟回，但脑回较宽，脑沟较浅，皮层较薄，各个中枢均不成熟。即使是足月出生的婴儿，刚出生时也只有少量的非条件反射，如觅食、吸吮、握持和拥抱等；2 个月后，开始逐渐形成与视觉、听觉、味觉、嗅觉、触觉等关联的条件反射；3 至 4 个月后，开始出现兴奋性和抑制性条件反射；2 至 3 岁时，皮层抑制功能发育完善，待到 7 至 14 岁时皮层抑制调节功能达到一定强度。

婴儿出生后高级神经网络开始发展，比如，神经元之间的突触联系，在出生后的第 1 个月内会增长 20 倍。脑神经细胞之间的联系首先是因感觉刺激被上传到各级感觉神经中枢，才使得各级感觉神经中枢与内脏中枢、调整中枢、运动中枢、皮层联络中枢和运动神经中枢等彼此联系，比如，环境中的图像、声音、表情、家长的一举一动等，都会通过感觉系统记录在婴儿的脑神经网络中。从满月到 2 岁，小孩可以学会认识东西，并经多次重复后，听觉中枢可以记住并分辨某些名词所代表的含义；其间，婴儿还能学会一些动作，其语言感觉中枢也在逐渐成熟。满月后，婴儿睡眠时间明显缩短，有时还会主动与大人说话，喜欢紧盯大人的举止，不时发出特定语音。但此时神经对肌肉的支配能力还很弱，故不能准确发声。直到大约 2 岁时，语言感觉中枢和语言运动中枢的发育才趋于成熟，才可以学会儿歌和故事等。3 岁时，突触的形成达到 75%。后来，感觉中枢与运动中枢的发育才大体定型，青春期边缘系统成熟，青春后期额叶成熟；当然，中枢神经系统的突触联系终生都会不断地被有意或无意地“雕刻”，甚至今后可以用脑机接口来“雕刻”，毕竟，每“雕刻”出一串神经回路，就相当于掌握了一项知识或技能；“拷贝”出了天才的神经回路，也就相当于制造出了天才。

1 至 3 岁是婴儿认识事物、感知语言和表达思想的关键期，此时，他们喜欢模仿成人发音，观察周围的事物，试图用语言来表达意愿，主动与他人交流。3 至 5 岁的小孩开始喜欢提问，并努力记住相关答案，希望得到外界认可，还乐意自我表现，更愿意模仿。至于书面语言的识记和读写，以及人际关系处理能力等，则要在 6 至 7 岁才开始，这大概也是将学龄划分为 6 至 7 岁的神经学依据吧。

在视觉发育方面，新生儿已有视觉感应功能，瞳孔对光已有反应，在安静状态下已有短暂的注视能力，但只能看清 15 至 20 厘米内的物体；从第 2 个月起，头眼开始协调，直到第 3 至 4 个月时，这种协调已相当熟练，甚至头部可转动 180 度来追寻移动目标；直到第 5 至 7 个月时，目光已可以追随上下移动的物体，并出现眼手协调动作；从第 8 至 9 个月开始，已有视深度的感觉，能看到小物体；待到 18 个月时，已能区别各种形状；2 岁时两眼已能很好地协调，可区别垂线和横线；5 岁时能区别颜色；6 岁时视深度已充分发育。

在听觉发育方面，刚出生时由于中耳内有羊水滞留，听力较差，甚至根本听不到外界声音；3 至 7 天后，听觉已相当良好；3 至 4 个月时，已有定向反应，头部可转向声源，且在听到悦耳声音时还会微笑；6 个月时，已能对言语有清晰反应；7 至 9 个月时，已能确定声源，区别言语含义；1 岁时能听懂自己的名字；4 岁时听觉发育完善。

在味觉和嗅觉发育方面，刚出生时味觉已发育完善，4 至 5 个月时对食物味道的微小改变已很敏感。刚出生时嗅觉也已发育完善，3 至 4 个月时已能区分臭味，7 至 8 个月时开始对芳香气味有反应。刚出生时，眼、口、手掌和足底等部位的触觉已很灵敏，而前臂、大腿、躯干的触觉较迟缓；但痛觉的反应迟钝，直到 2 个月后才有痛觉。新生儿的温度觉很灵敏。

在知觉发育方面，5 至 6 个月后，才能对物体属性产生初步的综合性知觉，随着语言的发展，开始学会用词汇来概括某些感知的综合概念。1 岁时产生时空知觉，2 岁能辨上下，4 岁能辨前后，5 岁能辨左右，4 至 5 岁时开始形成时间概念。

总之，无论采取何种办法，只要你能将自己的神经系统塑造成天才的神经系统，那你就成了天才。婴儿神经系统的发育过程也许可帮助我们把握内涵型 AI 脑机接口在人工“雕刻”大脑时的理想时间和地点，毕竟，在一张白纸上绘画更容易，待到大脑已成型后，若想再“雕刻”某些新的神经回路时，就一定得擦除某些既有的神经回路，从而使得“雕刻”的难度更大。总之，假如今后某天，人类真能安全快捷地重塑自己的大脑，那就不用再受读书的十年寒窗之苦了，更不用担心人类会被机器统治了，也就是说，对外延型 AI 的飞速发展就可放心了。可问题在于，这一天到底何时才能到来呢？

由于作者水平有限，书中难免有疏漏之处，真心欢迎大家批评指正。如果本书对你有所帮助，我们将十分高兴。再次感谢你阅读本书，谢谢！

参考文献

[1] 道格拉斯・菲尔茨. 认识脑电波[M]. 阮南捷，译. 北京：中信出版社，2021.

[2] 米格尔・尼科莱利斯. 脑机穿越：脑机接口改变人类未来[M]. 黄珏苹，郑悠然，译. 杭州：浙江人民出版社，2015.

[3] 诺曼・道伊奇. 重塑大脑重塑人生[M]. 洪兰，译. 北京：机械工业出版社，2015.

[4] 于龙川，等. 神经生物学[M]. 北京：北京大学出版社，2012.

[5] 谢伯让. 大脑简史[M]. 北京：化学工业出版社，2018.

[6] 迪克・斯瓦伯. 我即我脑[M]. 王奕瑶，陈琰璟，包爱民，译. 海口：海南出版社，2020.

[7] 钟义信，潘新安，杨义先. 智能理论与技术——人工智能与神经网络[M]. 北京：人民邮电出版社，1992.

[8] 埃尔温・薛定谔. 生命是什么[M]. 罗来欧，罗辽复，译. 长沙：湖南科学技术出版社，2005.

[9] 比尔・布莱森. 人体简史[M]. 闾佳，译. 北京：文汇出版社，2020.

[10] 迈克尔・伍尔德里奇. 人工智能全传[M]. 许舒，译. 杭州：浙江科学技术出版社，2021.

[11] 尼克. 人工智能简史[M]. 北京：人民邮电出版社，2017.

[12] 刘韩. 人工智能简史[M]. 北京：人民邮电出版社，2017.

[13] 杨义先，钮心忻. 安全简史——从隐私保护到量子密码[M]. 北京：电子工业出版社，2017.

[14] 杨义先，钮心忻. 安全通论——刷新网络空间安全观[M]. 北京：电子工业出版社，2018.

[15] 杨义先，钮心忻. 黑客心理学——社会工程学原理[M]. 北京：电子工业出版社，2019.

[16] 杨义先，钮心忻. 博弈系统论——黑客行为预测与管理[M]. 北京：电子工业出版社，2019.

[17] 杨义先，钮心忻. 通信简史——从遗传编码到量子信息[M]. 北京：人民邮电出版社，2020.

[18] 杨义先，钮心忻. 密码简史——穿越远古 展望未来[M]. 北京：电子工业出版社，2020.

[19] 杨义先，钮心忻. 科学家列传（4册）[M]. 北京：人民邮电出版社，2021.

[20] 杨义先，钮心忻. 中国古代科学家列传（2册）[M]. 北京：人民邮电出版社，2021.

[21] 理查德・道金斯. 自私的基因[M]. 北京：中信出版社，1976.

[22] 王琪. 基因密码：解读人体的天书[M]. 西安，西安出版社，2010.

[23] 尤瓦尔・赫拉利. 人类简史：从动物到上帝[M]. 林俊宏，译. 北京：中信出版社，2012.

[24] 尤瓦尔・赫拉利. 未来简史：从智人到神人[M]. 林俊宏，译. 北京：中信出版社，2017.

[25] 尤瓦尔・赫拉利. 今日简史：人类命运大议题[M]. 林俊宏，译. 北京：中信出版社，2018.

[26] 史蒂芬・霍金. 宇宙简史[M]. 赵君亮，译. 北京：译林出版社，2012.

[27] 冯・贝塔朗菲. 一般系统论[M]. 林康义，魏宏森，译. 北京：清华大学出版社，1987.

[28] 维纳. 控制论：或关于在动物和机器中控制和通信的科学[M]. 郝季仁，译. 北京：科学出版社，2009.

[29] 维纳. 人有人的用处[M]. 陈步，译. 北京：北京大学出版社，2014.

[30] 格雷戈里·蔡汀. 证明达尔文[M] . 陈鹏，译. 北京：人民邮电出版社，2015.

[31] 尼古拉斯·韦德. 黎明之前：基因技术颠覆人类进化史[M]. 陈华，译. 北京：电子工业出版社，2015.

[32] 王东岳. 物演通论：自然存在、精神存在与社会存在的统一哲学原理[M]. 北京：中信出版集团，2015.

[33] 王东岳. 知鱼之乐[M]. 北京：中信出版集团，2015.

[34] 王阳明. 传习录[M]. 西安：三秦出版社，2018.

[35] 杨义先. 人工神经网络与现代密码学[J]. 自然杂志，1991，14(8):594-597.

[36] 杨义先. 人工神经网络能量函数与纠错码译码算法[J]，模式识别与人工智能，1991，4(3):22-27.

[37] 杨义先. 二进联想Hopfield神经网络的稳定点研究[N]. 电子学报，1992，20(1):1-8.

[38] 杨义先. 神经网络与编码理论——国内外成果综述与未解决的问题[N]. 北京邮电大学学报，1992，15(2):1-7.

[39] 马晓敏，杨义先，章照止. 一类线性分组码的神经网络译码[N]. 北京邮电大学学报，1998，21（2）：46-50.

[40] 马晓敏，杨义先. 基于内积方向的神经网络学习算法及应用[N]. 北京邮电大学学报，1998，21(4):43-47.

[41] 马晓敏，杨义先，章照止. 一种可用于非线性码译码神经网络模型研究[J]. 电子科学学刊，1998，20(6):847-851.

[42] 马晓敏，杨义先，章照止. 基于前向多层神经网络的分组码译码器设计[N]. 通信学报，1999，20(6):1-7.

[43] 马晓敏，杨义先，章照止. 二进神经网络学习算法研究[N]. 计算机学报，1999，22(9):931-935.

[44] 马晓敏，杨义先，章照止. 二进神经网络非线性移位寄存器的综合[N]. 电子学报，2000，28(1)70-73.

[45] 马晓敏，杨义先，章照止，等. 布尔神经网络的一种高效率学习算法[N]. 通信学报，1999，20(12):13-18.

[46] 马晓敏，杨义先，章照止. 一个基于随机神经网络的信息传输系统模型及其实现[J]. 通信学报，2002，23(4):42-49.